U0728547

“十四五”职业教育河南省规划教材

职业教育建筑类专业“互联网+”创新教材

建筑工程招投标与合同管理

第3版

主　编　周艳冬

副主编　许　可　王治国

参　编　查丽娟　李　霄　孟凡娟

主　审　徐　伟

机械工业出版社

全书共八个模块，分为两大部分。第一部分是工程招投标基本知识和相关实务，叙述了建筑工程招标投标的相关法律法规和实际应用；第二部分是合同管理的相关法规和实际应用，包括制定合同的法律基础、各类建设工程合同、工程索赔、建设工程担保、国际建设工程承包合同管理等内容，且教材最后有电子招投标相关内容作为附录。

本书突出职业技术教育特点，秉承职业教育“理论知识必须够用、重在技能”的原则，紧跟行业发展形势，将工程招标文件实例、电子招投标实训等编入书中。各模块设有学习目标、导入案例、小知识等栏目及形式各异的练一练题目和实训练习题，达到教学、练同步的目的。

本书可作为高职、中职建筑工程技术、工程造价、工程管理等相关专业的教材，也可作为招标代理员的培训教材，还可作为有关技术人员的自学参考书。

为方便教学，本书配有 PPT 电子课件及相关电子资源。凡选用本书作为授课教材的教师均可登录 www. cmpedu. com，以教师身份免费注册、下载，或加入机工社职教建筑 QQ 群 221010660 免费获取。如有疑问，请拨打编辑咨询电话 010-88379934。

图书在版编目（CIP）数据

建筑工程招投标与合同管理/周艳冬主编. —3 版. —北京：机械工业出版社，2021.7（2024.11 重印）
职业教育建筑类专业“互联网+”创新教材
ISBN 978-7-111-68345-2

Ⅰ.①建… Ⅱ.①周… Ⅲ.①建筑工程-招标-职业教育-教材 ②建筑工程-投标-职业教育-教材 ③建筑工程-经济合同-管理-职业教育-教材 Ⅳ.①TU723

中国版本图书馆 CIP 数据核字（2021）第 102412 号

机械工业出版社（北京市百万庄大街 22 号 邮政编码 100037）
策划编辑：王莹莹 责任编辑：王莹莹
责任校对：李 伟 封面设计：马精明
责任印制：单爱军
北京虎彩文化传播有限公司印刷
2024 年 11 月第 3 版第 8 次印刷
184mm×260mm · 17 印张 · 421 千字
标准书号：ISBN 978-7-111-68345-2
定价：49.80 元

电话服务
客服电话：010-88361066
010-88379833
010-68326294

网络服务
机 工 官 网：www. cmpbook. com
机 工 官 博：weibo. com/cmp1952
金 书 网：www. golden-book. com
机工教育服务网：www. cmpedu. com

前　言

为了保持长期以来广大师生教学使用的连贯性，本版教材在课程体系、章节安排等方面与前两版基本保持一致，主要结合信息化教学和行业政策文件的更新，对下列内容进行了修订：

1. 本版教材将与本课程相关的主要法律法规、示范文本等，如《中华人民共和国招标投标法》《中华人民共和国招标投标法实施条例》《房屋建筑与市政工程标准施工招标文件》《必须招标的工程项目规定》《电子招标投标办法》《建设工程施工合同（示范文本）》等资料进行归类、整理，与电子课件一同作为电子资源随书附赠。

2. 随着无线网络的全面覆盖和智能手机的广泛使用，本书采用二维码技术，将大量的工程典型案例、习题、重难点讲解视频等网络资源融入教材，搭建现实与虚拟的有效连接，读者只需"扫一扫"就可以快捷查阅相关内容。这样既丰富拓展了教材内容，又能调动学生的学习积极性，寓教于乐，有效提升了教学效果。

3. 结合现行的《中华人民共和国民法典》《建设工程施工合同（示范文本）》（GF—2017—020）、《建设工程监理合同（示范文本）》（GF—2012—0203）、《建设工程勘察合同（示范文本）》（GF—2016—0203）和《建设工程设计合同示范文本（房屋建筑工程）》（GF—2015—0209）以及《FIDIC 合同条件》（2017 年第 2 版）等资料，对教材第 5 章建设工程合同和第 8 章国际建设工程承包合同管理内容进行了调整和更新。

4. 针对当前建筑市场存在的工程防风险能力不强、履约纠纷频发及工程欠款、欠薪屡禁不止等问题，结合当前最新政策文件规定，对第 7 章建设工程担保内容进行了较大修订。

5. 电子招标投标已在工程招投标领域广泛应用，行业协会每年在大、中专院校也会组织 BIM 招投标大赛等相关赛事，故本版教材增加了电子招标投标相关内容作为附录。

6. 积极响应"把思想政治教育贯穿教育教学全过程"的号召，教材采用"思政引导"的形式把思政教育有机融入课程教学，达到立德树人、润物无声的育人效果。

本书由河南建筑职业技术学院周艳冬担任主编，河南建筑职业技术学院许可和河南省第二建筑工程发展有限公司王治国担任副主编，东南大学徐伟教授主审，河南建筑职业技术学院查丽娟、李霄和孟凡娟参与编写。全书共分八个模块，其中模块一和附录由李霄编写，模块二和模块四由许可编写，模块三由王治国编写，模块五由周艳冬编写，模块六由孟凡娟编写，模块七和模块八由查丽娟编写，全书由周艳冬负责统稿及定稿。本书也是"2018 年度河南省高等学校青年骨干教师培养计划"之一，课题名称为"新时代信息化教学在工程招投标与合同管理课程中的应用（2018GGJS275）"。

在本版修订过程中，许多用书单位和读者都给予了积极建议，在此表示衷心的感谢！

编　者

二维码索引

序号	名称	图形	页码	序号	名称	图形	页码
1	违法分包的行为		10	5	联合体投标		76
2	建设工程交易中心		12	6	拒收投标文件的情形		81
3	招标范围		17	7	投标文件的组成		82
4	邀请招标的情形		24	8	BOT、BT、TOT、PPP		218

目　录

模块一　绪　论

学习目标

掌握建筑工程发承包及建筑市场资质管理的一些基本规定；掌握我国建设工程交易中心的性质和功能；熟悉建筑市场的主体与客体；了解建筑工程发承包的基本概念及其内容和方式；了解建筑市场的概念及其管理体制。

1.1　建筑工程发承包

导入案例

1999 年 1 月 4 日 18:50，32 名群众正行走于重庆市綦江县彩虹桥上，另有 22 名驻綦武警战士进行训练，由西向东列队跑步至桥上约 2/3 处时，整座大桥突然垮塌，桥上群众和武警战士全部坠入綦河中。经奋力抢救，14 人生还，40 人遇难，直接经济损失 631 万元。那么一座于 1996 年 2 月竣工刚刚投入使用不久的大桥为什么会发生这么严重的整体垮塌事故呢？

1.1.1　建筑工程发承包的概念

发承包是一种经营方式，是指交易的一方负责为交易的另一方完成某项工作或供应一批货物，并按一定的价格取得相应报酬的一种交易行为。工程发承包是指根据协议，作为交易一方的建筑施工企业，负责为交易另一方（建设单位）完成某一项工程的全部或其中的一部分工作，并按一定的价格取得相应的报酬。委托任务并负责支付报酬的一方称为发包人（建设单位），接受任务负责按时保质保量完成而取得报酬的一方称为承包人（建筑施工企业）。发承包双方之间存在着经济上的权利与义务关系，但这是双方通过签订合同或协议予以明确的，且具有法律效力。

1.1.2　关于建筑工程发承包的相关法律解读

为加强对建筑活动的监督管理，维护建筑市场秩序，保证建筑工程质量和安全，促进建筑业健康发展，我国在1998年开始施行《中华人民共和国建筑法》（以下简称《建筑法》）。《建筑法》对建筑工程发承包、建筑许可、建筑监理、生产安全、质量管理等方面进行了明确规定。如：参与建筑活动的主体行为不规范，发包方不按规定程序办事，不招标或者在招标中压级压价；人为地肢解发包，获取不正当利益；承包方将承包的工程层层转包，牟取暴利；低资质或者无资质证书的承包单位通过“挂靠”，承包超出自身施工能力的建筑工程等，这些行为都通过《建筑法》来约束。

 课后讨论

通过互联网查资料，列举什么是“在招标中压级压价”，什么是“人为肢解发包”，什么是“层层转包”，什么是“资质‘挂靠’”，并查阅出现以上情况将受到何种处罚。

1. 建筑工程施工许可

建设单位必须在建设工程立项批准后、工程发包前，向建设行政主管部门或其授权的部门办理报建登记手续。未办理报建登记手续的工程，不得发包，不得签订工程合同。新建、扩建、改建的建设工程，建设单位必须在开工前向建设行政主管部门或其授权的部门申请领取工程施工许可证。未领取施工许可证的，不得开工。《建筑法》规定：“建筑工程开工前，建设单位应当按照国家有关规定向工程所在地县级以上人民政府建设行政主管部门申请领取施工许可证；但是，国务院建设行政主管部门确定的限额以下的小型工程除外。”

（1）申请领取施工许可证应当具备的条件

1）已经办理该建筑工程用地批准手续。

2）依法应当办理建设工程规划许可证的，已经取得建设工程规划许可证。

3）施工场地已经基本具备施工条件，需要征收房屋的，其进度符合施工要求。

4）已经确定建筑施工企业。

5）有满足施工需要的资金安排、施工图纸及技术资料。

6）有保证工程质量和安全的具体措施。

 小知识

工程投资额在30万元以下或者建筑面积在300m^{2}以下的建筑工程，可以不申请办理施工许可证。省、自治区、直辖市人民政府住房城乡建设主管部门可以根据当地的实际情况，对限额进行调整，并报国务院住房城乡建设主管部门备案。

按照国务院规定的权限和程序批准开工报告的建筑工程不再领取施工许可证。

（2）施工许可证的颁发程序及其管理规定

1）建设行政主管部门应当自收到申请之日起7日内，对符合条件的申请单位颁发施工许可证。

2）建设单位应当自领取施工许可证之日起3个月内开工。因故不能按期开工的，应当向发证机关申请延期；延期以两次为限，每次不超过3个月。既不开工又不申请延期或者超过延期时限的，施工许可证自行废止。

3）在建的建筑工程因故中止施工的，建设单位应当自中止施工之日起1个月内，向发证机关报告，并按照规定做好建筑工程的维护管理工作。建筑工程恢复施工时，应当向发证机关报告；中止施工满1年的工程恢复施工前，建设单位应当报发证机关核验施工许可证。

4）按照国务院有关规定批准开工报告的建筑工程，因故不能按期开工或者中止施工的，应当及时向批准机关报告情况。因故不能按期开工超过6个月的，应当重新办理开工报告的批准手续。

2. 建筑工程发包与承包

（1）发包 《建筑法》规定："建筑工程依法实行招标发包，对不适于招标发包的可以直接发包。"建筑工程实行招标发包的，发包单位应当将建筑工程发包给依法中标的承包单位。建筑工程实行直接发包的，发包单位应当将建筑工程发包给具有相应资质条件的承包单位。政府及其所属部门不得滥用行政权力，限定发包单位将招标发包的建筑工程发包给指定的承包单位。

提倡对建筑工程实行总承包，禁止将建筑工程肢解发包。建筑工程的发包单位可以将建筑工程的勘察、设计、施工、设备采购一并发包给一个工程总承包单位，也可以将建筑工程勘察、设计、施工、设备采购的一项或者多项发包给一个工程总承包单位。但是，不得将应当由一个承包单位完成的建筑工程肢解成若干部分发包给几个承包单位。

按照合同约定，建筑材料、建筑构配件和设备由工程承包单位采购的，发包单位不得指定承包单位购入用于工程的建筑材料、建筑构配件和设备或者指定生产厂、供应商。

（2）承包

1）承包单位的资质管理。承包建筑工程的单位应当持有依法取得的资质证书，并在其资质等级许可的业务范围内承揽工程。禁止建筑施工企业超越本企业资质等级许可的业务范围或者以任何形式用其他建筑施工企业的名义承揽工程。禁止建筑施工企业以任何形式允许其他单位或者个人使用本企业的资质证书、营业执照，以本企业的名义承揽工程。

2）联合承包。大型建筑工程或者结构复杂的建筑工程，可以由两个以上的承包单位联合共同承包。共同承包的各方对承包合同的履行承担连带责任。同一专业两个以上不同资质等级的单位实行联合共同承包的，应当按照资质等级低的单位的业务许可范围承揽工程。

3）禁止建筑工程转包。禁止承包单位将其承包的全部建筑工程转包给他人，禁止承包单位将其承包的全部建筑工程肢解以后以分包的名义分别转包给他人。

4）建筑工程分包。建筑工程总承包单位可以将承包工程中的部分工程依法发包给具有相应资质条件的分包单位；但是，除总承包合同中约定的分包外，必须经建设单位认可。施工总承包的，建筑工程主体结构的施工必须由总承包单位自行完成。

建筑工程总承包单位按照总承包合同的约定对建设单位负责；分包单位按照分包合同的约定对总承包单位负责；总承包单位和分包单位就分包工程对建设单位承担连带责任。

禁止总承包单位将工程分包给不具备相应资质条件的单位。禁止分包单位将其承包的工程再分包。

《建筑法》明确规定："建筑工程的发包单位与承包单位应当依法签订书面合同，明确双方的权利和义务。"

案例回顾

回顾本章导入案例，案例背景如下：

1. 基本情况

綦江县彩虹桥位于綦江县城古南镇綦河上，是一座连接新旧城区的跨河人行桥。该桥为中承式钢管混凝土提篮拱桥，桥长140m，主拱净跨120m，桥面总宽6m，净宽5.5m。该桥在未向有关部门申请立项的情况下，于1994年11月5日开工，1996年2月竣工，施工中将原设计沉井基础改为扩大基础，基础均嵌入基石中。主拱钢管由重庆通用机械厂劳动服务部加工成8m长的标准节段，全拱钢管在标准节段没有任何质量保证且未经验收的情况下焊接拼装合拢。钢管拱成型后管内分段用混凝土填注。桥面由吊杆、横梁及门架支承，吊杆锚固采用群锚体系，锚具型号为YCM15-3。1996年3月15日该桥未经法定机构验收核定即投入使用，建设耗资418万元。

2. 事故原因

调查中发现造成彩虹桥整体垮塌的一个重要原因就是其建设过程严重违反基本建设程序。未办理立项及计划审批手续，未办理规划、国土审批手续，未进行设计审查，未进行施工招标投标，未办理建筑施工许可手续，未进行工程竣工验收；设计、施工主体资质不合格。正是以上原因造成了吊杆锚固、钢管焊接、混凝土施工等都不符合要求的情况，最终导致惨剧的发生。

［**思政引导**］ 通过此案例，要充分认识到工程项目的建设要严格遵循建设程序的重要性，建设方的专业水准、职业精神和监管方的依法行政、严格自律缺一不可。

1.1.3 工程发承包的内容

工程发承包的内容非常广泛，可以对工程项目建设的全过程进行总发承包，也可以分别对工程项目的项目建议书、可行性研究、勘察设计、材料及设备采购供应、建筑安装工程施工、生产准备和竣工验收等阶段进行阶段性发承包。

1. 项目建议书

项目建议书是建设单位向国家提出要求建设某一项目的建设文件，主要内容为项目的性质、用途、基本内容、建设规模及项目的必要性和可行性分析等。项目建议书可由建设单位自行编制，也可委托工程咨询机构代为编制。

2. 可行性研究

项目建议书经批准后，应进行项目的可行性研究。可行性研究是国内外广泛采用的一种研究工程建设项目的技术先进性、经济合理性和建设可能性的科学方法。

可行性研究的主要内容是对拟建项目的一些重大问题，如市场需求、资源条件、原料、燃料、动力供应条件、厂址方案、拟建规模、生产方法、设备选型、环境保护、资金筹措等，从技术和经济两方面进行详尽的调查研究，分析计算和进行方案比较。并对这个项目建成后可能取得的技术效果和经济效益进行预测，从而提出该项工程是否值得投资建设和怎样建设的意见，为投资决策提供可靠的依据。此阶段的任务，可委托工程咨询机构完成。

3. 勘察设计

勘察与设计两者之间既有密切联系，又有显著区别。

（1）工程勘察　其主要内容为工程测量、水文地质勘察和工程地质勘察。其任务是查明工程项目建设地点的地形地貌、地层土壤岩性、地质构造、水文条件等自然地质条件，做出鉴定和综合评价，为建设项目的选址、工程设计和施工提供科学的依据。

（2）工程设计　工程设计是工程建设的重要环节，它是从技术上和经济上对拟建工程进行全面规划的工作。大中型项目一般采用两阶段设计，即初步设计和施工图设计。重大型项目和特殊项目，采用三阶段设计，即初步设计、技术设计和施工图设计。对一些大型联合企业、矿区和水利水电枢纽工程，为解决总体部署和开发问题，还需进行总体规划设计和总体设计。

该阶段可通过方案竞选、招标投标等方式选定勘察设计单位。

4. 材料及设备的采购供应

建设项目所需的材料和设备，涉及面广、品种多、数量大。材料和设备采购供应是工程建设过程中的重要环节。建筑材料的采购供应方式有：公开招标、询价报价、直接采购等。设备供应方式有：委托承包、设备包干、招标投标等。

5. 建筑安装工程施工

建筑安装工程施工是工程建设过程中的一个重要环节，是把设计图纸付诸实施的决定性阶段。其任务是把设计图纸变成物质产品，如工厂、矿井、电站、桥梁、住宅、学校等，使预期的生产能力或使用功能得以实现。建筑安装施工内容包括施工现场的准备工作，永久性工程的建筑施工、设备安装及工业管道安装等。此阶段一般采用招标投标的方式进行工程的发承包。

6. 生产职工培训

基本建设的最终目的，就是形成新的生产能力。为了使新建项目建成后投入生产、交付使用，在建设期间就要准备合格的生产技术工人和配套的管理人员。因此，需要组织生产职工培训。这项工作通常由建设单位委托设备生产厂家或同类企业进行；在实行总承包的情况下，则由总承包单位负责，委托适当的专业机构、学校、工厂去完成。

7. 建设工程监理

建设工程监理作为一项承包业务，其服务对象是建设单位，接受建设主管部门委托或建设单位委托，对建设项目的可行性研究、勘察设计、材料及设备采购供应、工程施工、生产准备直至竣工投产，实行全过程监督管理或阶段监督管理。监理代表建设单位与设计、施工各方打交道，在设计阶段选择设计单位，提出设计要求，估算和控制投资额，安排和控制设计进度等；在施工阶段组织招标选择施工单位，协助建设单位签订施工合同并监督检查其执行，直至竣工验收。

1.1.4　工程发承包的方式

建筑工程发承包方式指建筑工程发承包双方之间经济关系的形式。建筑工程发承包制度是我国建筑经济活动中的一项基本制度。《建筑法》规定：建筑工程的发包单位与承包单位应当依法订立书面合同，明确双方的权利和义务。其中，合同包括发承包的形式。

建筑工程发承包方式按不同的划分标准可进行不同的分类，具体如下：

1）按发承包的范围和内容可以分为全过程承包、阶段承包和专项承包。全过程承包又称“统包”“一揽子承包”或“交钥匙”，指承包单位按照发包单位提出的使用要求和竣工期限，对建筑工程全过程实行总承包，直到建筑工程达到交付使用要求；阶段承包，指承包单位承包建设过程中某一阶段或某些阶段工程的承包形式，如勘察设计阶段、施工阶段等；专项承包，又称专业承包，指承包单位对建设阶段中某一专业工程进行的承包，如勘察设计阶段的工程地质勘察、施工阶段的分部分项工程施工等。

2）按发承包中相互结合的关系，可分为总承包、分承包、独家承包和联合承包等。总承包，指由一个施工单位全部、全过程承包一个建筑工程的承包方式；分承包，也称“二包”，指总包单位将总包工程中若干非主体、非关键工程项目分包给专业施工企业施工的承包方式；独家承包，指承包单位必须依靠自身力量完成施工任务，而不实行分包的承包方式；联合承包，指由两个以上承包单位联合向发包单位承包一项建筑工程，由参加联合的各单位统一与发包单位签订承包合同，共同对发包单位负责的承包方式。

3）按发承包合同类型和计价方法，可分为施工图预算包干、平方米造价包干、成本加酬金包干和中标价包干等。施工图预算包干，指以建设单位提供的施工图纸和工程说明书为依据编制预算，一次包死的承包方式，通常适用于规模较小、技术不太复杂的工程；平方米造价包干，也称“单价包干”，指按每平方米最终建筑产品的单价承包的承包方式；成本加酬金包干，指按工程实际发生的成本，加上商定的管理费和利润来确定包干价格的承包方式；中标价包干，指投标人按中标的价格和内容进行承包的承发包方式。不同的承发包方式有不同的特点，不论采取哪一种方式，均应遵循公开、公正、平等竞争的原则，协商一致，互惠互利。

练一练

1.1-1 发承包是一种__________，是指交易的一方负责为交易的另一方完成某项工作或供应一批货物，并按一定的价格取得相应报酬的一种交易行为。

1.1-2 建设单位必须在建设工程__________后、__________前，向建设行政主管部门或其授权的部门办理报建登记手续。

1.1-3 建设单位应当自领取施工许可证之日起______个月内开工。因故不能按期开工的，应当向发证机关申请延期；延期以______次为限，每次不超过______个月。按照国务院有关规定批准开工报告的建筑工程，因故不能按期开工超过______个月的，应当重新办理开工报告的批准手续。

1.1-4 《建筑法》规定：“建筑工程依法实行招标发包，对不适于招标发包的可以____________。”

1.1-5 两个以上不同资质等级的单位实行联合共同承包的，应当按照____________的业务许可范围承揽工程。

1.1-6 《建筑法》规定：建筑工程的发包单位与承包单位应当依法订立__________，明确双方的权利和义务。

1.1-7 建筑工程发承包方式按发承包的范围和内容可以分为________、__________和__________。

1.1-8 下列关于建筑工程分包的说法中正确的是（　　）。

A. 总承包单位可以将承包工程的所有内容发包给具有相应资质条件的分包单位
B. 施工总承包单位可以将建筑工程主体结构的施工委托给分包单位完成
C. 总承包单位和分包单位就分包工程对建设单位承担连带责任
D. 分包单位可以将其承包的工程再分包

1.2　建筑市场

导入案例

张三同学大学毕业后，和几位要好的同学合资开了一家建筑公司，在当地的工商部门登记注册后便开始承揽工程了。但没过多久，当地的建设行政主管部门便找上门来，说他们只有工商营业执照而没有办理相应的资质证书是不能承揽工程的。这是什么原因呢？

1.2.1　建筑市场的概念

市场的原始定义是指“商品交换的场所”，但随着商品交换的发展，市场突破了村镇、城市、国家的界限，最终实现了世界贸易乃至互联网交易，因而市场的广义定义是“商品交换关系的总和”。

按照这个定义，建筑市场（也称建筑工程市场或建设市场）也有广义和狭义之分。狭义的建筑市场一般指有形建筑市场，有固定的交易场所。广义的建筑市场包括有形市场和无形市场，包括与工程建设有关的技术、租赁、劳务等各种要素市场；为工程建设提供专业服务的中介组织；靠广告、通信、中介机构或经纪人等媒介沟通买卖双方或通过招标投标等多种方式成交的各种交易活动；还包括建筑商品生产过程及流通过程中的经济联系和经济关系。可以说，广义的建筑市场是指“建筑产品和有关服务的交易关系的总和”。

1.2.2　我国建筑市场的概况

近年来，随着我国经济体制改革的逐渐深入，建筑市场也逐渐迈上规范化、法制化建设的道路，主要表现在以下几个方面。

1）建立和完善了有形建筑市场。多年来，我国的有形建筑市场从无到有、从小到大，使建筑产品的交易从隐蔽走向公开、从无序走向有序，创造了交易公开、竞争公平、监督公正的市场条件，从而提高了投资效益和工程质量，加快了工程建设速度，有形建筑市场在我国现代化建设中起到了良好的作用，促进了我国工程建设和建筑业的发展。

2）实施建筑企业资质管理改革。建筑企业资质管理是建筑业结构调整的重要举措，也是整顿和规范建筑市场秩序的治本之策。2001 年，建设部（现住房和城乡建设部）针对建筑业供求结构失衡、生产能力过剩等问题，决定对建筑业企业资质管理进行改革。通过改革，达到调控建筑业规模，优化建筑业结构，并加快建立建筑市场准入和清出制度的目的。目前，这项改革已基本完成，在一定程度上为进一步整顿和规范建筑市场提供了条件。

3）建立了有关行业执业资格制度。1995 年，国务院以第 184 号令，发布了《中华人民共和国注册建筑师条例》。这是建筑设计行业管理体制改革的一个重要组成部分。注册建筑师执业制度的实施，强化了执业人员的法律地位、责任、权利，规范了市场经济条件下执业人员的行为。这对规范市场管理，提高建筑设计质量，提高设计人员队伍素质有着重要的意义和深远的影响。随后，建设部（现住房和城乡建设部）又推行了注册结构工程师和造价工程师执业资格制度等，推动了建筑市场的规范进程。

4）我国建筑市场的主体已经形成。发承包双方均已作为独立的法人，依法在市场中进行建设活动。市场交易行为不断得到规范。招标投标方式的不断改进，有形建筑市场的建立和规范，有力地促进和保证了市场各方主体公开、公平、公正的竞争。建筑中介服务机构有了新的发展。各种协会、学会、研究会、工程咨询机构、招标代理机构、质量认证机构、经济鉴定机构、产品检测鉴定机构以及为建筑业和工程建设服务的会计事务所、审计事务所、律师事务所、资产和资信评估机构、公证机构等，得到了较好的发展。建立了为建筑市场配套服务的资金市场、劳动力市场、材料市场、机械设备租赁市场、建筑技术市场等生产要素市场，形成了建筑市场体系。

1.2.3　建筑市场的主体和客体

建筑市场的主体是指参与建筑市场交易活动的主要各方，即业主、承包人和工程咨询服务机构、物资供应机构和银行等。建筑市场的客体则为建筑市场的交易对象，即建筑产品，包括有形的建筑产品和无形的建筑产品，如咨询、监理等智力型服务。

1. 建筑市场的主体

（1）业主　业主是指拥有相应的建设资金，办妥项目建设的各种准建手续，以建成该项目达到其经营使用目的的政府部门、事业单位、企业单位和个人。在我国，业主通常又称为发包人或建设单位。我国推行项目法人责任制。项目法人责任制又称业主负责制，即由业主对其项目建设的全过程负责。

（2）承包人　承包人是指与发包人订有施工合同并按照合同为发包人修建合同所界定的工程直至竣工并修补好其中任何缺陷的建筑业企业。上述各类型的业主，只有在其从事工程项目的建设全过程中才成为建筑市场的主体，但承包人在其整个经营期间都是建筑市场的主体。因此，国内外一般只对承包人进行从业资格管理。承包人按其所从事的专业可分为建筑、公路、铁路、市政公用、机电、水利水电和港口工程等专业公司。

小知识

具备下述条件的承包人才能在政府许可的工程范围内承包工程：

1）拥有政府规定的注册资本。

2）拥有与其资质等级相适应且具有注册执业资格的专业技术和管理人员。

3）拥有从事建筑施工活动的建筑机械装备。

4）经政府有关部门进行资质审查，已取得资质证书和营业执照。

（3）工程咨询服务单位　在国际上，工程咨询服务单位一般称为咨询公司；在国内则包括勘察公司、设计院、工程监理公司、工程造价公司、招标代理机构和工程管理公司等。

其主要向建设项目发包人提供工程咨询和管理等智力型服务，以弥补发包人对工程建设业务不了解或不熟悉的不足。工程咨询服务单位并不是工程承包的当事人，但受发包人聘用，与发包人订有协议书或合同，从事工程咨询或监理等工作，因而在项目的实施中承担重要的责任。咨询任务可以贯穿于从项目立项到竣工验收乃至使用阶段的整个项目建设过程，也可只限于其中某个阶段，如可行性研究咨询、施工图设计、施工监理等。

2. 建筑市场的客体

建筑市场的客体是建筑市场的交易对象，即各类建筑产品，包括有形的建筑产品（建筑物、构筑物）和无形的建筑产品（咨询、监理等智力型服务）。

1.2.4 建筑市场的资质管理

我国建筑市场长期以来实行资质准入制度，即建设工程企业按照其拥有的资产、人员、装备和业绩等资质条件，划分为不同的资质等级，取得相应的资质证书后方可在许可范围内从事建筑活动。这项制度在我国建筑业的发展过程中，对确保建设工程质量安全、促进建筑市场有序发展发挥了积极、重要的作用。但随着建筑产业的持续发展和市场法规体系的不断完善，传统的资质管理制度也显现出一定的弊端，甚至在某些方面限制了企业和市场的发展。在建筑业转型升级、深化“放管服”改革、优化营商环境的大背景下，建设工程企业资质改革迫在眉睫。

2020 年 11 月 30 日，经国务院常务会议审议通过的《建设工程企业资质管理制度改革方案》（以下简称《方案》）由住房和城乡建设部正式印发。《方案》明确了包括工程勘察、设计、施工、监理企业在内的建设工程企业资质改革方案，提出将大力精简企业资质类别、归并等级设置、简化资质标准、优化审批方式，同时公布了具体的资质改革措施以及改革后的资质分类分级情况。

1. 工程施工企业

《方案》将 10 类施工总承包企业特级资质调整为施工综合资质，可承担各行业、各等级施工总承包业务；保留 12 类施工总承包资质，将民航工程的专业承包资质整合为施工总承包资质；将 36 类专业承包资质整合为 18 类；将施工劳务企业资质改为专业作业资质，由审批制改为备案制。

综合资质和专业作业资质不分等级；施工总承包资质、专业承包资质等级原则上压减为甲、乙两级（部分专业承包资质不分等级），其中，施工总承包甲级资质在本行业内承揽业务规模不受限制。

相关链接

《××大学楼群建设工程承包合同》签订后，作为总承包单位的某市建设工程总公司经建设单位同意，把部分工程内容分包给了其下属的第三分公司，并签订了《××单体工程内部承包协议书》，对工程工期和施工质量进行了约定，并对施工提前完成的奖励和延期罚款进行了说明。在之后的工程建设过程中，第三分公司为了加快施工进度，争取提前奖励，将自己负责的工程部分分包给了临时组建的 A 农民施工队。

请问上述背景材料中第三分公司的行为是否合法？

答案：不合法。首先根据上节所学内容，我们知道第三分公司作为分包单位不能将其承包的建设工程再分包；其次，根据本节学习内容，我们知道即使分包，也应该分包给具有相应资质条件的承包单位，显然临时组建的农民施工队是不具备相应资质条件的。

小知识

违法分包的行为

国家法律、法规规定的违法分包行为主要有哪些？

根据《建设工程质量管理条例》的规定，违法分包行为主要有：

1）总承包单位将建设工程分包给不具备相应资质条件的单位。

2）建设工程总承包合同中未有约定，又未经建设单位认可，承包单位将其承包的部分建设工程交由其他单位完成。

3）施工总承包单位将建设工程主体结构的施工分包给其他单位。

4）分包单位将其承包的建设工程再分包。

2. 工程勘察企业

《方案》继续保留综合资质；将4类专业资质及劳务资质整合为岩土工程、工程测量、勘探测试3类专业资质。

综合资质不分等级，专业资质等级压减为甲、乙两级。

3. 工程设计企业

《方案》继续保留综合资质；将21类行业资质整合为14类行业资质；将151类专业资质、8类专项资质、3类事务所资质整合为70类专业和事务所资质。

其中，综合资质、事务所资质不分等级；行业资质、专业资质等级原则上压减为甲、乙两级（部分资质只设甲级）。

4. 工程监理企业

《方案》继续保留综合资质；取消专业资质中的水利水电工程、公路工程、港口与航道工程、农林工程资质，保留其余10类专业资质；取消事务所资质。

其中，综合资质不分等级，专业资质等级压减为甲、乙两级。

5. 工程造价咨询企业

《工程造价咨询企业管理办法》所称工程造价咨询企业是指接受委托，对建设项目投资、工程造价的确定与控制提供专业咨询服务的企业。

从事工程造价咨询活动，应当遵循公开、公正、平等竞争的原则，不得损害社会公共利益和他人的合法权益。任何单位和个人不得分割、封锁、垄断工程造价咨询市场。

2021年6月3日，国务院下发《国务院关于深化“证照分离”改革进一步激发市场主体发展活力的通知》（国发〔2021〕7号），自2021年7月1日起，取消对工程造价咨询企业的资质认定审批。取消审批后，企业取得营业执照即可开展经营，行政机关、企事业单位，行业组织等不得要求企业提供相关行政许可证件。

相关链接

2006年2月22日发布，并自2006年7月1日起施行的《工程造价咨询企业管理办法》

（中华人民共和国建设部令第 149 号）中对工程造价咨询企业及其管理制度做出了明确规定，并根据 2020 年 2 月 19 日中华人民共和国住房和城乡建设部令第 50 号《住房和城乡建设部关于修改〈工程造价咨询企业管理办法〉〈注册造价工程师管理办法〉的决定》进行了第三次修订。

6. 工程招标代理企业

工程招标代理，是指工程招标代理机构接受招标人的委托，从事工程的勘察、设计、施工、监理以及与工程建设有关的重要设备（进口机电设备除外）、材料采购招标的代理业务。

自 2017 年 12 月 28 日起，我国各级住房城乡建设部门不再受理招标代理机构资格认定申请，停止招标代理机构资格审批，即工程招标代理机构不再有甲级、乙级、暂定级的资格等级划分。

取消资格等级划分后，招标代理机构可按照自愿原则向工商注册所在地省级建筑市场监管一体化工作平台报送基本信息。信息内容包括：营业执照相关信息、注册执业人员、具有工程建设类职称的专职人员、近 3 年代表性业绩、联系方式等。上述信息统一在住房和城乡建设部（以下简称住建部）全国建筑市场监管公共服务平台对外公开，供招标人根据工程项目实际情况选择、参考。

招标代理机构应当与招标人签订工程招标代理书面委托合同，并在合同约定的范围内依法开展工程招标代理活动。招标代理机构及其从业人员应当严格按照招标投标法、招标投标法实施条例等相关法律法规开展工程招标代理活动，并对工程招标代理业务承担相应责任。

7. 建筑从业人员

从业人员执业资格审查制度是指建设行政主管部门对具有一定专业学历、资历的从事建筑活动的专业技术人员，依法进行考试、注册，并颁发执业资格证书，获得相应的建筑工程文件签字权的一种管理制度。从事建筑活动的专业技术人员，应当依法取得相应的执业资格证书，并在执业资格证书许可的范围内从事建筑活动。目前，我国建筑领域的专业技术人员执业资格制度主要有 6 种类型，即注册建筑工程师、注册监理工程师、注册结构工程师、注册城市规划师、注册工程造价师和注册建造师。

近年来，国家大力推进建筑业改革，资质改革的主要目的在于放宽市场准入限制、激发市场主体活力、推动建筑业转型升级。在此过程中，企业将面临更加激烈的市场竞争，而市场选择一家企业的标准也将更多地从企业拥有什么资质转向企业真正的综合实力。在这一点上，《方案》所提出的淡化企业资质管理、强化个人职业资格管理，也是今后改革的趋势之一。

企业的综合实力，最终还是要落实到具有项目经验、专业能力和执业水平的职业人员上；而未来对于企业的事中事后监管，也会更多体现在对人员的监管和责任查处上。企业仅有资质的空壳，而无内在人员的支撑，无法保障工程的品质和企业的运营，未来将很难在市场中取得长远的发展。

与此同时，企业的综合实力还需要通过业绩和信用来体现，对此《方案》提出要健全信用体系，强化信用信息在工程建设各环节的应用。目前住建部的全国建筑市场监管公共服务平台（“四库一平台”）已实现企业库、人员库、项目库、信用库，四库互联互通，有效实现了全国建筑市场的信息化监管。而未来无论是资质申请升级，还是企业参与工程项目投标，都将更加依赖于企业在经营过程中的实际表现，其中信用信息和市场化的工程担保和保险制度将发挥重要作用。

［思政引导］ 通过对建筑市场从业企业的资质管理和从业人员的资格管理制度的学习，引导学生深入了解国务院深化“放管服”改革的部署要求，强调国家发展与个人发展息息相关，要结合社会需求合理进行职业规划，并加强学习以实现职业理想。

建设工程交易中心

1.2.5 建设工程交易中心

建设工程交易中心是我国近几年来在改革中出现的使建设市场有形化的管理方式。这种管理形式在世界上是独一无二的。

建设工程从投资性质上可分为两大类：一类是国家投资项目，另一类是私人投资项目。在西方发达国家中，私人投资占了绝大多数，工程项目管理是发包人自己的事情，政府只是监督其是否依法建设。对国有投资项目，一般设置专门的管理部门，代为行使发包人的职能。

我国是以社会主义公有制为主体的国家，政府部门、国有企业、事业单位投资在社会投资中占主导地位。这些建设单位使用的都是国有资产，由于国有资产管理体制的不完善和建设单位内部管理制度的薄弱，很容易造成工程发包中的不正之风和腐败现象。另外，由于我国长期实行专业部门管理体制，工程项目随建设单位的隶属由不同专业的部门管理，造成行业垄断性强，监督有效性差和交易透明度低等问题。

这种公有制主导地位的特性，决定了对工程发承包管理不能照搬发达国家的做法。既不能像对私人投资那样放任不管，也不可能由某一个或几个政府部门来管理。因此，把所有代表国家或国有企事业单位投资的业主请进建设工程交易中心进行招标，设置专门的监督机构，就成为我国解决国有建设项目交易透明度低的问题和加强建筑市场管理的一种独特方式。

1. 建设工程交易中心的性质

建设工程交易中心是服务性机构，不是政府管理部门，也不是政府授权的监督机构，本身并不具备监督管理职能。但建设工程交易中心又不是一般意义上的服务机构，其设立需要得到政府或政府授权主管部门的批准，并非任何单位和个人可随意成立。它不以营利为目的，旨在为建立公开、公正、平等竞争的招投标制度服务，只可经批准收取一定的服务费，工程交易行为不能在场外发生。

2. 我国建设工程交易中心的基本功能

（1）信息服务功能　包括收集、存储和发布各类工程信息、法律法规、造价信息、建材价格、承包人信息、咨询单位和专业人士信息等。在设施上配备有大型电子墙、计算机网络工作站，为发承包交易提供广泛的信息服务。建设工程交易中心一般要定期公布工程造价指数和建筑材料价格、人工费、机械租赁费、工程咨询费以及各类工程指导价等，指导业主、承包人和咨询单位进行投资控制和投标报价。但在市场经济条件下，建设工程交易中心公布的价格指数仅是一种参考，投标最终报价需要依靠承包人根据本企业的经验或企业定额、企业机械装备和生产效率、管理能力和市场竞争需要来决定。

（2）场所服务功能　对于政府部门、国有企业、事业单位的投资项目，我国明确规定，一般情况下都必须进行公开招标，只有特殊情况下才允许采用邀请招标。所有建设项目进行招投标必须在有形建筑市场内进行，必须由有关管理部门进行监督。按照这个要求，建设工程交易中心必须为工程发承包交易双方进行建设工程的招标、评标、定标、合同谈判等提供设施和场所服务。《建设工程交易中心管理办法》规定，建设工程交易中心应具备信息发布大厅、洽谈室、开标室、会议室及相关设施，以满足业主和承包人、分包人、设备材料供应商之间的交易需要。同时，要有政府有关管理部门进驻集中办公，办理有关手续和依法监督招投标活动。

(3) 集中办公功能　由于众多建设项目要进入有形建筑市场进行报建、招投标交易以及办理有关批准手续，这就要求政府主管部门进驻建设工程交易中心集中办理有关审批手续和进行管理，建设行政主管部门的各职能机构进驻建设工程交易中心。受理申报的内容一般包括：工程报建、招标登记、承包人资质审查、合同登记、质量报监、施工许可证发放等。进驻建设工程交易中心的相关管理部门集中办公，公布各自的办事制度和程序，既能按照各自的职责依法对建设工程交易活动实施有力监督，又方便当事人办事，有利于提高办公效率。一般要求实行“窗口化”的服务，这种集中办公方式决定了建设工程交易中心只能集中设立，而不可能像其他商品市场随意设立。按照我国有关法规规定，每个城市原则上只能设立一个建设工程交易中心，特大城市可增设若干个分中心，但分中心的三项基本功能必须健全。

3. 建设工程交易中心的运行原则

为了保证建设工程交易中心能够有良好的运行秩序和市场功能，必须坚持市场运行的一些基本原则，主要原则如下：

(1) 信息公开原则　有形建筑市场必须充分掌握政策法规、工程发包、承包人和咨询单位的资质、造价指数、招标规则、评标标准、专家评委库等各项信息，并保证市场各方主体都能及时地获得所需要的信息资料。

(2) 依法管理原则　建设工程交易中心应严格按照法律、法规开展工作，尊重建设单位依照法律规定选择投标单位和选定中标单位的权利。尊重符合资质条件的建筑业企业提出的投标要求和接受邀请参加投标的权利。任何单位和个人不得非法干预交易活动的正常进行。监察机关应当进驻建设工程交易中心实施监督。

(3) 公平竞争原则　建立公平竞争的市场秩序是建设工程交易中心的一项重要原则。进驻的有关行政监督管理部门应严格监督招标、投标单位的行为，防止行业、部门垄断和不正当竞争，不得侵犯交易活动各方的合法权益。

(4) 属地进入原则　按照我国有形建筑市场的管理制度，建设工程交易实行属地进入原则。每个城市原则上只能设立一个建设工程交易中心，特大城市可以根据需要，设立区域性分中心，在业务上受中心领导。对于跨省、自治区、直辖市的铁路、公路、水利等工程，可在政府有关部门的监督下，通过公告由项目法人组织招标、投标。

(5) 办事公正原则　建设工程交易中心是政府建设行政主管部门批准建立的服务性机构。需配合进场各行政管理部门做好相应的工程交易活动管理和服务工作。要建立监督制约机制，公开办事规则和程序，制定完善的规章制度和工作人员守则，发现建设工程交易活动中的违法违规行为，应当向政府有关部门报告，并协助处理。

［思政引导］　引导学生了解我国当前设立有形建筑市场的时代背景，突出国家以人为

本、为人民服务的宗旨，倡导无论哪一行业都要爱岗敬业、以人为本，树立服务意识。

4. 建设工程交易中心运行的一般程序

按照有关规定，建设项目进入建设工程交易中心后，其一般运行程序如图1-1所示。

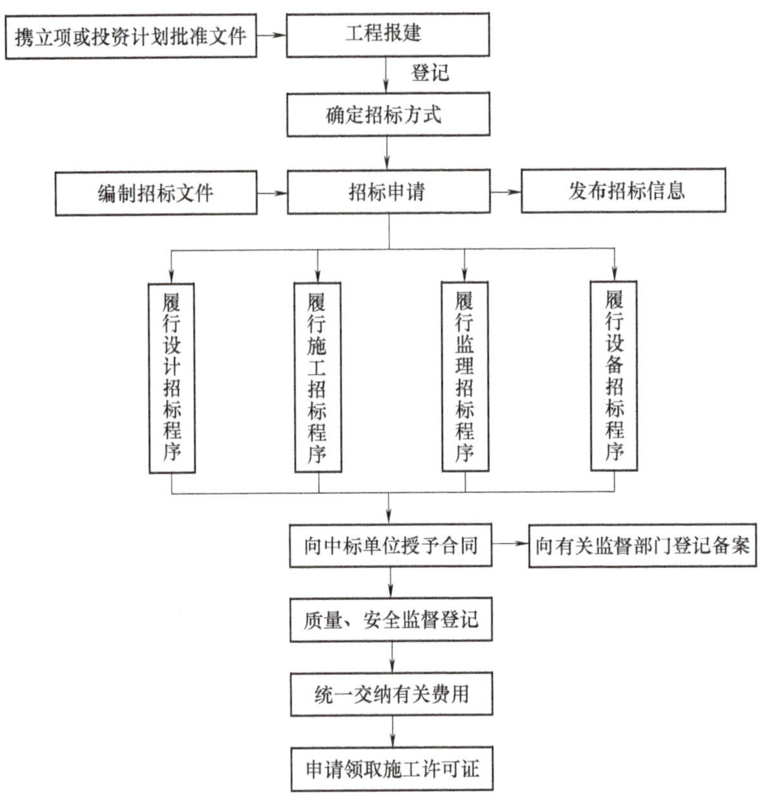

图1-1 建设工程交易中心运行程序图

练一练

1.2-1 建筑市场的客体即建筑产品，包括__________和__________。

1.2-2 工程施工企业资质分为__________、__________、__________和专业作业资质4个序列。

1.2-3 项目法人责任制主要是指由__________对其项目建设全过程负责。

1.2-4 《建设工程企业资质管理制度改革方案》提出的淡化__________管理、强化__________管理，是今后资质改革的趋势之一。

1.2-5 从业人员执业资格审查制度是指建设行政主管部门对从事建筑活动的专业技术人员，依法进行考试、注册，并颁发__________，获得相应的建筑工程文件签字权的一种管理制度。

1.2-6 下列关于建设工程交易中心的说法中不正确的是（　　）。

A. 建设工程交易中心是政府管理部门，具备监督管理职能

B. 建设工程交易中心是服务性机构，经批准可收取一定的服务费

C. 建设工程交易中心并非任何单位和个人可随意成立，不以营利为目的

D. 工程交易行为可以在建设工程交易中心场外发生

1.2-7 具备什么样条件的承包人才能在政府许可的工程范围内承包工程？

模块回顾

1. 发承包双方之间存在着经济上的权利与义务关系，这种关系双方要通过签订书面合同或协议的方式予以明确，且具有法律效力。

2. 建筑工程开工前，建设单位应当按照国家有关规定向工程所在地县级以上人民政府建设行政主管部门申请领取施工许可证；申请领取施工许可证应当具备一定的条件。

3.《建筑法》提倡对建筑工程实行总承包，禁止将建筑工程肢解发包。

4. 工程发承包的内容非常广泛，可以对工程项目建设的全过程进行总承包，也可以分别对工程项目的项目建议书、可行性研究、勘察设计、材料及设备采购供应、建筑安装工程施工、生产准备和竣工验收等阶段进行阶段性发承包。

5. 工程发承包的方式：按发承包的范围和内容可以分为全过程承包、阶段承包和专项承包；按发承包中相互结合的关系，可分为总承包、分承包、独家承包、联合承包等；按发承包合同类型和计价方法，可分为施工图预算包干、平方米造价包干、成本加酬金包干、中标价包干等。

6. 建筑市场有狭义和广义之分。狭义的建筑市场一般是指有形的建筑市场，有固定的交易场所和内容。广义的建筑市场包括有形建筑市场和无形建筑市场，是工程建设生产和交易关系的总和。

7. 建筑市场的主体是指参与建筑市场交易活动的主要各方，即业主、承包人和工程咨询服务机构、物资供应机构和银行等。建筑市场的客体则为建筑市场的交易对象，即建筑产品，包括有形的建筑产品和无形的建筑产品。

8. 建筑活动从业资格许可制度包括从事建筑活动的单位的从业资格许可制度和从事建筑活动的个人的执业资格许可制度。

9. 建设工程交易中心的性质：建设工程交易中心是服务性机构，不是政府管理部门，也不是政府授权的监督机构，本身并不具备监督管理职能。

10. 我国的建设工程交易中心的基本功能：信息服务功能、场所服务功能、集中办公功能。

11. 建设工程交易中心的运行原则：信息公开原则、依法管理原则、公平竞争原则、属地进入原则、办事公正原则。

模块二　工程项目招标

学习目标

掌握建设工程招标的范围、招标方式和招标程序；熟悉招标文件的主要内容和其编制方法；了解建筑工程招标的分类和《中华人民共和国招标投标法》及《中华人民共和国招标投标法实施条例》的相关规定。

2.1　建设工程项目招标概述

导入案例

某房地产公司计划在北京市昌平区开发60 000m^{2}的住宅项目，可行性研究报告已经通过国家计划委员会批准，资金为自筹方式，资金尚未完全到位，仅有初步设计图纸，因急于开工，组织销售，在此情况下决定采用邀请招标的方式，随后向7家施工单位发出了投标邀请书。你认为本项目在上述条件下是否可以进行工程施工招标？

2.1.1　工程招标投标法律体系

工程招标投标法律体系是指全部现行的与工程招标投标活动有关的法律法规和政策规定等组成的有机整体，其按照法律效力的不同，可划分为三个层级。

1. 工程招标投标相关的法律

这是指由全国人大及其常委会制定并修改，由国家主席签署颁布的与工程招标投标相关的主席令，具有国家强制力和普遍约束力。如《中华人民共和国招标投标法》《中华人民共和国政府采购法》和《中华人民共和国建筑法》等。

2. 工程招标投标相关的法规

（1）行政法规　是指由国务院根据宪法和法律制定并修改，由总理签署颁布的工程招标投标相关的国务院令。如《中华人民共和国招标投标法实施条例》（国务院令第613号）、《国务院关于修改部分行政法规的决定》（国务院令第709号）等。

（2）地方性法规、自治条例和单行条例　是指由省、自治区、直辖市的人民代表大会

及其常务委员会根据本行政区域的具体情况和实际需要，在不同宪法、法律、行政法规相抵触的前提下制定，通常以地方人大公告的方式发布的地方性招标投标法规，在本地区具有法律效力。如《北京市招标投标条例》《河南省实施〈中华人民共和国招标投标法〉办法》等。

3. 工程招标投标的相关规章

（1）国务院部门规章　是指由国务院各部、委员会，中国人民银行，中华人民共和国审计署和具有行政管理职能的直属机构根据法律和国务院的行政法规、决定、命令，在本部门的权限范围内制定，通常由部门首长签署以部委令的形式公布的与工程招标投标相关的规章。如《招标公告和公示信息发布管理办法》（发改委第 10 号令）、《必须招标的工程项目规定》（发改委第 16 号令）、《房屋建筑工程和市政基础设施工程施工管理办法》（建设部第 89 号令）等。

（2）地方政府规章　是指由省、自治区、直辖市和设区的市、自治州的人民政府根据法律、行政法规和本省、自治区、直辖市的地方性法规制定，通常以地方人民政府令的形式公布的地方性招标投标规章。如《北京市建设工程招标投标监督管理规定》（北京市人民政府令第 122 号）、《湖北省招标投标管理办法》（湖北省人民政府令第 306 号）等。

2.1.2　认识《中华人民共和国招标投标法》

《中华人民共和国招标投标法》（以下简称《招标投标法》）是社会主义市场经济法律体系中非常重要的一部法律，是整个招标投标领域的基本法，一切有关招标投标的法规、规章和规范性文件都必须与《招标投标法》相一致。

1. 《招标投标法》的施行时间

《招标投标法》由中华人民共和国第九届全国代表大会常务委员会第十一次会议于 1999 年 8 月 30 日通过并予公布，自 2000 年 1 月 1 日起施行。2017 年 12 月 27 日，第十三届全国人民代表大会常务委员会第三十一次会议通过《关于修改〈中华人民共和国招标投标法〉〈中华人民共和国计量法〉的决定》，并于 2017 年 12 月 28 日起施行，这算是对《招标投标法》的第一次修订。

2. 《招标投标法》的适用范围

招标范围

《招标投标法》适用于在中华人民共和国境内进行的一切招标投标活动。不仅包括本法列出必须进行招标的活动，还包括必须招标以外的所有招标投标活动。也就是说，凡是在中国境内进行的招标投标活动，不论招标主体和招标采购项目的性质如何，都适用于《招标投标法》的有关规定。具体而言，从主体上，包括政府机构、国有事业单位、集体企业、私人企业、外商投资企业以及其他非法人组织等的招标；从项目资金来源上，包括利用国有资金、国际组织或外国政府贷款及援助资金，企业自有资金，商业性或政策性贷款，政府机关或事业单位列入财政预算的消费性资金进行的招标；从采购对象上，包括货物（设备、材料、产品、电力等），工程（建造、改建、拆除、修缮或翻新以及管线敷设、装饰装修等），服务（咨询、勘察、设计、监理、维修、保险等）的招标采购，且不论采购金额或投资额的大小，只要是在我国境内进行的招标投标活动，都必须遵循一套标准的程序，即《招标投标法》中规定的程序。但是，从本法的规定看，有许多条文是针对强制招标而言的，不适用于当事人自愿招标的情况。换言之，强制招标的程序要求比自愿招标更为严格，自愿招标更为灵活。

3. 招标投标的原则

招标投标活动应当遵循公开、公平、公正和诚实信用的原则。

（1）公开原则　公开原则是指招标投标活动应有较高的透明度，招标人应当将招标信息公布于众，以招引投标人做出积极反应。在招标采购制度中，公开原则要贯穿于整个招标投标程序中，具体表现在建设工程招标投标信息公开、条件公开、程序公开和结果公开。公开原则的意义在于使每一个投标人获得同等的信息，知悉招标的一切条件和要求，避免“暗箱操作”。

（2）公平原则　公平原则要求招标人平等地对待每一个投标竞争者，使其享有同等的权利并履行相应的义务，不得对不同的投标竞争者采用不同的标准。按照这个原则，招标人不得在招标文件中要求或者标明含有倾向或排斥潜在投标人的内容，不得以不合理的条件限制或者排斥潜在投标人，不得对潜在投标人实行歧视待遇。

（3）公正原则　公正原则即程序规范，标准统一，要求所有招标投标活动必须按照招标文件中的统一标准进行，做到程序合法、标准公正。根据这个原则，招标人必须按照招标文件事先确定的招标、投标、开标的程序和法定时限进行，评标委员会必须按照招标文件确定的评标标准和方法进行评审，招标文件中没有规定的标准和方法不得作为评标和中标的依据。

（4）诚实信用原则　诚实信用原则是指招标投标当事人应以诚实、守信的态度行使权利、履行义务，以保护双方的利益。根据这个原则，要求招标投标各方都要诚实守信，不得有欺骗、背信的行为。如，招标人不得以任何形式搞虚假招标；投标人递交的资格证明材料和投标书的各项内容都要真实；中标订立合同后，各方都要严格履行合同。对违反诚实信用原则从而给他方造成损失的，要依法承担赔偿责任。

2.1.3　认识《中华人民共和国招标投标法实施条例》

《招标投标法》自2000年1月1日施行以来，对于推进招标采购制度的实施，促进公平竞争，加强反腐败制度建设，节约公共采购资金，保证采购质量等发挥了重要作用。但随着招标采购方式的广泛应用，招标投标活动也出现了一些亟待解决的突出问题：一些依法必须招标的项目规避招标或者搞“明招暗定”的虚假招标，有的领导干部利用权力插手干预招标投标活动，搞权钱交易，使工程建设和其他公共采购领域成为腐败现象易发、多发的重灾区；一些招标投标活动当事人相互串通、围标串标，严重扰乱招标投标活动正常秩序，破坏公平竞争等。

针对招标投标活动中存在的这些突出问题，2011年12月20日，国务院第183次常务会议依据《招标投标法》通过了《中华人民共和国招标投标法实施条例》（以下简称《招标投标法实施条例》），自2012年2月1日起施行，并在2017年3月1日和2018年3月19日根据《国务院关于修改和废止部分行政法规的决定》先后进行了两次修订。

《招标投标法实施条例》是在认真总结《招标投标法》实施以来的实践经验教训的基础上，制定出台的配套行政法规，它将法律规定进一步具体化，增强了可操作性，并针对新情况、新问题充实完善了有关规定，对进一步筑牢工程建设和其他公共采购领域预防和惩治腐

败的制度屏障、维护招标投标活动的正常秩序是有重大意义的。

2.1.4　建设工程招标的范围和条件

1. 建设工程招标的范围

建设工程采用招标投标这种发承包方式，在提高工程经济效益、保证建设质量、保证社会及公众利益方面具有明显的优越性，我国对建设工程招标范围进行了界定，即国家规定了必须招标的建设工程项目范围，而在此范围之外的项目是否招标，业主可以自愿选择。

（1）建设工程招标范围的确定依据　哪些工程项目必须招标，哪些工程项目可以不进行招标，即如何界定必须招标的建设工程项目范围，是一个比较复杂的问题。一般来说，确定建设工程招标范围，可以把以下几个方面的因素作为依据进行考虑。

1）工程资产的性质和归属。我国的建设工程项目，主要是国家所有和集体所有的公有制资产项目。我国在确定招标范围时，将国家机关、国有企事业单位和集体所有制企业以及他们控股的股份公司投资、融资兴建的工程建设项目和使用国际组织或者外国政府贷款、援助资金的工程建设项目纳入招标的范围。

2）工程规模对社会的影响。现阶段我国投资主体多元化，有些工程项目是个人或私营企业投资兴建的，个人有处置权。但是考虑到建设工程不是一般的资产，它的建设、使用直接关系到社会公共利益、公众安全、资源配置等，因此我国将达到一定规模，关系社会公共利益、公众安全的工程建设项目，不论资产性质如何，都纳入招标范围。

3）工程实施过程的特殊性要求。一般的工程项目实施过程都应遵循一定的建设工作程序，即建设工作中应符合工程建设客观规律要求的先后次序；而某些紧急情况下的特殊工程，如抢险、救灾、赈灾、保密等，需要用特殊的方法和程序进行处理，所以在工作程序上有特殊需要的工程项目不宜列入建设工程招标的范围。

4）招标投标过程的经济性和可操作性。实行建设工程招标投标的目的是节省投资、保证质量、提高效益。对那些投资额较小的工程，如果强制实行招标，反而会大大增加工程成本，所以不适宜招标投标。另外，在客观上潜在的投标人过少，无法展开公平竞争的工程，也不宜列入强制招标的范围。

（2）我国目前对工程建设项目招标范围的界定　对工程建设项目招标的范围，《招标投标法》中规定：在中华人民共和国境内进行下列工程建设项目，包括项目的勘察、设计、施工、监理以及与工程建设有关的重要设备、材料等的采购，必须进行招标：

1）大型基础设施、公用事业等关系社会公共利益、公众安全的项目。

2）全部或者部分使用国有资金投资或者国家融资的项目。

3）使用国际组织或者外国政府贷款、援助资金的项目。

小知识

2018 年 3 月 27 日，国家发展和改革委员会颁布了《必须招标的工程项目规定》，对必须招标的范围作出了进一步细化的规定。要求在招标范围内的各类工程建设项目，达到下列标准之一的，必须进行招标：

1）施工单项合同估算价在 400 万元人民币以上。

2）重要设备、材料等货物的采购，单项合同估算价在200万元人民币以上。

3）勘察、设计、监理等服务的采购，单项合同估算价在100万元人民币以上。

同一项目中可以合并进行的勘察、设计、施工、监理以及与工程建设有关的重要设备、材料等的采购，合同估算价合计达到前款规定标准的，必须招标。

（3）可以不进行招标的建设项目范围　依据《招标投标法》和《招标投标法实施条例》的规定，有下列情形之一，不适宜进行招标的项目，可以不进行招标：

1）涉及国家安全、国家秘密的工程。

2）抢险救灾工程。

3）属于利用扶贫资金实行以工代赈、需要使用农民工等特殊情况。

4）需要采用不可替代的专利或者专有技术。

5）采购人依法能够自行建设、生产或者提供。

6）已通过招标方式选定的特许经营项目投资人依法能够自行建设、生产或者提供。

7）需要向原中标人采购工程、货物或者服务，否则将影响施工或者功能配套要求。

8）国家规定的其他特殊情形。

[思政引导]　通过学习16号令与843号令的内容，了解国家组织清理与《必须招标的工程项目规定》不一致的规定，使简政放权的效果落到实处。同时，进一步创新完善招标投标制度，更好发挥招标投标竞争择优的作用，促进经济社会持续健康发展。

2. 建设工程招标的条件

在建设工程招标之前，招标人必须完成必要的准备工作，具备招标所需的条件。招标项目按照规定应具备两个基本条件：项目审批手续已履行；项目资金来源已落实。

对于建设项目不同阶段的招标，又有其更为具体的条件，如工程施工招标应该具备以下条件：

1）招标人已依法成立。

2）按照国家有关规定需要履行项目审批手续的，已经履行审批手续。

3）工程资金或者资金来源已经落实。

4）有满足施工招标需要的设计文件及其他技术资料。

5）法律、法规、规章规定的其他条件。

案例回顾

了解了工程施工招标应该具备的条件，再来回顾我们的导入案例，就不难看出本工程由于只有初步设计图纸，而没有满足施工招标需要的设计文件及其他技术资料，显然是不完全具备招标条件、不应该进行施工招标的。

2.1.5　建设工程招标的分类

建设工程招标是指招标人在发包建设项目之前，公开招标或邀请投标人，根据招标人的意图和要求提出报价，择日当场开标，以便从中择优选定中标人的一种经济活动。

工程项目招标投标多种多样，按照不同的标准可以进行不同的分类。

1. 按照工程建设程序分类

按照工程建设程序，可以将建设工程招标投标分为建设项目前期咨询招标投标、勘察设计招标投标、材料设备采购招标投标、工程施工招标投标。

（1）建设项目前期咨询招标投标　建设项目前期咨询招标投标是指对建设项目的可行性研究任务进行的招标投标。投标方一般为工程咨询企业。中标的承包人要根据招标文件的要求，向发包方提供拟建工程的可行性研究报告，并对其结论的准确性负责。承包人提供的可行性研究报告，应获得发包方的认可，认可的方式通常为专家组评估鉴定。

项目投资者有的缺乏建设管理经验，通过招标选择项目咨询者及建设管理者，即工程投资方在缺乏工程实施管理经验时，通过招标方式选择具有专业管理经验的工程咨询单位，为其制定科学、合理的投资开发建设方案，并组织控制方案的实施。这种集项目咨询与管理于一体的招标类型的投标人一般也为工程咨询企业。

（2）勘察设计招标投标　勘察设计招标投标是指根据批准的可行性研究报告，择优选择勘察设计单位的招标投标。勘察和设计是两种不同性质的工作，可由勘察单位和设计单位分别完成。勘察单位最终提出包括施工现场的地理位置、地形、地貌、地质、水文等在内的勘察报告。设计单位最终提供设计图纸和成本预算结果。设计招标还可以进一步分为建筑方案设计招标、施工图设计招标。当施工图设计不是由专业的设计单位承担，而是由施工单位承担时，一般不进行单独招标。

（3）材料设备采购招标投标　材料设备采购招标投标是指在工程项目初步设计完成后，对建设项目所需的建筑材料和设备（如电梯、供配电系统、空调系统等）的采购任务进行的招标投标。投标方通常为材料供应商、成套设备供应商。

（4）工程施工招标投标　工程施工招标投标是指在工程项目的初步设计或施工图设计完成后，用招标投标的方式选择施工单位。施工单位最终向发包人交付按招标设计文件规定完成的建筑产品。

国内外招标投标现行做法中经常采用将工程建设程序中各个阶段合为一体进行全过程招标的做法。

2. 按工程项目承包的范围分类

按工程项目承包的范围可将工程招标划分为项目全过程总承包招标、工程分承包招标及专项工程承包招标。

（1）项目全过程总承包招标　项目全过程总承包招标，即选择项目全过程总承包人招标，这种又可分为两种类型，一种是指工程项目实施阶段的全过程招标；另一种是指工程项目建设全过程的招标。前者是在设计任务书完成后，从项目勘察、设计到施工交付使用进行一次性招标；后者则是从项目的可行性研究到交付使用进行一次性招标，业主只需提供项目投资和使用要求及竣工、交付使用期限，其可行性研究、勘察设计、材料和设备采购、土建施工设备安装及调试、生产准备和试运行、交付使用，均由一个总承包人负责承包，即所谓“交钥匙工程”。承揽“交钥匙工程”的承包人被称为总承包人，绝大多数情况下，总承包人要将工程部分阶段的实施任务分包出去。

无论是项目实施的全过程还是某一阶段或程序，按照工程建设项目的构成，可以将建设工程招标投标分为全部工程招标投标、单项工程招标投标、单位工程招标投标、分部工程招标投标、分项工程招标投标。全部工程招标投标是指对一个建设项目（如一所学校）的全部工程进行的招标投标。单项工程招标投标是指对一个工程建设项目中所包含的单项工程（如一所学校的教学楼、图书馆、食堂等）进行的招标投标。单位工程招标投标是指对一个单项工程所包含的若干单位工程（如实验楼的土建工程）进行招标投标。分部工程招标投标是指对一项单位工程包含的分部工程（如土石方工程、深基坑工程、楼地面工程、装饰工程）进行招标投标。

应当强调的是，为了防止将工程肢解后进行发包，我国一般不允许对分部工程招标，允许特殊专业工程招标，如深基础施工、大型土石方工程施工等。但是，国内工程招标中的所谓项目总承包招标往往是指对一个项目施工过程全部单项工程或单位工程进行的总招标，与国际惯例所指的总承包尚有相当大的差距。与国际接轨，提高我国建筑企业在国际建筑市场的竞争能力，深化施工管理体制的改革，造就一批具有真正总包能力的智力密集型的龙头企业，是我国建筑业发展的重要战略目标。

（2）工程分承包招标　工程分承包招标是指中标的工程总承包人作为其中标范围内工程任务的招标人，将其中标范围内的工程任务，通过招标投标的方式，分包给具有相应资质的分承包人，中标的分承包人只对招标的总承包人负责。

（3）专项工程承包招标　专项工程承包招标是指在工程承包招标中，对其中某项比较复杂或专业性强、施工和制作要求特殊的单项工程进行单独招标。

3. 按行业或专业类别分类

按与工程建设相关的业务性质及专业类别划分，可将工程招标分为土木工程招标、勘察设计招标、材料设备采购招标、安装工程招标、建筑装饰装修招标、生产工艺技术转让招标、咨询服务（工程咨询）及建设监理招标等。

4. 按工程发承包模式分类

随着建筑市场运作模式与国际接轨进程的深入，我国发承包模式也逐渐呈多样化，主要包括工程咨询招标模式、交钥匙工程招标模式、工程设计施工招标模式、工程设计管理招标模式、BOT工程招标模式。

（1）工程咨询招标模式　工程咨询招标模式是指以工程咨询服务为对象的招标行为。工程咨询服务的内容主要包括：工程立项决策阶段的规划研究、项目选定与决策；建设准备阶段的工程设计、工程招标；施工阶段的监理、竣工验收等工作。

（2）交钥匙工程招标模式　“交钥匙”工程招标模式即承包人向发包人提供包括融资、设计、施工、设备采购、安装和调试直至竣工移交的全套服务。交钥匙工程招标是指发包人将上述全部工作作为一个标的招标，承包人通常将部分阶段的工程分包，即全过程招标。

（3）工程设计施工招标模式　工程设计施工招标是指将设计及施工作为一个整体标的以招标的方式进行发包，投标人必须为同时具有设计能力和施工能力的承包人。我国由于长期采取设计与施工分开的管理体制，目前具备设计、施工双重能力的施工企业为数较少。

设计—建造模式是一种项目组管理方式，业主和设计—建造承包人密切合作，完成项目的规划、设计、成本控制、进度安排等工作，甚至负责项目融资。使用一个承包人对整个项目负责，避免了设计和施工的矛盾，可显著减少项目的成本和工期。同时，在选定承包人时，把设计方案的优劣作为主要的评标因素，可保证业主得到高质量的工程项目。

（4）工程“设计—管理”招标模式　工程“设计—管理”招标模式是指由同一实体向发包人提供设计和施工管理服务的工程管理模式。采用这种模式时，业主只签订一份既包括

设计也包括工程管理服务的合同，且设计机构与管理机构是同一实体。这一实体常常是设计机构施工管理企业的联合体。“设计—管理”招标即为以“设计—管理”为标的进行的工程招标。

（5）BOT 工程招标模式　BOT（Build-Operate-Transfer），即“建造—运营—移交”模式。这是指东道国政府开放本国基础设施建设和运营市场，吸收国外资金，授给项目公司以特许权，由该公司负责融资和组织建设，建成后负责运营及偿还贷款，并在特许期满时将工程移交给东道国政府的模式。BOT 工程招标即是对这些工程环节的招标。

5. 按照工程是否具有涉外因素分类

按照工程是否具有涉外因素，可以将建设工程招标投标分为国内工程招标投标和国际工程招标投标。

2.1.6　建设工程招标的方式

工程项目招标的方式在国际上通行的有公开招标、邀请招标和议标，但《招标投标法》未将议标作为法定的招标方式，即法律所规定的强制招标项目不允许采用议标方式。

1. 公开招标

公开招标又称为无限竞争招标，是指招标人以招标公告的方式邀请不特定的法人或其他组织投标。招标人通过报刊、广播、电视、信息网络等方式发布招标广告，有投标意向的承包人均可参加投标资格审查，审查合格的承包人可购买或领取招标文件参加投标的招标方式。

（1）公开招标的特点　公开招标方式的优点是投标的承包人多、竞争范围大，业主有较大的选择余地，有利于降低工程造价，提高工程质量和缩短工期。其缺点是由于投标的承包人多，招标工作量大，组织工作复杂，需投入较多的人力、物力，招标过程所需时间较长，因而此类招标方式主要适用于投资额度大，工艺、结构复杂的较大型工程建设项目。公开招标的特点一般表现为以下几个方面：

1）公开招标是最具竞争性的招标方式。参与竞争的投标人数量最多，且只要符合相应的资质条件便不受限制，只要承包人愿意便可参加投标，在实际生活中，常常少则十几家，多则几十家，甚至上百家，因而竞争程度最为激烈。它可以最大限度地为一切有实力的承包人提供一个平等竞争的机会，招标人也有最大容量的选择范围，可在为数众多的投标人之间择优选择一个报价合理、工期较短、信誉良好的承包人。

2）公开招标是程序最完整、最规范、最典型的招标方式。它形式严密，步骤完整，运作环节环环相扣。公开招标是适用范围最为广阔、最有发展前景的招标方式。在国际上，谈到招标通常都是指公开招标。在某种程度上，公开招标已成为招标的代名词，因为公开招标是工程招标通常适用的方式。在我国，凡属招标范围的工程项目，一般首先要采用公开招标的方式。

3）公开招标也是所需费用最高、花费时间最长的招标方式。其竞争激烈、程序复杂，组织招标和参加投标需要做的准备工作和需要处理的实际事务比较多，特别是编制、审查有关招标投标文件的工作量十分浩繁。

综上所述，不难看出，公开招标有利有弊，但优越性十分明显。

（2）我国公开招标存在的问题　我国在推行公开招标实践中，存在不少问题，需要认真加以探讨和解决。主要问题如下：

首先，其公告方式的社会公开性受限制。公开招标不管采取何种招标公告方式，都应当具有广泛的社会公开性。正因如此，依法必须招标的项目其招标公告都是要求通过大众新闻媒体或电子信息平台发布的，随着社会的进步，特别是科技的飞速发展，公开招标的招标公告方式也必然会发展、变化，其具有广泛的社会公开性这一特征也会因此更加鲜明。但是，在强制招标范围外的项目，虽然有些也是采用公开招标，却只是在本地报刊、当地建设工程交易中心网站、本单位网站上发布招标公告，区域局限性十分明显，致使其发布的招标公告不能广为人知。所以，这都不能算作真正意义上的公开招标。

其次，公开招标的公平、公正性受到限制。公开招标的一个显著特点，是投标人只要符合某种条件，就可以不受限制地自主决定是否参加投标。而在公开招标中对投标人的限制条件，按照国际惯例，只应是资质条件和实际能力。可是，目前在我国建设工程的公开招标中，常常出现出于地方保护主义等原因对投标人附加了许多苛刻条件的现象。如有的限定：只有某地区、某行业或获得过某种奖项（如鲁班奖等）的企业，才能参加公开招标的投标等，这种做法是不妥当的。如某项需要中级资质企业承担的工程，在公开招标时对投标人提出的限制条件只应是持有中级资质证书，并确定相应的实际能力。至于其他方面的要求，只应作为竞争成败（评标）的因素，而不宜作为可否参加竞争（投标）的条件。如果允许随意增加对投标人的限制条件，不仅会削弱公开招标的竞争性、公正性，而且也与资质管理制度的性质和宗旨背道而驰。

再次，招标评标实际操作方法不规范。由于我国处于市场经济完善阶段，法制建设不到位，招标投标过程中有些不规范的行为，包括投标人经资格审查合格后再进行抓阄或抽签才能投标；串标、陪标等暗箱操作等。例如，有的地方认为公开招标的投标人太多，影响评标效率，采取在投标人经资格审查合格后先进行抓阄或抽签、抓阄与发包人推荐相结合的办法，淘汰一批合格者，剩下的合格者才可正式参加投标竞争。资格审查合格本身就是有资格参加投标竞争的象征，人为采取任何办法进行筛选，都违背了《招标投标法》的公开、公平、公正的原则，且有悖公开招标的无限竞争精神。

公开招标实践中出现上述问题，究其原因是多方面的。从客观上讲，主要是资金紧张，甚至有很大缺口；或工程盲目上马，工期紧迫等。从主观上讲，主要是嫌麻烦，怕招标投标周期长、矛盾多、劳民伤财，舍不得花时间、花钱，也不排除极个别的想为个人谋私预留操作空间和便利等。上述问题的结果，不仅限制了竞争，而且不能体现公开招标的真正意义。实际上，程序复杂、费时、耗财，正是公开招标的特点之所在，否则，怎么能健康有序地形成无限制的局面呢？所以，目前在我国还需要进一步培育和发展工程建筑市场竞争机制，进一步规范和完善公开招标的运作制度。

邀请招标的情形

2. 邀请招标

邀请招标又称为有限竞争性招标。这种方式不发布公告，发包人根据自己的经验和所掌握的各种信息资料，向有承担该项工程施工能力的3个（含3个）以上承包人发出投标邀请书，收到邀请书的单位有权利选择是否参加投标。邀请招标与公开招标一样都必须按规定的招标程序进行，要制订统一的招标文件，投标人都必须按招标文件的

规定进行投标。

邀请招标方式的优点是：参加竞争的投标人数目可由招标单位控制，目标集中，招标的组织工作比较容易，工作量比较小。其缺点是：由于参加投标的单位相对较少，竞争性范围较小，使招标单位对投标单位的选择余地较少，如果招标单位在选择被邀请的承包人前所掌握信息资料不足，则会失去发现最适合承担该项目的承包人的机会。

邀请招标和公开招标是有区别的，主要区别如下：

1）邀请招标的程序比公开招标简化，如无招标公告及投标人资格审查的环节。

2）邀请招标在竞争程度上不如公开招标强。邀请招标参加人数是经过选择限定的，被邀请的承包人数目一般在 3 ~ 10 个，不能少于 3 个，也不宜多于 10 个。由于参加人数相对较少，易于控制，因此其竞争范围没有公开招标大，竞争程度也明显不如公开招标强。

3）邀请招标在时间和费用上都比公开招标节省。邀请招标可以省去发布招标公告费用（如有）、资格审查费用和可能发生的更多的评标费用。

但是，邀请招标也存在明显缺陷。它限制了竞争范围，由于经验和信息资料的局限性，会把许多可能的竞争者排除在外，不能充分展示自由竞争、机会均等的原则。鉴于此，国际上和我国都有邀请招标的适用范围和条件。

小知识

《招标投标法》和《招标投标法实施条例》规定：国务院发展计划部门确定的国家重点建设项目和各省、自治区、直辖市人民政府确定的地方重点建设项目以及国有资金占控股或者主导地位的依法必须进行招标的项目，应当公开招标。但有下列情形之一的，经批准可以进行邀请招标。

1）技术复杂、有特殊要求或者受自然环境限制，只有少量潜在投标人可供选择。

2）采用公开招标方式的费用占项目合同金额的比例过大。

3. 议标

议标（又称协议招标、协商议标）是一种以议标文件或拟议的合同草案为基础的，直接通过谈判方式，分别与若干家承包人进行协商，选择自己满意的一家，签订承包合同的招标方式。这种方法由于不具有公开性和竞争性，从严格意义上讲不能称为一种招标方式，但对一些小型工程而言，采用议标方式，目标明确，省时省力，比较灵活；对服务招标而言，由于服务价格难以公开确定，服务质量也需要通过谈判解决，采用议标方式较为恰当。但议标存在着程序随意性大、竞争性弱、缺乏透明度、极易形成暗箱操作、易私下交易等缺点，所以自 2000 年 1 月 1 日起施行的《招标投标法》就只规定招标分为公开招标和邀请招标，而对议标未明确提及。

练一练

2.1-1　按照工程建设程序，可以将建设工程招标投标分为____________、工程勘察设计招标投标、材料设备采购招标投标和____________。

2.1-2　公开招标亦称无限竞争性招标，是指招标人以（　　）的方式邀请不特定的法人或者其他组织投标。

A. 投标邀请书　　B. 合同谈判　　C. 行政命令　　D. 招标公告

2.1-3 按照《必须招标的工程项目规定》的规定，施工单项合同估算价在（　　）万元人民币以上的工程项目，必须进行招标。

A. 100　　B. 200　　C. 400　　D. 3 000

2.1-4 符合下列（　　）情形之一的，经批准可以进行邀请招标。

A. 国际金融组织提供贷款的

B. 受自然地域环境限制的

C. 涉及国家安全、国家秘密，适宜招标但不适宜公开招标的

D. 项目技术复杂或有特殊要求，并且只有几家潜在投标人可供选择的

E. 紧急抢险救灾项目，适宜招标但不适宜公开招标的

2.1-5 建设工程施工招标的必备条件有（　　）。

A. 具备招标所需的设计图纸和技术资料

B. 招标范围和招标方式已确定

C. 招标人已经依法成立

D. 资金来源已经落实

E. 已选好监理单位

2.1-6 我国《招标投标法》规定，建设工程招标方式有（　　）。

A. 公开招标　　B. 议标　　C. 询价

D. 竞争性谈判　　E. 邀请招标

2.2 建设工程施工招标程序

导入案例

某建筑工程的招标文件中标明，距离施工现场1km处存在一个天然砂场，并且该砂可以免费采取。但由于承包人没有仔细了解天然砂场中天然砂的具体情况，在工程施工中准备使用该砂时，工程师认为该砂级别不符合工程施工要求而不允许在施工中使用，于是承包人只得自己另行购买符合要求的砂。承包人以招标文件中标明现场有砂而投标报价中没有考虑为理由，要求发包人补偿现在必须购买砂的差价，工程师不同意承包人的补偿要求。请思考工程师不同意承包人的补偿要求是否合法？

2.2.1 国内工程项目施工招标的程序

建设工程施工招标程序主要是指招标工作在时间和空间上应遵循的先后顺序，从招标人的角度看，建设工程项目施工招标的一般程序主要经历以下几个环节。

1. 建设工程项目报建

建设工程项目的立项批准文件或年度投资计划下达后，按照有关规定，须向建设行政主管部门的招标投标行政监管机关报建备案，备案后具备招标条件的建设工程项目，即可开始

办理招标事宜。凡未报建的工程项目，不得办理招标手续和发放施工许可证。报建的主要内容包括：工程名称、建设地点、投资规模、资金来源、当年投资额、工程规模、发包方式、计划开竣工时间和工程筹建情况等。

2. 审查招标人招标资格

组织招标有两种情况，招标人自己组织招标或委托招标代理机构代理招标。建设行政主管部门应审查招标人是否具备自行招标的条件，不具备有关条件的应委托招标代理机构代理招标。

小知识

《招标投标法》规定，招标人具有编制招标文件和组织评标能力的，可以自行办理招标事宜。任何单位和个人不得强制其委托招标代理机构办理招标事宜。依法必须进行招标的项目，招标人自行办理招标事宜的，应当向有关行政监督部门备案。

3. 申请招标

当招标人自己组织招标或委托招标代理机构代理招标后，应向招标投标管理机构申报招标，填写建设工程招标申请表，经批准后才可以进行招标。申请表的主要内容包括：工程名称、建设地点、结构类型、招标建设规模、招标范围、招标方式、要求投标单位资质等级、施工前期准备情况、招标机构组织情况等。

4. 编制资格预审文件及招标文件

编制依法必须进行招标的项目的资格预审文件和招标文件，应当使用国务院发改委会同有关行政监督部门制定的标准文本。

5. 发布资格预审公告、招标公告或者发出投标邀请书

采用公开招标方式的，招标人要在报纸、杂志、广播、电视等大众传媒或指定的网站上发布资格预审公告和招标公告，邀请一切愿意参加工程投标的不特定的承包人申请投标资格审查或申请投标；根据国家发展和改革委员会2018年10号令《招标公告和公示信息发布管理办法》，依法必须招标项目的招标公告和公示信息应当在“中国招标投标公共服务平台”或项目所在地省级电子招标投标公共服务平台发布。采用邀请招标方式的，招标人要向3个以上具备承担生产能力的、资信良好的、特定的承包人发出投标邀请书，邀请他们参加投标。

6. 对投标资格进行审查

公开招标对投标人的资格审查，分为资格预审和资格后审两种。资格预审是指在发售招标文件前，招标人对潜在的投标人进行资质条件、业绩、技术、资金等方面的审查；资格后审是指在开标后评标前对投标人进行的资格审查。只有通过审查的投标人才可以参加投标（评标）。我国通常采用资格预审的方法。

7. 发放招标文件和有关资料，收取投标保证金

招标人应按规定的时间和地点将招标文件、图纸和有关技术资料发放给通过资格审查的投标人，并收取一定数量的保证金。招标文件从开始发出之日起至投标人提交投标文件截止之日止不得少于20日。投标单位收到招标文件、图纸和有关资料后，应认真核对，核对无

误后，应以书面形式予以确认。

8. 组织投标人踏勘现场，召开投标预备会

踏勘现场的目的在于使投标人了解工程场地和周围环境情况，以获取投标单位认为有必要的信息；投标预备会也称答疑会、标前会议，是指招标人为澄清或解答招标文件或现场踏勘中的问题，以便投标人更好地编制投标文件而组织召开的会议。

招标人可以根据项目具体需要组织踏勘现场，但不得组织单个或者部分潜在投标人踏勘项目现场。

9. 投标文件的接收

投标人根据招标文件的要求，编制投标文件，并进行密封和标记，在投标截止时间前按招标文件规定的地点递交至招标人。

10. 开标

开标应当在招标文件确定的提交投标文件截止时间的同一时间公开进行；开标地点应当为招标文件中预先确定的地点。参加开标会议的人员，一般包括招标人或其代表人、招标代理人、投标人法定代表人或其委托代理人、招标投标管理机构的监管人员和招标人自愿邀请的公证机构的人员等。

开标会议由招标人主持，并按照一定的程序组织开标。

11. 评标

开标会结束后，招标人要接着组织评标。评标由招标人依法组建的评标委员会进行。依法必须进行招标的项目，其评标委员会由招标人的代表和有关经济、技术等方面的专家组成。评标组织成员的名单在中标结果确定前应当保密。成立评标组织的具体要求和注意事项，将在本书后面章节中论述。

12. 择优定标，发出中标通知书

评标结束应当产生出定标结果。招标人根据评标委员会提出的书面评标报告和推荐的中标候选人确定中标人，也可以授权评标委员会直接确定中标人。招标人应当自定标之日起15天内向招标投标管理机构提交招标投标情况的书面报告。

在评标过程中，如发现有下列情形之一不能产生定标结果的，可宣布招标失败：

1）所有投标报价低于成本或高于招标文件设定的最高投标限价的。

2）所有投标人的投标文件均实质上不符合招标文件的要求，被评标委员会否决的。

如果发生招标失败，招标人应认真审查招标文件及其最高投标限价，做出合理修改，重新招标。

经评标确定中标人后，招标人应当向中标人发出中标通知书，并同时将中标结果通知所有未中标的投标人，退还未中标投标人的投标保证金。中标通知书对招标人和中标人均具有法律效力。中标通知书发出后，招标人改变中标结果或者中标人放弃中标项目，都应承担法律责任。

13. 签订合同

招标人与中标人应当自中标通知书发出之日起30天内，按照招标文件和中标人的投标文件正式签订书面合同。招标人和中标人不得再另行订立背离合同实质性内容的其他协议。同时，双方要按照招标文件的约定提交履约保证金或者履约保函，招标人还要退还中标人的投标保证金。至此，招标工作全部结束。招标工作结束后，应将有关文件资料整理归档，以备查考。

［**思政引导**］ 通过站在招标人立场上学习招标程序，明确招标投标不仅是一种市场行

为，更是在法律法规规范下的法律行为；引导学生牢固树立法治观念，坚定不移走中国特色社会主义法治道路。

案例回顾

学习了建设工程施工项目的招标程序，我们再来回顾前面导入案例中提出的问题，就能明白工程师不同意承包人的补偿要求是合法的。为什么呢？

因为按照招标程序，投标人的投标报价被认为是在现场勘探后，投标人在充分了解现场情况的基础上编制的。中标后，投标人就不得借口因为现场考察不仔细、情况了解不全面而提出要调整报价或给予补偿的要求。投标人要对自己了解的情况和报价负责，招标人对投标人在考察现场后得出的各种数据、结论和解释不承担任何责任。

2.2.2 资格审查

对投标申请人的资格进行审查，是为了在招标过程中剔除资格条件不适合承担招标工程的投标申请人。采用资格审查程序，可以缩减招标人评审和比较投标文件时的数量，减少评标的工作量，节约评标的费用和时间。因此，资格审查程序，既是招标人的一项权利，又是多数招标活动中经常采取的一种方法，它对保障招标人的利益，促进招标活动的顺利进行，具有重要的意义。

1. 资格审查的方式

在资格审查方式上，通常分为资格预审和资格后审。

资格预审是在投标前对投标申请人进行的资格审查，以确定拟投标人是否有能力承担并完成该工程项目，是否可以参加下一步的投标；资格后审一般是针对所有已购买招标文件的投标人，其都已具备了完成该工程项目的基本资质，在开标之后，评标时对投标申请人进行的资格审查。

招标人无论对投标申请人采取资格预审方式还是采取资格后审方式，都应根据其工程的规模、复杂程度或技术难度等具体情况而定，同时对具有完成其工程所须资格要求的拟投标人数量应有充分的估计。

目前，在招标活动中，招标人经常采用的是资格预审方式，它可以有效地控制招标过程中投标申请人的数量，大大减少评标时的工作量，确保工程招标人以较高的效率，选择到满意的投标人（厂家）。招标人采用资格预审办法对潜在投标人进行资格审查的，应当发布资格预审公告、编制资格预审文件。招标人应该按照资格预审公告、招标公告或投标邀请书规定的时间、地点发售资格预审文件，且发售期不得少于5日。招标人应当合理确定提交资格预审申请文件的时间。依法必须进行招标的项目提交资格预审申请文件的时间，自资格预审文件停止发售之日起不得少于5日。

为了保证公开、公平竞争，招标人在资格预审中不得以不合理条件限制或者排斥潜在投标人，不得对潜在投标人实行差别歧视待遇。

另外，对于一些工期要求比较紧，工程技术、结构不太复杂的项目，为了争取早日开工，可不进行资格预审，而进行资格后审。即在招标文件中加入资格审查的内容，投标人在提交投标文件的同时提交资格审查资料。开标后，评标委员会在正式评标前先对投标人进行资格审定，淘汰不合格的投标人，对其投标文件不予评审。只对合格投标人的商务部分、技术部分进行详评。资格审查无论是资格预审还是资格后审，其方法和过程基本一致，都需要对投标人所提交的资格文件进行审查。在详细评审之前，为了减轻评审的工作量，可以制订一种多级过滤方法进一步筛选，即根据资格审查文件的要求，将影响投标的强制性标准作为制约因素，制订最低标准，把各投标人的资格文件与各项最低标准比较，进行初次筛选，只有满足所有最低要求的申请人才可进入下一阶段评审。

2. 资格预审的方法

资格预审应当按照资格预审文件载明的标准和方法进行。国有资金占控股或者主导地位的依法必须进行招标的项目，招标人应当组建资格审查委员会审查资格预审申请文件。常见的资格预审方法有下面两种。

（1）合格制　就是凡符合初步评审标准和详细评审标准的申请人均通过资格预审。

（2）有限数量制　就是审查委员会依据规定的审查标准和程序，对通过初步审查和详细审查的资格预审申请文件进行量化打分，按得分由高到低的顺序确定通过资格预审的申请人。通过资格预审的申请人不超过资格审查办法前附表规定的数量。

相关链接

《标准施工招标文件》资格审查办法（有限数量制）前附表见表2-1。

表2-1 《标准施工招标文件》资格审查办法（有限数量制）前附表

条款号		条款名称	编列内容
1		通过资格预审的人数	
2		审查因素	审查标准
2.1	初步审查标准	申请人名称	与营业执照、资质证书、安全生产许可证一致
		申请函签字盖章	有法定代表人或其委托代理人签字或加盖单位公章
		申请文件格式	符合“第四章　资格预审申请文件格式”的要求
		联合体申请人	提交联合体协议书，并明确联合体牵头人（如有）
		……	……
2.2	详细审查标准	营业执照	具备有效的营业执照
		安全生产许可证	具备有效的安全生产许可证
		资质等级	符合“申请人须知”的规定
		财务状况	符合“申请人须知”的规定
		类似项目业绩	符合“申请人须知”的规定
		信誉	符合“申请人须知”的规定
		项目经理资格	符合“申请人须知”的规定
		其他要求	符合“申请人须知”的规定
		联合体申请人	符合“申请人须知”的规定
		……	……

（续）

条　款　号		条款名称	编列内容
2.3	评分标准	评分因素	评分标准
		财务状况	……
		类似项目业绩	……
		信誉	……
		认证体系	……
		……	……

通过详细审查的申请人不少于3个且没有超过规定数量的，均通过资格预审，不再进行评分，通过详细审查的申请人数量超过规定数量的，审查委员会依据第2.3款评分标准进行评分，按得分由高到低的顺序进行排序。

招标人可以对已发出的资格预审文件或者招标文件进行必要的澄清或者修改。澄清或者修改的内容可能影响资格预审申请文件编制的，招标人应当在提交资格预审申请文件截止时间至少3日前，以书面形式通知所有获取资格预审文件的潜在投标人；不足3日的，招标人应当顺延提交资格预审申请文件的截止时间。

3. 资格预审结果通知

资格审查委员会按照规定的评审程序对资格预审申请文件完成审查后，确定通过资格预审的申请人名单，并向招标人提交书面审查报告。全体评委应在评审报告上签字，如有不同意见可单独写出书面情况说明并签字。

资格预审结束后，招标人应当及时向资格预审申请人发出资格预审结果通知书。未通过资格预审的申请人不具有投标资格。通过资格预审的申请人少于3个的，应当重新招标。

2.2.3　发售招标文件和接收投标文件

1. 发售招标文件

招标人向经审查合格的投标人分发招标文件及有关资料，并向投标人收取投标保证金。按照《招标投标法实施条例》的规定，招标人应当按照资格预审公告、招标公告或者投标邀请书规定的时间、地点发售招标文件，且发售期不得少于5日。另外，招标人还应当确定投标人编制投标文件所需要的合理时间，《招标投标法》第24条规定：“依法必须进行招标的项目，自招标文件开始发出之日起至投标人提交投标文件截止之日止，最短不得少于20日。”招标人发售招标文件收取的费用应当限于补偿印刷、邮寄的成本支出，不得以营利为目的。

招标文件发出后，招标人不得擅自变更其内容。确需进行必要的澄清、修改或补充的，应当在招标文件要求提交投标文件截止时间至少15天前，书面通知所有获得招标文件的投标人；不足15日的，招标人应当顺延提交投标文件的截至时间。该澄清、修改或补充的内容是招标文件的组成部分，对招标人和投标人都有约束力。

小知识

《招标投标法实施条例》第 22 条规定：潜在投标人或者其他利害关系人对资格预审文件有异议的，应当在提交资格预审申请文件截止时间 2 日前提出；对招标文件有异议的，应当在投标截止时间 10 日前提出。招标人应当自收到异议之日起 3 日内作出答复；作出答复前，应当暂停招标投标活动。

2. 接收投标文件

投标人应严格按招标文件及答疑纪要编制投标文件，如有疑问应在规定时间内以书面形式向招标人提出，取得招标人书面答复方为有效。投标文件编制完毕经校对无误后，按招标文件规定的正副本份数，密封、签章，在投标截止日前递交到招标人指定地点，同时索取回执。招标人收到投标书应妥善保管，并做好接收签字。

小知识

《工程建设项目施工招标投标办法》第 50 条规定了招标人两种应当不予受理投标人投标文件的情形，也即构成无效投标，不得进入评标的条件：

1）逾期送达。

2）未按招标文件要求密封。

3. 投标有效期

投标有效期是指招标文件中规定的一个适当的有效期限，在此期限内投标人不得要求撤销或修改其投标文件。《工程建设项目施工招标投标办法》第 29 条规定，招标文件应当规定一个适当的投标有效期，以保证招标人有足够的时间完成评标和与中标人签订合同。投标有效期从招标文件规定的提交投标文件的截止之日起计算。

练一练

2.2-1 采用邀请招标方式的，招标人要向________个以上具备承担招标项目能力、资信良好的特定承包人发出投标邀请书。

2.2-2 开标应当在招标文件确定的提交投标文件截止时间____________公开进行。

2.2-3 招标文件自开始发出之日至投标人提交投标文件截止之日不得少于______天。

2.2-4 招标人与中标人应当自中标通知书发出之日起______天内，按照招标文件和中标人的投标文件正式签订书面合同。

2.2-5 在资格审查方式上，通常分为____________和____________。

2.2-6 按照《工程建设项目施工招标投标办法》的规定，自招标文件出售之日起至停止出售之日止，最短不得少于______日。

2.2-7 如确需对招标文件进行必要的澄清、修改或补充，应当在招标文件要求提交投标文件截止时间至少______天前，书面通知所有获得招标文件的投标人。

2.2-8 简述建设工程项目施工招标程序。

2.3　建设工程施工招标文件的编制

导入案例

某单位职工宿舍楼工程施工准备向外招标，由于甲方不会编制招标文件，便委托了有招标投标经历的张某来编写，而张某仅仅是参加过工程投标，从未编制过招标文件，于是便“借鉴”了一个已经完工的宿舍楼项目的招标文件，其中的各项内容均未做改变，仅将封皮换成了新的，请问：在这个招标文件的整个编制过程中出现了哪些不正确的做法？

2.3.1　建设工程施工招标文件的组成

建设工程施工招标文件，是建设工程招标单位单方面阐述自己的招标条件和具体要求的意思表示，是招标单位确定、修改和解释有关招标事项的书面表达形式的统称。从合同的订立过程来分析，工程招标文件属于一种要约邀请，其目的在于引起投标人的注意，希望投标人能按照招标人的要求向招标人发出要约。

建设工程施工招标文件是建设工程招标投标活动中最重要的法律文件之一，它不仅规定了完整的招标程序，而且还提出了各项技术标准和交易条件，拟列了合同的主要条款，所以招标文件是评标委员会评审和投标人编制投标文件的重要依据，也是将来与中标人签订合同的基础。

建设工程施工招标文件由招标文件正式文本、对正式文本的解释和对正式文本的修改三部分构成。

1. 招标文件正式文本

招标文件正式文本由 4 部分内容组成，第 1 部分包括招标公告（或投标邀请书）、投标人须知、评标办法、合同条款及格式、工程量清单；第 2 部分是图纸；第 3 部分是技术标准和要求；第 4 部分是投标文件格式。

2. 对招标文件正式文本的解释

投标人拿到招标文件正式文本之后，如果认为招标文件有问题需要解释，应在招标文件规定的时间内以书面形式向招标人提出，招标人以书面形式向所有投标人作出答复，其具体形式是招标文件答疑或投标预备会会议记录等，这些也是构成招标文件的一部分。

3. 对招标文件正式文本的修改

在投标截止日前，招标人可以对已发出的招标文件进行修改、补充。这些修改和补充也是招标文件的一部分，对投标人起约束作用。修改意见由招标人以书面形式发给所有获得招标文件的投标人，并且要保证这些修改和补充发出之日距投标截止时间有一段合理的时间。

小知识

《招标投标法实施条例》规定：招标人可以对已发出的招标文件进行必要的澄清或者

修改。澄清或者修改的内容可能影响投标文件编制的，招标人应当在投标截止时间至少15日前，以书面形式通知所有获取招标文件的潜在投标人；不足15日的，招标人应当顺延提交投标文件的截止时间。该澄清或修改的内容为招标文件的组成部分。

2.3.2 建设工程施工招标文件的主要内容

在整个工程的招标投标和施工过程中，招标文件是由招标人编制的能集中反映招标人意图的一份极其重要的文件，招标人应当根据招标工程的特点和需要，自行或者委托工程招标代理机构编制招标文件。招标文件通常应包括：招标公告（或投标邀请书）、投标人须知、评标办法、合同条款及格式、工程量清单、图纸、技术标准和要求、投标文件格式等8项内容。以下做简要介绍。

1. 投标人须知

投标人须知是招标人提供的，指导投标人投标的重要文件。投标人须知要依据相关的法律法规，结合项目、业主的要求，对招标阶段的工作程序进行安排，对招标方和投标方的责任、工作规则等进行约定，具体内容包括工程概况，招标范围，资格审查条件，工程资金来源或者落实情况标段划分，工期要求，质量标准，联合体投标，现场踏勘和答疑安排，投标文件编制、提交、修改、撤回的要求，投标报价要求，投标有效期，投标保证金，开标的时间和地点，评标的方法和标准等。

投标人须知通常包括投标人须知前附表和正文部分。

2. 合同条款及格式

施工合同文件是“施工招标文件”的重要组成部分，是由通用合同条款、专用合同条款和协议书构成的。招标人和招标代理机构要以招标项目的所在地和具体工程情况，采用各部委规定的标准合同条款作为招标项目的通用合同条款和专用合同条款，并依此作为投标人投标报价的商务条件；在合同实施阶段它是合同双方的行为准则，履行各自的义务和责任，监理人依此对合同进行管理以及支付项目价款，承包人依此承建工程项目，使发包人在资金得到控制的条件下按期获得合格的工程，使承包人获得合理的报酬。

通用合同条款和专用合同条款是整个施工合同中最重要的合同文件，它根据公平原则，约定了合同双方在履行合同全过程中的工作规则，其中通用合同条款是要求各建设行业共同遵守的共性规则，专用合同条款则是可由各行业根据其行业的特殊情况，自行约定的行业规则，是结合工程所在国、所在地、工程本身的特点和实际需要，对通用合同条款进行的补充、细化或修改。合同专用条款要与通用条款保持一致，不能相互矛盾。

合同格式主要包括合同协议书格式、预付款担保格式、履约担保格式和质量保修书格式等。

3. 工程量清单

工程量清单应依据我国现行的国家标准《建设工程工程量清单计价规范》（GB 50500—2013）进行编制。

“工程量清单”是建设工程实行清单计价的专用名词，它表示的是实行工程量清单计价的建设工程的分部分项工程项目、措施项目、其他项目、规费项目和税金项目的名称和相应

数量等的明细清单。

1）工程量清单由具有编制能力的招标人或受其委托的工程造价咨询人编制。

2）采用工程量清单方式招标，工程量清单必须作为招标文件的组成部分，其准确性和完整性由招标人负责。

3）工程量清单是工程量清单计价的基础，应作为编制招标控制价、投标报价、计算工程量、支付工程款、调整合同价款、办理竣工结算以及工程索赔等的依据之一。

4）工程量清单应由分部分项工程量清单、措施项目清单、其他项目清单、规费项目清单、税金项目清单组成。

4. 技术标准和要求

招标文件的标准和要求主要包括一般要求（如工程说明，发承包的范围、工期要求、质量要求及适用规范和标准，安全防护和文明施工、安全防卫及环境保护，有关材料、进度、进度款、竣工结算等的技术要求等），特殊技术标准和要求（如新技术、新工艺和新材料的使用等）和适用的国家、行业以及地方规范、标准和规程三部分组成。

2.3.3　建设工程施工招标文件的编制

建设工程招标投标工作中至关紧要的工作是编制招标文件，对于招标人来说，招标工作成败的关键在于招标文件编制质量的好坏；对于投标人来说，理解和掌握招标文件的内容，特别是其实质性内容，是投标人能否中标直至取得盈利的关键。为此，遵守编制招标文件的如下原则就显得十分重要了。

1. 招标文件的编制原则

1）遵守国家的法律和行政法规。如果是国际组织的贷款，还应符合该组织的各项规定和要求。

2）公正地处理招标人与投标人的合法权益。

3）招标文件应该正确、详细地反映项目的实际。

4）招标文件应规范、统一，语言严谨、明确。

2. 编制招标文件需注意的问题

在编制招标文件的时候还应该特别注意以下一些问题：

1）招标文件提供的工程量清单和清单计价格式必须符合国家规范规定的格式。

2）招标文件必须明确招标工程的性质、范围和有关的技术规格标准。规定的实质性要求和条件应当在招标文件中用醒目的方式标明。

3）招标工程中需要另行单独分包的内容必须符合政府有关工程分包规定，且必须明确总包对分包工程需要配合的具体范围和内容，将配合费用的计算规则列入合同条款。

4）涉及甲方供应材料、工作等内容的，必须在招标文件中载明，并将明确的结算规则列入合同主要条款。

5）招标项目需要划分标段、确定工期的，招标人应当合理划分标段、确定工期，并在招标文件中载明。对工程技术上紧密相连、不可分割的单位工程不得分割标段。

6）招标文件应该明确说明招标工程的合同类型及相关内容，并将其列入主要合同条款。

7）合同主要条款必须与招标文件有关条款不存在实质性的矛盾。如：固定价合同在合同主要条款中不应出现“按实调整”字样，而必须明确量、价变异时的调整控制幅度和价格确定规则。

8）招标文件必须明确工程评标办法。

9）采取资格预审的，招标人应当在资格预审文件中载明资格预审的条件、标准和方法；采取资格后审的，招标人应当在招标文件中载明对投标人资格要求的条件、标准和方法。

10）招标文件必须载明招标投标各环节所需要的合理时间及招标文件修改必须遵循的规则；当对投标人提出投标疑问需要答复或招标文件需要修改，不能符合有关法律法规要求的截标间隔时间规定时，必须修改投标截止时间并以书面形式通知每一个投标人。

11）招标文件应明确投标文件中任何需要签字、盖章的具体要求。

12）招标文件应明确对非中标单位投标文件的处理规则，如非中标单位的投标文件不予归还投标人，则可视作招标人将全部或者部分使用非中标单位投标文件中的技术成果或技术方案，应征得非中标单位的书面同意，并给予一定的经济补偿。

[思政引导] 招标文件的编制应符合合同原则，应有条理性和系统性，应符合诚实守信原则；引导学生培养严谨细致的工匠精神，不断提高专业技能，理解并自觉践行各行业的职业道德和职业规范，增强职业责任感。

案例回顾

现在好好想一想，前面导入案例中招标文件的编制过程有什么不妥之处吗?

答案是显而易见的。首先，招标文件必须由具有相应编制能力的建设单位或委托中介代理机构来负责编制，案例中由不会编制招标文件的张某来编制是显然不对的；其次，从上述招标文件的编制原则中我们可以知道“招标文件应该正确、详细地反映项目的实际”，每一个招标项目都具有不同的特征，因此编制招标文件绝不是“借鉴”原有项目的招标文件，内容一字不改，只换封皮这么简单的事情。

2.3.4 施工招标文件标准文本简介

为了规范施工招标资格预审文件和招标文件的编制活动，提高资格预审文件、招标文件编制质量，促进招标投标活动的公开、公平和公正，2007年国家发展和改革委员会、财政部、建设部（现住房和城乡建设部）、铁道部、交通部、信息产业部、水利部、民用航空总局、广播电影电视总局（下文简称9部委）联合制定了《〈标准施工招标资格预审文件〉和〈标准施工招标文件〉试行规定》（发展改革委令第56号）及相关附件（附件统一简称为《标准文件》）。从字面意义来看，“标准”是必须遵守之尺度，而“范本”则是示范文本之意，仅是给出示范让人们参考而已，显然《标准文件》的强制性要求比“范本”要高一些。

1. 出台《标准文件》的背景、主要目的和意义

各部委根据《招标投标法》的规定编制了适用范围仅限于本行业或本地方的招标文件的示范文本，由于体例结构和范本内容有繁有简等原因，造成招标资格预审文件、招标文件的编制活动不尽规范。为了规范招标文件的编制，9部委编制出台了《标准文件》，主要是为了达到以下目的：一是通过编制《标准文件》进一步统一招标文件编制依据，促进统一

开放、竞争有序的招标投标大市场的形成；二是通过编制《标准文件》，解决招标文件编制中存在的突出问题，提高招标文件编制质量，进一步规范招标投标活动；三是通过编制《标准文件》，将政府投资项目管理的一系列制度，如项目法人责任制、资本金制、招标投标制、工程监理制、合同管理制和代建制等，有机衔接起来，发挥制度的整体优势，加强政府投资项目管理，规范施工招标资格预审文件、招标文件编制活动。

2.《标准文件》的组成

《标准文件》包括《标准施工招标资格预审文件》和《标准施工招标文件》两个部分。《标准施工招标资格预审文件》分资格预审公告、申请人须知、资格审查办法、资格预审申请文件格式、项目建设概况共 5 章；《标准施工招标文件》分招标公告（或投标邀请书）、投标人须知、评标办法、合同条款及格式、工程量清单、图纸、技术标准和要求、投标文件格式共 8 章。

3.《标准文件》的适用范围和对象

（1）《标准文件》的适用范围

1）国务院 9 部委选择试点的政府投资项目。

2）地方人民政府有关部门选择试点的政府投资项目。地方人民政府有关部门是指省、市、县地方各级人民政府中相对应于《标准文件》编制参与单位的发展改革行政部门，以及财政、建设、交通、水利等行政部门。

（2）《标准文件》的适用对象　国务院有关部门和地方人民政府有关部门和试点项目招标人。

以上部门或机构和试点项目招标人在实施对试点项目施工招标进行监督管理活动时，必须按照《〈标准施工招标资格预审文件〉和〈标准施工招标文件〉试行规定》规定的职责和权限进行，使用《标准文件》，按规定的有关要求进行招标活动，依法行政，不能滥用职权。

《标准文件》自 2008 年 5 月 1 日起施行，即是从 2008 年 5 月 1 日起发生法律效力，试点项目招标人都必须按照规定执行，如有违反就应承担相应的责任。对在 2008 年 5 月 1 日以前发生的事实和行为，试行规定不发生效力，应当按照原有招标投标方面的法律、法规和规章执行。

相关链接

《中华人民共和国房屋建筑和市政工程标准施工招标文件（2010 年版）》(以下简称《行业标准施工招标文件》）是《标准施工招标文件》（国家发展改革委、财政部、原建设部等 9 部委 56 号令发布）的配套文件，适用于一定规模以上，且设计和施工不是由同一承包人承担的房屋建筑和市政工程的施工招标。《标准施工招标文件》“第二章　投标人须知”和“第三章　评标办法”正文部分以及第四章中的“第一节　通用合同条款”是《行业标准施工招标文件》的组成部分。《行业标准施工招标文件》的“第二章　投标人须知”“第三章　评标办法”正文部分以及第四章中的“第一节　通用合同条款”均直接引用《标准施工招标文件》相同序号的章节。

为落实中央关于建立工程建设领域突出问题专项治理长效机制的要求，进一步完善招标文件编制规则，提高招标文件编制质量，促进招标投标活动的公开、公平和公正，国家发展改革委会同工业和信息化部、财政部、住房和城乡建设部、交通运输部、水利部、中国民用航空局等部门，编制了《简明标准施工招标文件》和《标准设计施工总承包招标文件》，并自2012年5月1日起实施。依法必须进行招标的工程建设项目，工期不超过12个月、技术相对简单且设计和施工不是由同一承包人承担的小型项目，其施工招标文件应当根据《简明标准施工招标文件》编制；设计施工一体化的总承包项目，其招标文件应当根据《标准设计施工总承包招标文件》编制。

练一练

2.3-1 建设工程招标文件由__________、__________和__________三部分构成。

2.3-2 投标人拿到招标文件正式文本之后，如果认为招标文件有问题需要解释，应在招标文件规定的时间内以______形式向招标人提出。

2.3-3 《标准施工招标文件》分为招标公告（或投标邀请书）、____________、评标办法、____________、工程量清单、图纸、____________、投标文件格式共8部分。

2.3-4 一个招标工程只能编制________个标底，并在开标前保密。

2.3-5 从合同的订立过程来分析，工程招标文件属于一种（　　）。

A. 要约邀请　　B. 要约　　C. 新要约　　D. 承诺

2.3-6 招标文件应包含的主要内容有（　　）。

A. 投标人须知

B. 图纸

C. 投标函的格式及附录

D. 采用工程量清单招标的，应当提供清单报价表

E. 合同的主要条款

2.3-7 编制招标文件应遵守哪些原则？

2.3-8 简述施工招标文件的主要内容。

综合案例　建设工程施工招标文件实例

在建设工程施工招标过程中，招标文件应根据本章内容结合工程实际情况进行编制，下面是某市人民医院全科医生临床培养基地及门诊综合楼施工招标文件，供学习时参考。

工程施工招标文件封面（略）

工程施工招标文件目录（略）

第一章　招 标 公 告

某市人民医院全科医生临床培养基地及门诊综合楼施工招标公告

1. 招标条件

本招标项目——某市人民医院全科医生临床培养基地及门诊综合楼项目已由某市发展和改革委员会以发改社会〔2021〕16号批准建设，项目业主为某市人民医院，建设资金来自中央投资+财政拨款+企业自筹，项目出资比例为中央投资36%、市财政32%、其他由业

主自筹解决，招标人为某市人民医院。项目已具备招标条件，现对该项目的施工进行公开招标。

2. 项目概况与招标范围

2.1　建设地点：某市某区某路58号。

2.2　项目概况：该项目经批准的概算总投资18 690万元，总建筑面积约49 645m^2，主要建设内容包括：门诊医技综合楼、封闭病房楼、开放病房楼、保障用房、设备机房和门卫房等附属用房以及室外附属及配套工程。

2.3　招标范围：某市人民医院全科医生临床培养基地及门诊综合楼设计施工图纸包含的全部工程的施工、竣工验收及保修等，具体以工程量清单为准。

2.4　标段划分情况：一标段。

2.5　计划工期：560日历天。

2.6　质量要求：合格。

3. 投标人资格要求

3.1　本次招标要求投标人须具备施工综合资质或建筑工程施工总承包甲级资质，并在人员、设备、资金等方面具有相应的施工能力；具有有效期内的安全生产许可证；拟派项目经理具有相关专业高级及以上技术职称，具备建筑工程专业一级建造师注册执业资格（注册于本单位），且与本企业签订了劳动合同关系、已参加一年及以上社会保险，具有安全生产考核合格证，并未在正在施工项目中担任项目经理（证明文件加盖企业公章及法人章）；企业2018年1月1日以来至少有1项类似项目施工业绩（以合同签订时间为准）。

3.2　本次招标不接受联合体投标。

4. 招标文件的获取

4.1　凡有意参加投标者，请于2021年4月23日至2021年4月27日，每日8:30～11:30，14:30～17:30（北京时间，下同）持以下材料的原件及复印件两套（查验原件，留加盖公章的复印件）购买招标文件：

（1）企业法定代表人证明、法定代表人居民身份证；法定代表人授权委托代理人处理事务的出具授权委托书（按中华人民共和国标准施工招标文件中规定的授权委托书格式出具）、委托代理人居民身份证。

（2）企业营业执照、税务登记证、组织机构代码证、资质证书、安全生产许可证及企业类似项目施工业绩（中标通知书、合同）等。

（3）拟派项目经理的注册建造师证书、技术职称证书、安全生产考核合格证、劳动合同、社保证明（社保管理机构出具的一年及以上缴费证明，出具日期在报名时间内）及项目经理无在建工程承诺书。

（4）企业注册所在地或项目所在地人民检察院出具的检察机关行贿犯罪档案查询结果告知函。

4.2　招标文件每套售价100元，售后不退。图纸押金2 000元，在退还图纸时退还（不计利息）。

4.3　邮购招标文件的，需另加手续费（含邮费）50元。招标人在收到单位介绍信和邮购款（含手续费）后2日内寄送。

4.4 符合条件的报名单位超过9家（不含9家），招标人将对报名企业进行资格预审，资格预审采用有限数量制；当报名企业少于或等于9家时，全部参加投标。

5. 投标文件的递交

5.1 投标文件递交的截止时间（投标截止时间，下同）为2021年5月22日10:00，地点为某市建设工程交易中心108室。

5.2 逾期送达的或者未送达指定地点的投标文件，招标人不予受理。

6. 发布公告的媒介

本次招标公告同时在《中国采购与招标网》《某省招标采购综合网》《某市政府采购网》《某市建设工程交易中心信息网》上发布。

7. 联系方式

招 标 人：某市人民医院
地　　址：某市建设西路100号
联 系 人：张先生
电　　话：××××××××
传　　真：××××××××
电子邮件：××××@163. com

招标代理机构：昊天招标代理公司
地　　址：某市黄河路188号
联 系 人：王先生
电　　话：××××××××
传　　真：××××××××
电子邮件：××××@163. com
开户银行：某市中行建设路支行
账　　号：257200296851

2021年4月16日

第二章　投标人须知

投标人须知前附表

条款号	条款名称	编列内容
1.1.2	招标人	名称：某市人民医院 地址：某市建设西路100号 联系人：张先生 电话：××××××××
1.1.3	招标代理机构	名称：昊天招标代理公司 地址：某市黄河路188号 联系人：王先生 电话：××××××× 电子邮件：××××@163. com
1.1.4	项目名称	某市人民医院全科医生临床培养基地及门诊综合楼项目
1.1.5	建设地点	某市某区某路58号
1.2.1	资金来源	中央投资+财政拨款+企业自筹
1.2.2	出资比例	中央投资36%、市财政32%，其他由企业自筹解决
1.2.3	资金落实情况	已落实

（续）

条款号	条款名称	编列内容
1.3.1	招标范围	某市人民医院全科医生临床培养基地及门诊综合楼项目设计图纸包含的全部基础人防工程、主体土建工程、水电安装工程等工作内容，具体以工程量清单为准
1.3.2	计划工期	计划工期：560 日历天
1.3.3	质量要求	合格
1.4.1	投标人资质条件、能力和信誉	资质条件：本次招标要求投标人须具备施工综合资质或建筑工程总承包甲级资质，并且具有有效的安全生产许可证，并在人员、设备、资金等方面具有相应的施工能力 财务要求：提供近3年度经审计的财务报表，且财务状况良好，没有处于财产被接管、冻结、破产状态 业绩要求：投标单位和拟派项目经理近五年以来承担过类似工程，合同额不低于8 000万元 信誉要求：投标单位近三年以来获得过省级以上（含省级）工程质量奖，拟派项目经理近三年以来获得过省级以上（含省级）工程质量奖及省级以上（含省级）优秀项目经理称号 项目经理（建造师，下同）资格：项目经理必须具有建筑工程专业一级注册建造师证及安全生产考核合格证，高级工程师，并且为本单位正式员工，注册建造师证注册执业单位与投标人名称一致。拟派本项目项目经理投标时没有在其他项目上担任项目经理，提供单位法人出具的无在建工程承诺书（盖单位公章及法人章，格式自拟） 其他要求： （1）参与本项目投标竞争的潜在投标人，要有单位注册地区及以上检察机关出具的对单位、法人及项目经理无行贿犯罪档案查询结果。不开具无行贿犯罪证明的将予以废标处理；经查询结果有行贿犯罪的单位、法人或项目经理取消其投标资格 （2）投标人需提供近三年发生的诉讼及仲裁情况
1.4.2	是否接受联合体投标	不接受
1.9.1	踏勘现场	不统一组织，投标人自行踏勘
1.10.1	投标预备会	本项目不再组织投标预备会，投标单位应在投标截止时间17天以前，将答疑问题书面传真并发E-mail至招标代理机构（××××××××××），否则不予受理。招标人将以书面形式回复所有疑问
1.10.2	投标人提出问题的截止时间	递交投标文件的截止之日17日前
1.10.3	招标人书面澄清的时间	递交投标文件的截止之日15日前
1.11	分包	不允许

（续）

条款号	条款名称	编列内容
1.12	偏离	不允许
2.1	构成招标文件的其他材料	除招标文件外，图纸、工程量清单、招标控制价以及招标人在招标期间发出的澄清、修改、补充、补遗和其他有效正式函件等内容均是招标文件的组成部分
2.2.1	投标人要求澄清招标文件的截止时间	递交投标文件的截止之日17日前
2.2.2	投标截止时间	同开标时间
2.2.3	投标人确认收到招标文件澄清的时间	招标文件的补充文件发出之日24小时内
2.3.2	投标人确认收到招标文件修改的时间	招标文件的补充文件发出之日24小时内
3.1.1	构成投标文件的其他材料	1. 投标人对投标人须知第1.4.3条的书面承诺 2. 检察机关行贿犯罪档案查询结果告知函 3. 投标人认为需要提交的其他材料，具体见投标文件格式
3.3.1	投标有效期	60日历天（投标截止之日起）
3.4.1	投标保证金	投标保证金的形式：潜在投标人应在投标截止时间前以银行转账方式从其银行基本存款账户将投标保证金递交至招标人指定的银行账户 户名：××××× 账号：×××××××××× 开户行：××××××××××××× 注：投标人提交投标保证金时，应注明项目名称；提交投标保证金后持银行进账单和基本账号开户许可证复印件（加盖单位公章）到收款单位换取收据，并将收据复印件及投标保证金转出证明按招标文件的要求装入投标文件中 投标保证金的金额：人民币壹拾万元整/单位（100 000.00元）
3.5.2	近年财务状况的年份要求	2018年度、2019年度、2020年度
3.5.3	近年完成的类似项目的年份要求	2018年度、2019年度、2020年度
3.5.5	近年发生的诉讼及仲裁情况的年份要求	2018年度、2019年度、2020年度
3.6	是否允许递交备选投标方案	不允许

（续）

条款号	条款名称	编列内容
3.7.3	签字或盖章要求	按招标文件要求，在投标文件中需要签字盖章的地方加盖投标人法人公章和法定代表人或其委托代理人签字或盖章，已标价工程量清单须盖工程造价从业人员执业印章并签字
3.7.4	投标文件副本份数	正本1份、副本5份，包含投标文件全部内容的电子文档1份（U盘存储，确保无毒、能打开并读取数据）
3.7.5	装订要求	投标文件的正本与副本应采用胶结方式装订，不得采用活页夹等可随时拆换的方式装订，投标文件须编制目录，插入连续页码，书脊上注明项目名称、施工招标、投标人名称。若投标文件有分册的，在书脊上注明“第__册，共__册”
4.1.2	封套上写明	招标人的地址： 招标人名称： ____（项目名称）____标段投标文件 在__年__月__日__时__分前不得开启
4.2.2	递交投标文件地点	同开标地点
4.2.3	是否退还投标文件	否
5.1	开标时间和地点	开标时间：2021年5月22日10：00 开标地点：某市建设工程交易中心108室
5.2	开标程序	密封情况检查：由投标人代表及监督人检查投标文件的密封情况并在密封情况检查表上签字确认 开标顺序：按递交投标文件的逆顺序进行，唱标以投标文件正本中的投标函内容为准
6.1.1	评标委员会的组建	评标委员会构成：__5__人，其中招标人代表__1__人，专家__4__人 评标专家确定方式：开标前从相关政府部门组建的评标专家库中随机抽取
7.1	是否授权评标委员会确定中标人	否，推荐的中标候选人数：3名。招标人应确定排名第一的中标候选人为中标人。如果排名第一的中标候选人放弃中标、因不可抗力提出不能履行合同或者招标文件规定应当提交履约担保而在规定的期限内未能提交的，招标人将依序确定排名第二的中标候选人为中标人；依次类推。当所有中标候选人因上述同样原因不能签订合同的，招标人将依法重新招标
7.3.1	履约担保	履约担保的形式：电汇、转账；履约担保的金额：中标价的10% 履约担保的缴纳时间：收到中标通知书后__7__日内缴纳，否则视为中标候选人原因，自动放弃中标资格，招标人按规定没收其投标保证金

（续）

条款号	条 款 名 称	编 列 内 容
10		需要补充的其他内容
（1）	类似项目	类似项目是指2018年01月01日以来具有合同额不低于8 000万元人民币的医院项目总承包施工业绩
（2）	招标控制价	本项目设置招标控制价，招标控制价在投标截止时间7日前公布，投标报价高于招标控制价的将按废标处理。招标控制价的编制依据如下： （1）建设工程工程量清单计价规范（GB 50500—2013） （2）《××省建设工程工程量清单综合单价（2016）》 （3）材料价格按照某市2021年第1季度建设工程材料价格信息计算，若有缺项，按市场价格
（3）	招标文件发售	本招标文件于 2021 年 4 月 23 日至 2021 年 4 月 27 日（法定节假日期间正常发售文件），公开发售
（4）	开标会议要求	投标人的法定代表人或其委托代理人以及建造师应当按时参加开标会议，并在招标人按开标程序点名时，向招标人提供法定代表人证明材料或法定代表人授权委托书，出示本人身份证、建造师证以证明其出席会议，否则，视为无效招标
（5）	招标监督部门	本项目的招标投标活动及其相关当事人应当接受政府有关部门依法实施的监督、监察
（6）	招标人声明	1. 投标人因参与投标活动而涉及的人身伤害、财产损害、侵犯他人权益、仲裁或诉讼等，应当责任自负、费用自担，并应保证招标人和招标代理机构免于承担上述责任或者其他不利影响 2. 招标人声明招标文件中附带的参考资料是招标人掌握的现有的和客观的信息，招标人不对投标人由此做出的任何理解、推论、判断、结论和决策负责
（7）	招标文件的解释及其他	1. 构成本招标文件的各个组成文件应互为解释，互为说明；如有不明确或不一致，构成合同文件组成内容，以合同文件约定内容为准，且以专用合同条款约定的合同文件优先顺序解释；除招标文件中有特别规定外，仅适用于招标投标阶段的规定，按招标公告（投标邀请书）、投标人须知、评标办法、投标文件格式的先后顺序解释；同一组成文件中就同一事项的规定或约定不一致的，以编排顺序在后者为准；同一组成文件不同版本之间有不一致的，以形成时间在后者为准。按本款前述规定仍不能形成结论的，由招标人负责解释 2. 中标人与招标人在签订施工合同的同时须签订建设工程廉政责任书

1. 总则

1.1　项目概况

1.1.1　根据《中华人民共和国招标投标法》等有关法律、法规和规章的规定，本招标项目已具备招标条件，现对本标段施工进行招标。

1.1.2　本招标项目招标人：见投标人须知前附表。

1.1.3　本标段招标代理机构：见投标人须知前附表。

1.1.4　本招标项目名称：见投标人须知前附表。

1.1.5　本标段建设地点：见投标人须知前附表。

1.2　资金来源和落实情况

1.2.1　本招标项目的资金来源：见投标人须知前附表。

1.2.2　本招标项目的出资比例：见投标人须知前附表。

1.2.3　本招标项目的资金落实情况：见投标人须知前附表。

1.3　招标范围、计划工期和质量要求

1.3.1　本次招标范围：见投标人须知前附表。

1.3.2　本标段的计划工期：见投标人须知前附表。

1.3.3　本标段的质量要求：见投标人须知前附表。

1.4　投标人资格要求

1.4.1　投标人应具备承担本标段施工的资质条件、能力和信誉。

（1）资质条件：见投标人须知前附表。

（2）财务要求：见投标人须知前附表。

（3）业绩要求：见投标人须知前附表。

（4）信誉要求：见投标人须知前附表。

（5）项目经理资格：见投标人须知前附表。

（6）其他要求：见投标人须知前附表。

1.4.2　投标人须知前附表规定接受联合体投标的，除应符合本章第1.4.1项和投标人须知前附表的要求外，还应遵守以下规定：

（1）联合体各方应按招标文件提供的格式签订联合体协议书，明确联合体牵头人和各方权利义务。

（2）由同一专业的单位组成的联合体，按照资质等级较低的单位确定资质等级。

（3）联合体各方不得再以自己名义单独或参加其他联合体在同一标段中投标。

1.4.3　投标人不得存在下列情形之一：

（1）为招标人不具有独立法人资格的附属机构（单位）。

（2）为本标段前期准备提供设计或咨询服务的，但设计施工总承包的除外。

（3）为本标段的监理人。

（4）为本标段的代建人。

（5）为本标段提供招标代理服务的。

（6）与本标段的监理人或代建人或招标代理机构同为一个法定代表人的。

（7）与本标段的监理人或代建人或招标代理机构相互控股或参股的。

（8）与本标段的监理人或代建人或招标代理机构相互任职或工作的。

(9) 被责令停业的。

(10) 被暂停或取消投标资格的。

(11) 财产被接管或冻结的。

(12) 在最近三年内有骗取中标或严重违约或重大工程质量问题的。

1.5 费用承担

投标人准备和参加投标活动发生的费用自理。

1.6 保密

参与招标投标活动的各方应对招标文件和投标文件中的商业和技术等秘密保密，违者应对由此造成的后果承担法律责任。

1.7 语言文字

除专用术语外，与招标投标有关的语言均使用中文。必要时专用术语应附有中文注释。

1.8 计量单位

所有计量均采用中华人民共和国法定计量单位。

1.9 踏勘现场

1.9.1 投标人须知前附表规定组织踏勘现场的，招标人按投标人须知前附表规定的时间、地点组织投标人踏勘项目现场。

1.9.2 投标人踏勘现场发生的费用自理。

1.9.3 除招标人的原因外，投标人自行负责在踏勘现场中所发生的人员伤亡和财产损失。

1.9.4 招标人在踏勘现场中介绍的工程场地和相关的周边环境情况，供投标人在编制投标文件时参考，招标人不对投标人据此做出的判断和决策负责。

1.10 投标预备会

1.10.1 投标人须知前附表规定召开投标预备会的，招标人按投标人须知前附表规定的时间和地点召开投标预备会，澄清投标人提出的问题。

1.10.2 投标人应在投标人须知前附表规定的时间前，以书面形式将提出的问题送达招标人，以便招标人在会议期间澄清。

1.10.3 投标预备会后，招标人在投标人须知前附表规定的时间内，将对投标人所提问题的澄清，以书面方式通知所有购买招标文件的投标人。该澄清内容为招标文件的组成部分。

1.11 分包

投标人拟在中标后将中标项目的部分非主体、非关键性工作进行分包的，应符合投标人须知前附表规定的分包内容、分包金额和接受分包的第三人资质要求等限制性条件。

1.12 偏离

投标人须知前附表允许投标文件偏离招标文件某些要求的，偏离应当符合招标文件规定的偏离范围和幅度。

2. 招标文件

2.1 招标文件的组成

本招标文件包括：

(1) 招标公告（或投标邀请书）。

（2）投标人须知。

（3）评标办法。

（4）合同条款及格式。

（5）工程量清单。

（6）图纸。

（7）技术标准和要求。

（8）投标文件格式。

（9）投标人须知前附表规定的其他材料。

根据本章第 1. 10 款、第 2. 2 款和第 2. 3 款对招标文件所做的澄清、修改，构成招标文件的组成部分。

2. 2 招标文件的澄清

2. 2. 1 投标人应仔细阅读和检查招标文件的全部内容。如发现缺页或附件不全，应及时向招标人提出，以便补齐。如有疑问，应在投标人须知前附表规定的时间前以书面形式（包括信函、电报、传真等可以有形地表现所载内容的形式，下同），要求招标人对招标文件予以澄清。

2. 2. 2 招标文件的澄清将在投标人须知前附表规定的投标截止时间 15 天前以书面形式发给所有购买招标文件的投标人，但不指明澄清问题的来源。如果澄清发出的时间距投标截止时间不足 15 天，相应延长投标截止时间。

2. 2. 3 投标人在收到澄清后，应在投标人须知前附表规定的时间内以书面形式通知招标人，确认已收到该澄清。

2. 3 招标文件的修改

2. 3. 1 在投标截止时间 15 天前，招标人可以书面形式修改招标文件，并通知所有已购买招标文件的投标人。如果修改招标文件的时间距投标截止时间不足 15 天，相应延长投标截止时间。

2. 3. 2 投标人收到修改内容后，应在投标人须知前附表规定的时间内以书面形式通知招标人，确认已收到该修改。

3. 投标文件

3. 1 投标文件的组成

3. 1. 1 投标文件应包括下列内容：

（1）投标函及投标函附录。

（2）法定代表人身份证明或附有法定代表人身份证明的授权委托书。

（3）联合体协议书。

（4）投标保证金。

（5）已标价工程量清单。

（6）施工组织设计。

（7）项目管理机构。

（8）拟分包项目情况表。

（9）资格审查资料。

（10）投标人须知前附表规定的其他材料。

3.1.2 投标人须知前附表规定不接受联合体投标的，或投标人没有组成联合体的，投标文件不包括本章第3.1.1（3）目所指的联合体协议书。

3.2 投标报价

3.2.1 投标人应按第五章“工程量清单”的要求填写相应表格。

3.2.2 投标人在投标截止时间前修改投标函中的投标总报价，应同时修改第五章“工程量清单”中的相应报价。此修改须符合本章第4.3款的有关要求。

3.3 投标有效期

3.3.1 在投标人须知前附表规定的投标有效期内，投标人不得要求撤销或修改其投标文件。

3.3.2 出现特殊情况需要延长投标有效期的，招标人以书面形式通知所有投标人延长投标有效期。投标人同意延长的，应相应延长其投标保证金的有效期，但不得要求或被允许修改或撤销其投标文件；投标人拒绝延长的，其投标失效，但投标人有权收回其投标保证金。

3.4 投标保证金

3.4.1 投标人在递交投标文件的同时，应按投标人须知前附表规定的金额、担保形式和第八章“投标文件格式”规定的投标保证金格式递交投标保证金，并作为其投标文件的组成部分。联合体投标的，其投标保证金由牵头人递交，并应符合投标人须知前附表的规定。

3.4.2 投标人不按本章第3.4.1项要求提交投标保证金的，其投标文件作废标处理。

3.4.3 招标人与中标人签订合同后5个工作日内，向未中标的投标人和中标人退还投标保证金。

3.4.4 有下列情形之一的，投标保证金将不予退还：

（1）投标人在规定的投标有效期内撤销或修改其投标文件。

（2）中标人在收到中标通知书后，无正当理由拒签合同协议书或未按招标文件规定提交履约担保。

投标人在编制投标文件时，应按新情况更新或补充其在申请资格预审时提供的资料，以证实其各项资格条件仍能继续满足资格预审文件的要求，具备承担本标段施工的资质条件、能力和信誉。

3.5 资格审查资料

3.5.1 “投标人基本情况表”应附投标人营业执照副本及其年检合格的证明材料、资质证书副本和安全生产许可证等材料的复印件。

3.5.2 “近年财务状况表”应附经会计师事务所或审计机构审计的财务会计报表，包括资产负债表、现金流量表、利润表和财务情况说明书的复印件，具体年份要求见投标人须知前附表。

3.5.3 “近年完成的类似项目情况表”应附中标通知书和（或）合同协议书、工程接收证书（工程竣工验收证书）的复印件，具体年份要求见投标人须知前附表。每张表格只填写一个项目，并标明序号。

3.5.4 “正在施工和新承接的项目情况表”应附中标通知书和（或）合同协议书复印件。每张表格只填写一个项目，并标明序号。

3.5.5 “近年发生的诉讼及仲裁情况”应说明相关情况，并附法院或仲裁机构做出的判决、裁决等有关法律文书复印件，具体年份要求见投标人须知前附表。

3.5.6 投标人须知前附表规定接受联合体投标的，本章第3.5.1项至第3.5.5项规定的表格和资料应包括联合体各方相关情况。

3.6 备选投标方案

除投标人须知前附表另有规定外，投标人不得递交备选投标方案。允许投标人递交备选投标方案的，只有中标人所递交的备选投标方案方可予以考虑。评标委员会认为中标人的备选投标方案优于其按照招标文件要求编制的投标方案的，招标人可以接受该备选投标方案。

3.7 投标文件的编制

3.7.1 投标文件应按第八章“投标文件格式”进行编写，如有必要，可以增加附页，作为投标文件的组成部分。其中，投标函附录在满足招标文件实质性要求的基础上，可以提出比招标文件要求更有利于招标人的承诺。

3.7.2 投标文件应当对招标文件有关工期、投标有效期、质量要求、技术标准和要求、招标范围等实质性内容做出响应。

3.7.3 投标文件应用不褪色的材料书写或打印，并由投标人的法定代表人或其委托代理人签字或盖单位章。委托代理人签字的，投标文件应附法定代表人签署的授权委托书。投标文件应尽量避免涂改、行间插字或删除。如果出现上述情况，改动之处应加盖单位章或由投标人的法定代表人或其授权的代理人签字确认。签字或盖章的具体要求见投标人须知前附表。

3.7.4 投标文件正本一份，副本份数见投标人须知前附表。正本和副本的封面上应清楚地标记“正本”或“副本”的字样。当副本和正本不一致时，以正本为准。

3.7.5 投标文件的正本与副本应分别装订成册，并编制目录，具体装订要求见投标人须知前附表规定。

4. 投标

4.1 投标文件的密封和标记

4.1.1 投标文件的正本与副本应分开包装，加贴封条，并在封套的封口处加盖投标人单位章。

4.1.2 投标文件的封套上应清楚地标记“正本”或“副本”字样，封套上应写明的其他内容见投标人须知前附表。

4.1.3 未按本章第4.1.1项或第4.1.2项要求密封和加写标记的投标文件，招标人不予受理。

4.2 投标文件的递交

4.2.1 投标人应在本章第2.2.2项规定的投标截止时间前递交投标文件。

4.2.2 投标人递交投标文件的地点：见投标人须知前附表。

4.2.3 除投标人须知前附表另有规定外，投标人所递交的投标文件不予退还。

4.2.4 招标人收到投标文件后，向投标人出具签收凭证。

4.2.5 逾期送达的或者未送达指定地点的投标文件，招标人不予受理。

4.3 投标文件的修改与撤回

4.3.1 在本章第2.2.2项规定的投标截止时间前，投标人可以修改或撤回已递交的投标文件，但应以书面形式通知招标人。

4.3.2 投标人修改或撤回已递交投标文件的书面通知应按照本章第3.7.3项的要求签字或盖章。招标人收到书面通知后，向投标人出具签收凭证。

4.3.3 修改的内容为投标文件的组成部分。修改的投标文件应按照本章第3条、第4条规定进行编制、密封、标记和递交，并标明“修改”字样。

5. 开标

5.1 开标时间和地点

招标人在本章第2.2.2项规定的投标截止时间（开标时间）和投标人须知前附表规定的地点公开开标，并邀请所有投标人的法定代表人或其委托代理人准时参加。

5.2 开标程序

主持人按下列程序进行开标：

（1）宣布开标纪律。

（2）公布在投标截止时间前递交投标文件的投标人名称，并点名确认投标人是否派人到场。

（3）宣布开标人、唱标人、记录人、监标人等有关人员姓名。

（4）按照投标人须知前附表规定检查投标文件的密封情况。

（5）按照投标人须知前附表的规定确定并宣布投标文件开标顺序。

（6）设有标底的，公布标底。

（7）按照宣布的开标顺序当众开标，公布投标人名称、标段名称、投标保证金的递交情况、投标报价、质量目标、工期及其他内容，并记录在案。

（8）投标人代表、招标人代表、监标人、记录人等有关人员在开标记录上签字确认。

（9）开标结束。

6. 评标

6.1 评标委员会

6.1.1 评标由招标人依法组建的评标委员会负责。评标委员会由招标人或其委托的招标代理机构熟悉相关业务的代表，以及有关技术、经济等方面的专家组成。评标委员会成员人数以及技术、经济等方面专家的确定方式见投标人须知前附表。

6.1.2 评标委员会成员有下列情形之一的，应当回避：

（1）招标人或投标人的主要负责人的近亲属。

（2）项目主管部门或者行政监督部门的人员。

（3）与投标人有经济利益关系，可能影响对投标公正评审的。

（4）曾因在招标、评标以及其他与招标投标有关活动中从事违法行为而受过行政处罚或刑事处罚的。

6.2 评标原则

评标活动遵循公平、公正、科学和择优的原则。

6.3 评标

评标委员会按照第三章“评标办法”规定的方法、评审因素、标准和程序对投标文件进行评审。第三章“评标办法”没有规定的方法、评审因素和标准，不作为评标依据。

7. 合同授予

7.1　定标方式

除投标人须知前附表规定评标委员会直接确定中标人外，招标人依据评标委员会推荐的中标候选人确定中标人，评标委员会推荐中标候选人的人数见投标人须知前附表。

7.2　中标通知

在本章第3.3款规定的投标有效期内，招标人以书面形式向中标人发出中标通知书，同时将中标结果通知未中标的投标人。

7.3　履约担保

7.3.1　在签订合同前，中标人应按投标人须知前附表规定的金额、担保形式和招标文件第四章“合同条款及格式”规定的履约担保格式向招标人提交履约担保。联合体中标的，其履约担保由牵头人递交，并应符合投标人须知前附表规定的金额、担保形式和招标文件第四章“合同条款及格式”规定的履约担保格式要求。

7.3.2　中标人不能按本章第7.3.1项要求提交履约担保的，视为放弃中标，其投标保证金不予退还，给招标人造成的损失超过投标保证金数额的，中标人还应当对超过部分予以赔偿。

7.4　签订合同

7.4.1　招标人和中标人应当自中标通知书发出之日起30天内，根据招标文件和中标人的投标文件订立书面合同。中标人无正当理由拒签合同的，招标人取消其中标资格，其投标保证金不予退还；给招标人造成的损失超过投标保证金数额的，中标人还应当对超过部分予以赔偿。

7.4.2　发出中标通知书后，招标人无正当理由拒签合同的，招标人向中标人退还投标保证金；给中标人造成损失的，还应当赔偿损失。

8. 重新招标和不再招标

8.1　重新招标

有下列情形之一的，招标人将重新招标：

（1）投标截止时间止，投标人少于3个的。

（2）经评标委员会评审后否决所有投标的。

8.2　不再招标

重新招标后投标人仍少于3个或者所有投标被否决的，属于必须审批或核准的工程建设项目，经原审批或核准部门批准后不再进行招标。

9. 纪律和监督

9.1　对招标人的纪律要求

招标人不得泄露招标投标活动中应当保密的情况和资料，不得与投标人串通损害国家利益、社会公共利益或者他人合法权益。

9.2　对投标人的纪律要求

投标人不得相互串通投标或者与招标人串通投标，不得向招标人或者评标委员会成员行贿谋取中标，不得以他人名义投标或者以其他方式弄虚作假骗取中标；投标人不得以任何方式干扰、影响评标工作。

9.3　对评标委员会成员的纪律要求

评标委员会成员不得收受他人的财物或者其他好处，不得向他人透漏对投标文件的评审和比较、中标候选人的推荐情况以及与评标有关的其他情况。在评标活动中，评标委员会成员不得擅离职守，影响评标程序正常进行，不得使用第三章“评标办法”没有规定的评审因素和标准进行评标。

9.4　对与评标活动有关的工作人员的纪律要求

与评标活动有关的工作人员不得收受他人的财物或者其他好处，不得向他人透漏对投标文件的评审和比较、中标候选人的推荐情况以及评标有关的其他情况。在评标活动中，与评标活动有关的工作人员不得擅离职守，影响评标程序正常进行。

9.5　投诉

投标人和其他利害关系人认为本次招标活动违反法律、法规和规章规定的，有权向有关行政监督部门投诉。

10. 需要补充的其他内容

需要补充的其他内容：见投标人须知前附表。

第三章　评标办法（综合评估法）

评标办法前附表

条款号		评审因素	评审标准
2.1.1	形式评审标准	投标人名称	与营业执照、资质证书、安全生产许可证一致
		投标函签字盖章	有法定代表人或其委托代理人签字或加盖单位章，已标价的工程量清单加盖工程造价从业人员执业印章并签字
		投标文件格式	符合第八章“投标文件格式”的要求
		报价唯一	只能有一个有效报价
2.1.2	资格评审标准	营业执照	具备有效的营业执照 是否需要核验原件：是 营业执照及年检记录
		安全生产许可证	具备有效的安全生产许可证 是否需要核验原件：是 安全生产许可证及有效期限
		资质等级	符合第二章“投标人须知”第1.4.1项规定 是否需要核验原件：是 建设行政主管部门核发的资质等级证书
		财务状况	符合第二章“投标人须知”第1.4.1项规定 是否需要核验原件：是 经会计师事务所或者审计机构审计的财务报告
		类似项目业绩	符合第二章“投标人须知”第1.4.1项规定 是否需要核验原件：是 中标通知书、施工合同、竣工验收报告
		信誉	符合第二章“投标人须知”第1.4.1项规定 是否需要核验原件：是 企业注册所在地建设行政主管部门开具的经营活动中无工程重大安全、质量事故等不良行为记录和无拖欠农民工工资证明

（续）

条款号		评审因素	评审标准
2.1.2	资格评审标准	项目经理	符合第二章“投标人须知”第1.4.1项规定 是否需要核验原件：是 建设行政主管部门核发的一级注册建造师执业资格证书、技术职称证书、安全生产考核合格证、劳动合同、社保证明以及本单位出具的未在其他在施建设工程项目担任项目经理的书面承诺
		其他要求	符合第二章“投标人须知”第1.4.1项规定 是否需要核验原件：是 1. 单位注册所在地人民检察院出具的检察机关行贿犯罪档案查询结果告知函 2. 外省建筑业企业，须提供进××备案介绍信
		注：以上注明需要核验原件的资格评审项，投标人应向评标委员会提交相关证书证件原件，否则视为不能通过资格评审	
2.1.3	响应性评审标准	投标内容	符合第二章“投标人须知”第1.3.1项规定
		工期	符合第二章“投标人须知”第1.3.2项规定
		工程质量	符合第二章“投标人须知”第1.3.3项规定
		投标有效期	符合第二章“投标人须知”第3.3.1项规定
		投标保证金	符合第二章“投标人须知”第3.4.1项规定，从基本账户转出，并提供投标保证金转出证明
		已标价工程量清单	符合第五章“工程量清单”给出的子目编码、子目名称、子目特征、计量单位和工程量
		技术标准和要求	符合第七章“技术标准和要求”规定
条款号		**条款内容**	**编列内容**
2.2.1		分值构成（总分100分）	施工组织设计：30分 项目管理机构：5分 投标报价：60分 其他评分因素：5分
2.2.2		评标基准价计算方法	有效投标报价：通过初步评审（形式评审、资格评审、响应性评审）的投标人的投标报价 参与评标基准值计算的范围：投标报价在招标控制价的95%～100%（含95%和100%，下同）的投标人，其评标报价参与评标基准值计算，否则不参与评标基准价的计算，但参与报价得分计算 评标报价：投标总报价－（安全文明施工措施费＋税金＋规费） 评标基准值的计算： 1. 当有效投标报价数量≥5家时：评标基准价＝去掉一个最高评标报价、去掉一个最低评标报价后的其余评标报价的算术平均值 2. 当有效投标报价数量<5家时：评标基准价＝所有评标报价的算术平均值 3. 当所有有效投标报价均不在招标控制价的95%～100%时：评标基准价＝招标控制价扣除安全文明施工费、规费、税金后的价格×98%
2.2.3		投标报价的偏差率计算公式	偏差率＝100%×（投标人报价－评标基准价）/评标基准价

（续）

<table>
<tr><th>条款号</th><th></th><th>评分因素</th><th>评分标准</th></tr>
<tr><td rowspan="11">2.2.4（1）</td><td rowspan="11">施工组织设计评分标准（30分）</td><td>内容完整性和编制水平</td><td>1～3分</td></tr>
<tr><td>施工方案与技术措施</td><td>1～4分</td></tr>
<tr><td>质量管理体系与措施</td><td>1～3分</td></tr>
<tr><td>安全管理体系与措施</td><td>1～3分</td></tr>
<tr><td>环境保护管理体系与措施</td><td>1～3分</td></tr>
<tr><td>工程进度计划与措施</td><td>1～3分</td></tr>
<tr><td>资源配备计划</td><td>1～3分</td></tr>
<tr><td>确保报价可完成工程建设的技术和管理措施</td><td>1～3分</td></tr>
<tr><td>施工总平面图</td><td>1～2分</td></tr>
<tr><td>劳动力计划安排及劳务分包情况</td><td>1～3分</td></tr>
<tr><td colspan="2">备注：以上项目若有缺项，该小项为0分</td></tr>
<tr><td rowspan="2">2.2.4（2）</td><td rowspan="2">项目管理机构评分标准（5分）</td><td>项目经理任职资格与业绩</td><td>项目经理具有正高级技术职称的得1分，自2008年01月01日以来在类似项目（其定义见投标人须知前附表）中担任项目经理的，每有一项得1分（提供合同及中标通知书原件）。本项最多得3分</td></tr>
<tr><td>技术负责人任职资格与业绩</td><td>技术负责人具有高级技术职称的得1分，自2008年01月01日以来在类似项目（其定义见投标人须知前附表）中担任项目经理的，得1分（提供合同及中标通知书原件）。本项最多得2分</td></tr>
<tr><td>2.2.4（3）</td><td>投标报价评分标准（60分）</td><td>投标报价（35分）</td><td>以评标基准价为基准，投标人的评标报价与评标基准价相等者得30分，评标报价高于评标基准价的，按每高于评标基准价1%在30分的基础上扣1分的比例进行扣分，扣完为止；评标报价低于评标基准价的，按每低于评标基准价1%在30分的基础上加1分的比例进行加分，最多加5分。评标报价低于评标基准价5%（不含）以上的，按每再低于1%，在满分（35分）的基础上扣1分，扣完为止。计分采用比例内插法
注：评标报价＝投标总报价－（安全文明施工措施费＋税金＋规费）</td></tr>
</table>

（续）

条款号		评分因素	评分标准
2.2.4（3）	投标报价评分标准（60分）	分部分项工程量清单项目综合单价（10分）	（1）评标时，在招标人提供的分部分项工程量清单项目中随机抽取10项清单项目 （2）基准价的确定： 当有效投标人数量≥5家时： 基准价＝去掉一个最高综合单价、去掉一个最低综合单价后的算术平均值 当有效投标人数量＜5家时： 基准价＝所有有效投标人综合单价的算术平均值 （3）评审办法：在基准值的＋5%～－10%（含＋5%和－10%）范围内的综合单价，每项得1分，超出该范围的不得分
		主要材料单价（10分）	（1）评标时，在投标人主要材料和主要设备单价表中随机抽取5项清单项目 （2）基准价的确定： 当有效投标人数量≥5家时： 基准价＝去掉一个最高主要材料单价、去掉一个最低主要材料单价后的算术平均值 当有效投标人数量＜5家时： 基准价＝所有有效投标人综合单价的算术平均值 （3）评审办法：在基准值的＋5%～－10%（含＋5%和－10%）范围内的主要材料单价，每项得2分，超出该范围的不得分
		措施项目费报价（5分）	（1）评标时，以投标人措施费项目报价与相对应的施工方案是否可行及措施费项目报价的高低作为评分依据 （2）基准价的确定： 当有效投标人数量≥5家时： 基准价＝去掉一个最高措施费报价、去掉一个最低措施费报价后的算术平均值 当有效投标人数量＜5家时： 基准价＝所有有效投标人措施费报价的算术平均值 （3）评审办法：投标人的措施费报价与基准值相比，在基准价下浮20%范围之内的最低措施费报价得5分，范围之内其余措施费报价得分为： 措施费报价得分＝5－（投标措施费报价－最低措施费报价）/最低措施费报价 低于基准价20%（不含20%）的措施费报价得2分 高于基准值的措施费报价得1分
2.2.4（4）	其他因素评分标准（5分）	服务承诺	（1）协调周边关系，资金、技术、机械设备投入等方面的服务承诺（1～2分） （2）投标人保修期内的服务承诺（0.5～1.5分） （3）投标人保修期外的服务承诺（0.5～1.5分）

1. 评标方法

本次评标采用综合评估法。评标委员会对满足招标文件实质性要求的投标文件，按照本章第2.2款规定的评分标准进行打分，并按得分由高到低的顺序推荐中标候选人，或根据招标人授权直接确定中标人，但投标报价低于其成本的除外。综合评分相等时，以投标报价低的优先；投标报价也相等的，由招标人自行确定。

2. 评审标准

2.1 初步评审标准

2.1.1 形式评审标准：见评标办法前附表。

2.1.2 资格评审标准：见评标办法前附表（适用于未进行资格预审的）。

2.1.3 资格评审标准：见资格预审文件第三章“资格审查办法”详细审查标准（适用于已进行资格预审的）。

2.1.4 响应性评审标准：见评标办法前附表。

2.2 分值构成与评分标准

2.2.1 分值构成

（1）施工组织设计：见评标办法前附表。

（2）项目管理机构：见评标办法前附表。

（3）投标报价：见评标办法前附表。

（4）其他评分因素：见评标办法前附表。

2.2.2 评标基准价计算

评标基准价计算方法：见评标办法前附表。

2.2.3 投标报价的偏差率计算

投标报价的偏差率计算公式：见评标办法前附表。

2.2.4 评分标准

（1）施工组织设计评分标准：见评标办法前附表。

（2）项目管理机构评分标准：见评标办法前附表。

（3）投标报价评分标准：见评标办法前附表。

（4）其他因素评分标准：见评标办法前附表。

3. 评标程序

3.1 初步评审

3.1.1 评标委员会可以要求投标人提交第二章“投标人须知”第3.5.1项至第3.5.5项规定的有关证明和证件的原件，以便核验。评标委员会依据本章第2.1款规定的标准对投标文件进行初步评审。有一项不符合评审标准的，作废标处理。（适用于未进行资格预审的）。

3.1.2 评标委员会依据本章第2.1.1项、第2.1.3项规定的评审标准对投标文件进行初步评审。有一项不符合评审标准的，作废标处理。当投标人资格预审申请文件的内容发生重大变化时，评标委员会依据本章第2.1.2项规定的标准对其更新资料进行评审（适用于已进行资格预审的）。

3.1.3 投标人有以下情形之一的，其投标作废标处理：

（1）第二章“投标人须知”第1.4.3项规定的任何一种情形的。

（2）串通投标或弄虚作假或有其他违法行为的。

（3）不按评标委员会要求澄清、说明或补正的。

3.1.4　投标报价有算术错误的，评标委员会按以下原则对投标报价进行修正，修正的价格经投标人书面确认后具有约束力。投标人不接受修正价格的，其投标做废标处理。

（1）投标文件中的大写金额与小写金额不一致的，以大写金额为准。

（2）总价金额与依据单价计算出的结果不一致的，以单价金额为准修正总价，但单价金额小数点有明显错误的除外。

3.2　详细评审

3.2.1　评标委员会按本章第2.2款规定的量化因素和分值进行打分，并计算出综合评估得分。

（1）按本章第2.2.4（1）目规定的评审因素和分值对施工组织设计计算出得分A。

（2）按本章第2.2.4（2）目规定的评审因素和分值对项目管理机构计算出得分B。

（3）按本章第2.2.4（3）目规定的评审因素和分值对投标报价计算出得分C。

（4）按本章第2.2.4（4）目规定的评审因素和分值对其他部分计算出得分D。

3.2.2　评分分值计算保留小数点后两位，小数点后第三位“四舍五入”。

3.2.3　投标人得分＝A＋B＋C＋D。

3.2.4　评标委员会发现投标人的报价明显低于其他投标报价，或者在设有标底时明显低于标底，使得其投标报价可能低于其个别成本的，应当要求该投标人做出书面说明并提供相应的证明材料。投标人不能合理说明或者不能提供相应证明材料的，由评标委员会认定该投标人以低于成本报价竞标，其投标做废标处理。

3.3　投标文件的澄清和补正

3.3.1　在评标过程中，评标委员会可以书面形式要求投标人对所提交投标文件中不明确的内容进行书面澄清或说明，或者对细微偏差进行补正。评标委员会不接受投标人主动提出的澄清、说明或补正。

3.3.2　澄清、说明和补正不得改变投标文件的实质性内容（算术性错误修正的除外）。投标人的书面澄清、说明和补正属于投标文件的组成部分。

3.3.3　评标委员会对投标人提交的澄清、说明或补正有疑问的，可以要求投标人进一步澄清、说明或补正，直至满足评标委员会的要求。

3.4　评标结果

3.4.1　除第二章“投标人须知”前附表授权直接确定中标人外，评标委员会按照得分由高到低的顺序推荐中标候选人。

3.4.2　评标委员会完成评标后，应当向招标人提交书面评标报告。

第四章　合同条款及格式

第一节　通用合同条款（略）

第二节　专用合同条款

1. 一般约定

1.1　词语定义

1.1.1　合同

1.1.1.8　已标价工程量清单：指构成合同文件组成部分的已标明价格、经算术性错误修正及其他错误修正（如有）且承包人已确认的最终的工程量清单，包括工程量清单说明及工程量清单各项表格。

1.1.2 合同当事人和人员

1.1.2.2 发包人：____________

1.1.2.3 承包人：____________

1.1.2.6 监理人：____________

1.1.3 工程和设备

1.1.3.2 永久工程：见招标文件和图纸。

1.1.3.3 临时工程：见投标文件。

1.1.3.4 单位工程：见招标图纸。

1.1.3.10 永久占地：__/__

1.1.3.11 临时占地：为实施合同工程需要临时占地的范围，包括图纸中可供承包人使用的临时占地范围，以及发包人为实施合同需要的临时占地范围。

1.1.4 日期：

1.1.4.5 缺陷责任期：12个月。

1.1.5 合同价格和费用

1.1.5.4 暂列金额：指发包人在工程量清单中暂定并包括在签约合同价中的一笔款项。用于施工合同签订时尚未确定或者不可预见的所需材料、设备、服务的采购，施工中可能发生的工程变更、合同约定调整因素出现时的工程价款调整以及发生的索赔、现场签证确认等的费用。暂列金额虽包括在签约合同价之内，但并不直接属承包人所有，而是由发包人暂定并掌握使用的一笔款项。

1.1.5.5 暂估价：指发包人在工程量清单中提供的用于支付必然发生但暂时不能确定价格的材料、设备的单价以及专业工程的金额。

1.1.5.6 计日工：在施工过程中，完成发包人提出的施工图纸以外的零星项目或工作，按合同中约定的综合单价计价。

1.2 语言文字

本合同除使用汉语外，还使用__/__语言文字。

1.3 法律

发包人提供标准、规范的时间：__/__

国内没有相应标准、规范时的约定：按国内外先进水平执行。

1.4 合同文件的优先顺序

合同文件的组成及解释优先顺序如下：

（1）合同协议书；

（2）中标通知书；

（3）投标函及投标函附录；

（4）专用合同条款、各种合同附件（含评标期间和合同谈判过程中的澄清文件和补充资料）和设备投入的承诺；

（5）通用合同条款；

（6）招标文件；

（7）技术标准和要求；

（8）图纸；

（9）已标价工程量清单和施工组织设计等其他投标文件内容；

（10）其他合同文件。

1.6　图纸和承包人文件

1.6.1　发包人向承包人提供图纸日期和套数：签订合同之后14 日内，提供3 份。

1.6.2　承包人向发包人免费提供的文件范围和质量要求：包括施工组织设计、施工方案等。

承包人向发包人提供的文件日期和套数：进驻现场前7 日，提供3 份。

监理人批复承包人提供文件的期限：收到承包人提供的文件后14 日。

1.6.3　监理人签发图纸修改的期限：不少于该项工作施工前7 日。

1.6.4　图纸的错误

当承包人在查阅合同文件或在本合同工程实施过程中，发现发包人提供的有关工程设计、技术规范、图纸、合同文件和其他资料中的任何差错、遗漏或缺陷后，应及时通知监理人。监理人接到该通知后，应立即就此做出决定，并通知承包人和发包人。

1.7　联络

1.7.2　联络送达的期限：当事人根据具体情况执行本合同相应规定，但发件人不得短于7 日内送达接受方办公地点。

2. 发包人义务

2.3　提供施工场地

发包人提供施工场地和有关资料的时间：施工场地按招标文件中施工图纸的红线范围分阶段向承包人提供，但为满足施工准备工程需要的施工用地，应在发出开工通知前提供。施工场地有关资料的范围如地下管线等地下设施资料、工程地质图纸和报告不少于该项工作施工前14 日提供。

2.9　发包人派驻的工程师：________________

3. 监理人

3.1　监理人的职责和权力

3.1.1　须经发包人事先批准行使的权力：见监理合同。

3.2　总监理工程师

总监理工程师：见监理合同。

4. 承包人

4.1　承包人的一般义务

4.1.8　为他人提供方便

承包人为他人提供条件的内容：为其他承包人在使用施工用地、道路和其他公用设施等方面提供方便。

承包人为他人提供条件可能发生费用的处理方法：均包含在签约合同价格中。

4.1.10　其他义务

承包人应履行合同约定的其他义务：均包含在签约合同价格中。

4.3　分包

4.3.2 当事人约定某些非主体、非关键性工作分包给第三人：不允许。

4.5 承包人项目经理

4.5.1 项目经理：________________

4.6 承包人人员的管理

4.6.2 为完成合同约定的各项工作，承包人应向施工场地派遣或雇佣足够数量的下列人员：

（1）具有相应资格的专业技工和合格的普工：见投标文件。

（2）具有相应施工经验的技术人员：见投标文件。

（3）具有相应岗位资格的各级管理人：见投标文件。

4.6.3 承包人安排在施工场地的主要管理人员和技术骨干应与承包人承诺的名单一致，并保持相对稳定，未经监理人批准，上述人员不应无故不到位或被替换。

承包人的项目经理、副经理、技术负责人、质检员和安全员等，在中标以后不得随意更换，在施工过程中要保障工作质量，对不合格人员应根据业主和监理的要求及时进行调整。

项目经理、副经理、技术负责人、质检员和安全员应确保每周不少于5个工作日（每天8小时）驻场。若遇特殊情况离开施工现场时，应向发包人驻场代表请假，并保持通信畅通。未经请假擅自离岗累计8小时的，按旷工一天处罚项目经理人民币壹仟圆（￥1 000元），如项目经理不能及时缴纳现金到发包人处，发包人将以10倍的数额从工程款中扣除；副经理、技术负责人、质检员和安全员的管理参照上述要求，以此类推。

发包人允许承包人在节假日和正常休息时间临时指定项目经理和技术负责人，以保证工程正常进行，但必须事先征得发包人同意。

4.6.5 尽管承包人已按承诺派遣了上述各类人员，但若这些人员仍不能满足合同进度计划和（或）质量要求，监理人有权要求承包人继续增派或雇用这类人员，并书面通知承包人和抄送发包人。承包人在接到上述通知后应立即执行监理人的上述指示，不得无故拖延，由此增加的费用和（或）工期延误由承包人承担。

4.7 撤换承包人项目经理和其他人员

承包人应对其项目经理和其他人员进行有效管理。监理人要求撤换不能胜任本职工作、行为不端或玩忽职守的承包人项目经理和其他人员的，承包人应予以撤换。同时委派经发包人与监理人同意的新的项目经理和其他人员。

4.11 不利物质条件

4.11.1 不利物质条件的范围：/

5. 材料和工程设备

5.1 承包人提供的材料和工程设备

5.1.1 承包人负责采购、运输和保管的材料、工程：承包人提供的材料和工程设备均由承包人负责采购、运输和保管。承包人应对其采购的材料和工程设备负责。

5.1.2 承包人报送监理人审批的时间：下一月材料采购计划应予本月20日前报送监理人审批，专项材料采购计划应于该计划实施前14日前报送监理人审批。

5.2 发包人提供的材料和工程设备

5.2.1 本工程发包人不提供材料和工程设备，所有材料和设备由承包人提供。

6. 施工设备和临时设施

6.1　承包人提供的施工设备和临时设施

6.1.2　发包人承担修建临时设施费用的范围：无。

临时占地的申请：承包人。

临时占地相关费用：由承包人承担。

6.2　发包人提供的施工设备和临时设施

发包人提供的施工设备或临时设施：无。

6.3　要求承包人增加或更换施工设备

承包人承诺的施工设备必须按时到达现场，不得拖延、短缺或任意更换。尽管承包人已按承诺提供了上述设备，但若承包人使用的施工设备不能满足合同进度计划和（或）质量要求时，监理人有权要求承包人增加或更换施工设备，承包人应及时增加或更换，由此增加的费用和（或）工期延误由承包人承担。

7. 交通运输

7.4　超大件和超重件的运输

道路和桥梁临时加固改造费用和其他有关费用的承担：承包人。

8. 测量放线

8.1　施工控制网

8.1.1　发包人提供测量基准点、基准线和水准点的期限：开工前21天。

施工控制网的测设：承包人。

报监理人审批施工控制网资料的期限：发出开工通知书后3天内。

9. 施工安全、治安保卫和环境保护

9.3　治安保卫

9.3.1　现场治安管理机构或联防组织组建：承包人。

9.3.3　施工场地治安管理计划和突发治安事件紧急预案的编制：承包人。

10. 进度计划

10.1　合同进度计划

承包人编制施工方案的内容：见招标文件和投标文件。

承包人报送施工进度计划和施工方案的期限：签订合同协议书后7天之内或每个月的20日报下一个月的施工进度计划。

监理人批复施工进度计划和施工方案的期限：接到施工进度计划和施工方案后的14日内。

合同进度计划应按照监理人的编绘要求进行编制，并应包括每月预计完成的工作量和形象进度（其进度完成的内容不得与合同要求的工期相矛盾）。

11. 开工和竣工

11.1　开工

11.1.1　工期自监理人发出的开工通知中载明的开工日期起计算。承包人应在开工日期后尽快施工。

11.2　竣工

承包人应在第1.1.4.3目约定的期限内完成合同工程。实际竣工日期在接收证书中写明。

11.4 异常恶劣的气候条件

异常恶劣的气候条件：异常气候是指项目所在地30年以上一遇的罕见气候现象（包括温度、降水、降雪、风等）。

11.5 承包人的工期延误

逾期竣工违约金的计算方法：如工程由于承包人原因未能按本合同约定的竣工日期完成竣工验收，并达到合格工程，如拖延一日，将按违约处理，每拖延一日，罚款人民币伍仟元（¥5 000元），本罚款将从应付工程款中扣除。

逾期竣工违约金的限额：最高不超过签约合同价的1%。

11.6 工期提前

发包人要求承包人提前竣工的奖励办法：/

承包人提出提前竣工的建议能够给发包人带来效益的奖励办法：/

12. 暂停施工

12.1 承包人暂停施工的责任

承包人承担暂停施工责任的其他情形：/

13. 工程质量

13.2 承包人的质量管理

承包人提交工程质量保证措施文件的期限：工程开工前10天或在施工组织设计中要求提交工程质量保证措施文件的工程部位具备施工条件前7天或在施工组织设计中具体规定。

15. 变更

15.1 变更的范围和内容

变更的范围和内容：见招标文件。

15.3 变更程序

15.3.2 变更估价

承包人提交变更报价书的期限：承包人应在收到变更指示或变更意向书后的7天内，向监理人提交变更报价书。

监理人商定或确定变更价格的期限：监理人收到承包人变更报价书的7天内与承包人商定或确定变更价格。

15.4 变更的估价原则

变更估价的原则：已标价工程量清单中无适用或类似子目的单价，可参照《××省建设工程工程量清单综合单价》（2016年）及计价办法编制综合单价，按承包人的投标报价与招标控制价相比的优惠率进行优惠的原则形成最终的综合单价，由监理人按第3.5款商定或确定变更工作的单价。

15.5 承包人的合理化建议

15.5.2 对承包人提出合理化建议的奖励方法：按奖励节约成本的5%或增加收益的20%奖励。

15.6 暂列金额

暂列金额只能按照监理人的指示使用，并对合同价格进行相应调整。

15.8　暂估价

15.8.1　发包人、承包人在采用招标方式选择供应商或分包人时的权利与义务：

（1）招标代理机构由发包人选定；

（2）承包人负责编制招标文件、组织招标、评标、确定中标人、合同谈判等事项及相关费用，但上述每个步骤必须经发包人认可后方可进行下一步工作；

（3）评标、确定中标人、合同谈判时，必须有发包人在场，发包人和承包人不得单独与分包商接触。

15.8.3　不属于依法必须招标的暂估价工程最终价格的估价人：发包人。

16. 价格调整

16.1　物价波动引起的价格调整

物价波动引起的价格调整方法：根据×建设标【2020】11号文《××省建设厅关于建设工程材料价格风险处理办法的通知》，投标人应承诺材料价格按正负5%（包括5%）的风险系数计取，即施工期间该工程所用主要材料发生价格涨跌幅与投标价格相比在10%以内范围时，价格风险由中标人承担；施工期间主要材料涨跌幅与投标报价相比，超过投标报价或某市公布的2021年第一季度材料正负5%以外部分，价格风险由招标人承担。

17. 计量与支付

17.1　计量

17.1.3　计量周期：按月计量/按照工程形象进度计量。

17.1.5　总价子目的计量：按监理人批准的各阶段工程形象进度进行计量。

17.2　预付款

17.2.1　预付款

预付款的额度和预付办法：预付款为签订合同价的20%，合同签订后7天内支付。

17.2.2　预付款保函

预付款保函：本工程不适用。

17.2.3　预付款的扣回与还清

预付款的扣回办法：开工预付款在进度付款证书的累计金额未达到合同价格的30%之前不予扣回，在达到合同价格30%之后，开始按工程进度以固定比例（即每完成合同价格的1%，扣回开工预付款的2%）分期从各月的进度付款证书中扣回，全部金额在进度付款证书的累计金额达到合同价格的80%时扣完。

17.3　工程进度付款

17.3.2　进度付款申请单

进度付款申请单的份数：3份。

进度付款申请单的内容：具体要求按监理有关规定执行。

17.3.3　进度付款证书和支付时间

发包人逾期支付进度款时违约金的计算方式及支付方法：合同签订时商定。

17.4　质量保证金

17.4.1　质量保证金的金额或比例：合同价的3%。

质量保证金的扣留方法：监理人从第一个付款周期开始，在发包人的进度付款中，按10%的比例扣留质量保证金，直至扣留的质量保证金总额达到合同价格的3%为止，质量保证金的计算额度不包括预付款的支付以及扣回的金额。

17.5 竣工结算

17.5.1 竣工付款申请单

竣工付款申请单的份数：3份。

竣工付款申请单的内容：具体要求按监理有关规定执行。

17.6 最终结清

17.6.1 最终结清申请单

最终结清申请单的份数和提交期限：在缺陷责任期终止证书颁发后28天内提交3份最终结清申请单。

18. 竣工验收

18.2 竣工验收申请报告

竣工验收申请报告的份数：3份。

竣工验收申请报告的内容：具体要求按国家规范和监理有关规定执行。

18.3 验收

18.3.5 实际竣工日期：经验收合格工程的实际竣工日期，以最终提交交工验收申请报告的日期为准，并在交工验收证书中写明。

18.5 施工期运行

18.5.1 需要施工期运行单位工程或工程设备：见设计文件。

18.6 试运行

18.6.1 试运行费用的组织及费用承担：承包人。

18.7 竣工清场

竣工清场：竣工清场由承包人承担，竣工清场费用由承包人承担。

18.8 施工队伍的撤离

施工人员、施工设备及其临时工程撤离的要求：工程竣工验收后1月内。

19. 缺陷责任与保修责任

19.7 保修责任

工程质量保修范围、期限和责任：按国家有关规定执行。

20. 保险

20.1 工程保险

投保人：由发包人和承包人分别投保。

投保内容：投保标的和责任范围。

保险金额、保险费率、保险期限等：按××省有关规定执行。

20.4 第三者责任险

第三者责任险的保险费率：按××省有关规定执行。

第三者责任险的保险金额：按××省有关规定执行。

20.5 其他保险

需要投保其他内容、保险金额、费率及期限等：按××省有关规定执行。

20.6 对各项保险的一般要求

20.6.1 保险凭证

保险条件：按××省有关规定执行。

承包人向发包人提交各项保险生效的证据和保险单副本的期限：开工后56天内。

20.6.4 保险金不足的补偿

保险金不足以补偿损失的，应由承包人和（或）发包人负责补偿的范围与金额：永久工程损失保险赔偿与实际损失的差额由发包人补偿，临时工程、施工设备和施工人员损失保险赔偿与实际损失的差额由承包人补偿。

21. 不可抗力

21.1 不可抗力的确认

不可抗力的范围：如地震、海啸、瘟疫、水灾、骚乱、暴动、战争和专用合同条款约定的其他情形——大风、暴雨等级别。

（1）地震、海啸、火山爆发、泥石流、台风、龙卷风、水灾等自然灾害；

（2）战争、骚乱、暴动，但纯属承包人或其分包人派遣与雇用的人员由于本合同工程施工原因引起者除外；

（3）核反应、辐射或放射性污染；

（4）空中飞行物体坠落或非发包人或承包人责任造成的爆炸、火灾；

（5）瘟疫；

（6）项目专用合同条款约定的其他情形。

24. 争议的解决

24.1 争议的解决方式

争议的解决方式：(1)

（1）向××市仲裁委员会提请仲裁，该仲裁为终局仲裁。

但发包方和承包方义务在服务实施过程中不得因争议或正在进行中的仲裁而改变。

（2）向工程所在地人民法院提起诉讼。

附件一：合同协议书

合同协议书

________（发包人名称，以下简称“发包人”）为实施________________________（项目名称），已接受________（承包人名称，以下简称“承包人”）对该项目____标段施工的投标。发包人和承包人共同达成如下协议。

1. 本协议书与下列文件一起构成合同文件：

（1）中标通知书；

（2）投标函及投标函附录；

（3）专用合同条款；

（4）通用合同条款；

（5）技术标准和要求；

（6）图纸；

（7）已标价工程量清单；

（8）其他合同文件。

2. 上述文件互相补充和解释，如有不明确或不一致之处，以合同约定次序在先者为准。

3. 签约合同价：人民币（大写）__________元（¥ ________）。
4. 承包人项目经理：________________。
5. 工程质量符合____________标准。
6. 承包人承诺按合同约定承担工程的实施、完成及缺陷修复。
7. 发包人承诺按合同约定的条件、时间和方式向承包人支付合同价款。
8. 承包人应按照监理人指示开工，工期为____日历天。
9. 本协议书一式____份，合同双方各执____份。
10. 合同未尽事宜，双方另行签订补充协议。补充协议是合同的组成部分。

发包人：____________（盖单位章） 承包人：______________（盖单位章）
法定代表人或其委托代理人：______（签字） 法定代表人或其委托代理人：______（签字）
________年______月 ______日 ________年________月 ________日

附件二：履约担保格式

履 约 担 保

__________（发包人名称）：

鉴于________________（发包人名称，以下简称“发包人”）接受______（承包人名称，以下简称“承包人”）于________年____月____日参加____________（项目名称）标段施工的投标。我方愿意无条件地、不可撤销地就承包人履行与你方订立的合同，向你方提供担保。

1. 担保金额人民币（大写）________________元（¥ ____________）。

2. 担保有效期自发包人与承包人签订的合同生效之日起至发包人签发工程接收证书之日止。

3. 在本担保有效期内，因承包人违反合同约定的义务给你方造成经济损失时，我方在收到你方以书面形式提出的在担保金额内的赔偿要求后，在7天内无条件支付。

4. 发包人和承包人按《通用合同条款》第15条变更合同时，我方承担本担保规定的义务不变。

担 保 人：___________________________（盖单位章）
法定代表人或其委托代理人：____________（签字）
地　　址：______________________________________
邮政编码：______________________________________
电　　话：______________________________________
传　　真：______________________________________
__________年________月________日

第五章 工程量清单

1. 工程量清单说明

1.1 本工程量清单是根据招标文件中包括的、有合同约束力的图纸以及有关工程量清单的国家标准、行业标准、合同条款中约定的工程量计算规则编制。约定计量规则中没有的子目，其工程量按照有合同约束力的图纸所标示尺寸的理论净量计算。计量采用中华人民共

和国法定计量单位。

1.2　本工程量清单应与招标文件中的投标人须知、通用合同条款、专用合同条款、技术标准和要求及图纸等一起阅读和理解。

1.3　本工程量清单仅是投标报价的共同基础，实际工程计量和工程价款的支付应遵循合同条款的约定和第七章“技术标准和要求”的有关规定。

2. 投标报价说明

2.1　工程量清单中的每一子目须填入单价或价格，且只允许有一个报价。

2.2　工程量清单中标价的单价或金额，应包括所需人工费、施工机械使用费、材料费、其他（运杂费、质检费、安装费、缺陷修复费、保险费以及合同明示或暗示的风险、责任和义务等）、管理费、利润等。

2.3　工程量清单中投标人没有填入单价或价格的子目，其费用视为已分摊在工程量清单中其他相关子目的单价或价格之中。

3. 工程量清单（略）

第六章　图　　纸

（略）

第七章　技术标准和要求

1. 适用的规范、标准和规程

1.1　本工程适用现行国家、行业和地方规范、标准和规程。构成合同文件的任何内容与适用的规范、标准和规程之间出现矛盾，施工人应书面要求发包人予以澄清，除发包人有特别指示外，监理人应按照最严格的标准执行。

1.2　除合同另有约定外，材料、施工工艺和本工程都应依照本技术标准和要求以及适用的现行规范、标准和规程的最新版本执行。若适用的现行规范、标准和规程的最新版本是在基准日后颁布的，其相应标准发生变更并成为合同文件中最严格的标准。

2. 施工、监理及验收规范

本工程执行国家现行的与本工程有关的施工、监理及验收规范、标准图集、图纸设计等。

3. 主要质量检验评定标准

本工程执行国家现行的与本工程有关的质量检验评定标准。

第八章　投标文件格式

__________（项目名称）__________标段施工招标

投 标 文 件

投标人：____________________（盖单位章）

法定代表人或其委托代理人：____________（签字）

______年______月______日

目　录

一、投标函及投标函附录

（一）投标函

______________（招标人名称）：

1. 我方已仔细研究了________________（项目名称）______标段施工招标文件的全部内容，愿意以人民币（大写）__________________元（¥__________）的投标总报价，工期__________日历天，按合同约定实施和完成承包工程，修补工程中的任何缺陷，工程质量达到________________。

2. 我方承诺在投标有效期内不修改、撤销投标文件。

3. 随同本投标函提交投标保证金一份，金额为人民币（大写）________________元（¥______）。

4. 如我方中标：

（1）我方承诺在收到中标通知书后，在中标通知书规定的期限内与你方签订合同。

（2）随同本投标函递交的投标函附录属于合同文件的组成部分。

（3）我方承诺按照招标文件规定向你方递交履约担保。

（4）我方承诺在合同约定的期限内完成并移交全部合同工程。

5. 我方在此声明，所递交的投标文件及有关资料内容完整、真实和准确，且不存在第二章“投标人须知”第1.4.3项规定的任何一种情形。

6. ______________________________________（其他补充说明）。

投标人：________________________（盖单位章）
法定代表人或其委托代理人：__________（签字）
地址：____________________________________
网址：____________________________________
电话：____________________________________
传真：____________________________________
邮政编码：________________________________
________年________月________日

（二）投标函附录

<table>
<tr><td colspan="2">工程名称</td><td colspan="5"></td></tr>
<tr><td colspan="2">投　标　人</td><td colspan="5"></td></tr>
<tr><td colspan="2">项目经理</td><td></td><td>级　　别</td><td></td><td>资质证号</td><td></td></tr>
<tr><td colspan="3">投标范围</td><td colspan="4"></td></tr>
<tr><td colspan="3">投标总报价/万元</td><td colspan="4">（大写）______（小写）______</td></tr>
<tr><td colspan="3">评标报价（除去安全文明施工措施费、规费、税金）</td><td colspan="4">（大写）______（小写）______</td></tr>
<tr><td rowspan="3">其中</td><td colspan="2">安全文明施工措施费</td><td colspan="4">（大写）______（小写）______</td></tr>
<tr><td colspan="2">规　费</td><td colspan="4">（大写）______（小写）______</td></tr>
<tr><td colspan="2">税　金</td><td colspan="4">（大写）______（小写）______</td></tr>
<tr><td colspan="3">措施项目费用合计（不含安全文明施工措施费）</td><td colspan="4">（大写）______（小写）______</td></tr>
<tr><td colspan="3">措施项目费用合计（含安全文明施工措施费）</td><td colspan="4">（大写）______（小写）______</td></tr>
<tr><td colspan="3">投标质量等级</td><td colspan="4"></td></tr>
<tr><td colspan="3">投标工期</td><td colspan="4"></td></tr>
<tr><td colspan="3">投标有效期</td><td colspan="4"></td></tr>
<tr><td colspan="3">农民工工资保证金</td><td colspan="4">中标价的0.5%</td></tr>
<tr><td colspan="3">需要说明的问题</td><td colspan="4"></td></tr>
</table>

投标人：______________（盖单位公章）

法定代表人或其委托代理人：______（签字）

______年______月______日

注：安全文明施工措施费作为不可竞争费用，应足额计取，不可优惠。

二、法定代表人身份证明

投标人名称：______________

单位性质：______________

地址：______________

成立时间：______年______月______日

经营期限：______________

姓名：______性别：______年龄：______职务：______

系______________（投标人名称）的法定代表人。

特此证明。

投标人：______________（盖单位章）

______年______月______日

三、授权委托书

本人______（姓名）系______（投标人名称）的法定代表人，现委托______（姓名）为我方代理人。代理人根据授权，以我方名义签署、澄清、说明、补正、递交、撤回、修改________（项目名称）__________标段施工投标文件、签订合同和处理有关事宜，其法律后果由我方承担。

委托期限：__________。

代理人无转委托权。

附：法定代表人身份证明

投标人：____________________（盖单位章）
法定代表人：____________________（签字）
身份证号码：_________________________
委托代理人：____________________（签字）
身份证号码：_________________________
________年_____月_____日

四、投标保证金

____________________（招标人名称）：

本投标人自愿参加________（项目名称）________施工监理的投标，并按招标文件要求交纳投标保证金，金额为人民币（大写）__________元（¥________）。

本投标人承诺所交纳投标保证金是按规定交纳的，若有虚假，由此引起的一切责任均由我公司承担。

附：1. 收款单位收据复印件
2. 投标单位开户许可证
3. 投标保证金转出证明

投标人：__________________（盖单位公章）
法定代表人或其委托代理人：________（签字）
________年_____月_____日

五、已标价工程量清单（略）

六、施工组织设计

1. 投标人编制施工组织设计的要求：编制时应采用文字并结合图表形式说明施工方法；拟投入本标段的主要施工设备情况、拟配备本标段的试验和检测仪器设备情况、劳动力计划等；结合工程特点提出切实可行的工程质量、安全生产、文明施工、工程进度、技术组织措施，同时应对关键工序、复杂环节重点提出相应技术措施，如冬雨季施工技术、减少噪声、降低环境污染、地下管线及其他地上地下设施的保护加固措施等。

2. 施工组织设计除采用文字表述外可附下列图表。

附表一：拟投入本标段的主要施工设备表；

附表二：拟配备本标段的试验和检测仪器设备表；

附表三：劳动力计划表；

附表四：计划开、竣工日期和施工进度网络图；

附表五：施工总平面图；

附表六：临时用地表。

图表及格式要求如下。

附表一：拟投入本标段的主要施工设备表

序号	设备名称	型号规格	数量	国别产地	制造年份	额定功率/kW	生产能力	用于施工部位	备注

附表二：拟配备本标段的试验和检测仪器设备表

序号	仪器设备名称	型号规格	数量	国别产地	制造年份	已使用台时数	用途	备注

附表三：劳动力计划表

（单位：人）

工种	按工程施工阶段投入劳动力情况						

附表四：计划开、竣工日期和施工进度网络图（图略）

1. 投标人应递交施工进度网络图或施工进度表，说明按招标文件要求的计划工期进行施工的各个关键日期。

2. 施工进度表可采用网络图（或横道图）表示。

附表五：施工总平面图（图略）

投标人应递交一份施工总平面图，绘出现场临时设施布置图表并附文字说明，说明临时设施、加工车间、现场办公、设备及仓储、供电、供水、卫生、生活、道路、消防等设施的情况和布置。

附表六：临时用地表

用途	面积/m^2	位置	需用时间

七、项目管理机构

（一）项目管理机构组成表

职务	姓名	职称	执业或职业资格证明					备注
			证书名称	级别	证号	专业	养老保险	

（二）主要人员简历表

“主要人员简历表”中的项目经理应附项目经理证、身份证、职称证等复印件，管理过的项目业绩须附合同协议书复印件；技术负责人应附身份证、职称证等复印件，管理过的项目业绩须附证明其所任技术职务的企业文件或用户证明；其他主要人员应附职称证（执业证或上岗证书）等复印件。

<table>
<tr><td>姓　　名</td><td></td><td>年　　龄</td><td></td><td>学　　历</td><td></td></tr>
<tr><td>职　　称</td><td></td><td>职　　务</td><td></td><td>拟在本合同任职</td><td></td></tr>
<tr><td>毕业学校</td><td colspan="5">年毕业于　　　　　　学校　　　　　专业</td></tr>
<tr><td colspan="6">主要工作经历</td></tr>
<tr><td>时　间</td><td colspan="2">参加过的类似项目</td><td>担任职务</td><td colspan="2">发包人及联系电话</td></tr>
<tr><td></td><td colspan="2"></td><td></td><td colspan="2"></td></tr>
</table>

八、资格审查资料

（一）投标人基本情况表

<table>
<tr><td>投标人名称</td><td colspan="6"></td></tr>
<tr><td>注册地址</td><td colspan="3"></td><td>邮政编码</td><td colspan="2"></td></tr>
<tr><td rowspan="2">联系方式</td><td>联系人</td><td colspan="2"></td><td>电话</td><td colspan="2"></td></tr>
<tr><td>传真</td><td colspan="2"></td><td>网址</td><td colspan="2"></td></tr>
<tr><td>组织结构</td><td colspan="6"></td></tr>
<tr><td>法定代表人</td><td>姓名</td><td></td><td>技术职称</td><td></td><td>电话</td><td></td></tr>
<tr><td>技术负责人</td><td>姓名</td><td></td><td>技术职称</td><td></td><td>电话</td><td></td></tr>
<tr><td>成立时间</td><td colspan="2"></td><td>员工总人数</td><td colspan="3"></td></tr>
<tr><td>企业资质等级</td><td colspan="2"></td><td rowspan="5">其中</td><td>项目经理</td><td colspan="2"></td></tr>
<tr><td>营业执照号</td><td colspan="2"></td><td>高级职称人员</td><td colspan="2"></td></tr>
<tr><td>注册资金</td><td colspan="2"></td><td>中级职称人员</td><td colspan="2"></td></tr>
<tr><td>开户银行</td><td colspan="2"></td><td>初级职称人员</td><td colspan="2"></td></tr>
<tr><td>账号</td><td colspan="2"></td><td>技工</td><td colspan="2"></td></tr>
<tr><td>经营范围</td><td colspan="6"></td></tr>
<tr><td>备注</td><td colspan="6"></td></tr>
</table>

（二）近年财务状况表（略）

（三）近年完成的类似项目情况表

项目名称	
项目所在地	
发包人名称	
发包人地址	
发包人电话	
合同价格	
开工日期	

（续）

竣工日期	
承担的工作	
工程质量	
项目经理	
技术负责人	
总监理工程师及电话	
项目描述	
备注	

（四）正在施工的和新承接的项目情况表

项目名称	
项目所在地	
发包人名称	
发包人地址	
发包人电话	
签约合同价格	
开工日期	
计划竣工日期	
承担的工作	
工程质量	
项目经理	
技术负责人	
总监理工程师及电话	
项目描述	
备注	

（五）近年发生的诉讼及仲裁情况（略）

1. 我国目前对建设工程项目招标范围的界定：①大型基础设施、公用事业等关系社会公共利益、公众安全的项目；②全部或者部分使用国有资金投资或者国家融资的项目；③使用国际组织或者外国政府贷款、援助资金的项目。

2. 工程施工招标应该具备以下条件：招标人已依法成立；按照国家有关规定需要履行项目审批手续的，已经履行审批手续；工程资金或者资金来源已经落实；有满足施工招标需要的设计文件及其他技术资料；法律、法规、规章规定的其他条件。

3. 建设工程招标按照不同的标准可以进行不同的分类。其中按照工程建设程序，可以将建设工程招标投标分为建设项目前期咨询招标投标、工程勘察设计招标投标、材料设备采购招标投标、施工招标投标；按工程承包的范围可将工程招标划分为项目总承包招标、项目阶段性招标、设计施工招标、工程分承包招标及专项工程承包招标。

4. 工程招标有公开招标、邀请招标、议标等不同种方式，但是《招标投标法》中明确的只有两种招标方式，即公开招标和邀请招标。这两种招标方式有着各自的适用范围和优缺点。

5. 建设工程施工招标程序主要是指招标工作在时间和空间上应遵循的先后顺序，从招标人的角度看，建设工程项目施工招标的一般程序主要经历以下几个环节：建设工程项目报建；审查招标人招标资质；招标申请；资格预审文件及招标文件的编制与送审；发布资格预审公告、招标公告或者发出投标邀请书；对投标资格进行审查；发放招标文件和有关资料，收取投标保证金；组织投标人，召开投标预备会，对招标文件进行答疑；投标文件的接收；开标；评标；择优定标，发出中标通知书；签订合同。

6. 在资格审查方式上，通常分为资格预审和资格后审。资格预审是在投标前对投标申请人进行的资格审查，资格后审是指在开标之后，评标时对投标申请人进行的资格审查。

7. 建设工程招标文件由招标文件正式文本、对正式文本的解释和对正式文本的修改三部分构成。

8. 招标文件应当包括下列内容：投标人须知；招标工程的技术要求和设计文件；采用工程量清单招标的，应当提供工程量清单；投标函的格式及附录；拟签订合同的主要条款；要求投标人提交的其他材料。

9. 招标文件通常应包括：招标公告（或投标邀请书）、投标人须知、评标办法、合同条款及格式、工程量清单、图纸、技术标准和要求、投标文件格式、投标人须知前附表规定的其他材料等9项内容。

模块三　工程项目投标

学习目标

了解工程投标及投标决策的概念；熟悉工程项目投标的一般程序，投标报价的组成；掌握投标文件的组成，投标文件的编制，投标报价的策略与技巧等。

3.1　投标的组织与程序

导入案例

某工程项目施工招标，A、B、C、D 四家施工企业前来投标，但是各自都出现了一些情况。A 单位在开标后 30 分钟赶到开标现场；B 单位未交纳投标保证金；C 单位投标文件忘记加盖单位公章；D 单位投标文件没有采取密封措施。出现这些情况会导致什么结果呢？

3.1.1　工程投标的概念和投标人的条件

1. 工程投标的概念

工程投标，是指各投标人依据自身能力和管理水平，按照招标文件规定的统一要求递交投标文件，争取获得实施资格的行为。

2. 投标人的条件

投标人是响应招标、参加投标竞争的法人或者其他组织。投标人应具备下列条件：

1）投标人应具备承担招标项目的能力；国家有关规定或者招标文件对投标人资格条件有规定的，投标人应当具备规定的资格条件。

2）投标人应当按照招标文件的要求编制投标文件，投标文件应当对招标文件提出的要求和条件做出实质性响应。

3）投标人应当在招标文件所要求提交投标文件的截止时间前，将投标文件送达投标地点。招标人收到投标文件后，应当签收保存，不得开启。

招标人对在招标文件要求提交投标文件的截止时间后收到的投标文件，应当拒收，不得开启。

4）投标人在招标文件要求提交投标文件的截止时间前，可以补充、修改或者撤回已提交的投标文件，并书面通知招标人。补充、修改的内容为投标文件的组成部分。

5）投标人根据招标文件载明的项目实际情况，拟在中标后将中标项目的部分非主体、非关键性工作交由他人完成的，应当在投标文件中载明。

6）两个以上法人或者其他组织可以组成一个联合体，以一个投标人的身份共同投标。

联合体各方均应当具备承担招标项目的相应能力；国家有关规定或者招标文件对投标人资格条件有规定的，联合体各方均应当具备规定的相应资格条件。由同一专业的单位组成的联合体，按照资质等级较低的单位确定资质等级。联合体各方应当签订联合体协议书，明确联合体牵头人和各方的权利义务，将联合体协议书连同投标文件一并提交招标人。中标的联合体各方应当共同与招标人签订合同，就中标项目向招标人承担连带责任，但是共同投标协议另有约定的除外。招标人不得强制投标人组成联合体共同投标，不得限制投标人之间的竞争。

联合体投标

［思政引导］　根据联合体的资质等级采取就低不就高的原则，引导学生了解木桶效应，认真思考自己的“短板”并尽早补足它，努力提高个人管理能力和团队合作意识。

7）投标人不得相互串通投标报价，不得排挤其他投标人的公平竞争，损害招标人或者其他人的合法权益。

8）投标人不得以低于成本价报价竞标，也不得以他人名义投标或者以其他方式弄虚作假，骗取中标。

3.1.2　工程投标的组织

工程投标的组织主要包括组建一个强有力的投标机构和配备高素质的各类人才。投标人进行工程投标，需要有专门的机构和人员对投标的全部活动过程加以组织和管理，实践证明，这是投标获得成功的重要保证。

对于投标人来说，参加投标就面临一场竞争。不仅比报价的高低，而且比技术、经验、实力和信誉。特别是在当前国际承包市场上，越来越多的是技术密集型工程项目，势必要给投标人带来两方面的挑战：一方面是技术上的挑战，要求投标人具有先进的科学技术，能够完成高、新、尖、难工程；另一方面是管理上的挑战，要求投标人具有现代先进的组织管理水平。

为迎接技术和管理方面的挑战，在竞争中取胜，投标人的投标班子应该由如下三种类型的人才组成：一是经营管理类人才；二是专业技术类人才；三是商务金融类人才。

1. 经营管理类人才

所谓经营管理类人才，是指专门从事工程承包经营管理、制订和贯彻经营方针与规划，负责工作的全面筹划和安排具有决策水平的人才。为此，这类人才应具备以下基本条件：

1）知识渊博、视野广阔。经营管理类人员必须在经营管理领域有造诣，对其他相关学科也应有相当知识水平。只有这样，才能全面、系统地观察和分析问题。

2）具备一定的法律知识和实际工作经验。该类人员应了解我国乃至国际上有关的法律和国际惯例，并对开展投标业务所应遵循的各项规章制度有充分的了解。同时，丰富的阅历和实际工作经验，可以使投标人员具有较强的预测能力和应变能力，对可能出现的各种问题进行预测并采取相应的措施。

3）必须勇于开拓，具有较强的思维能力和社会活动能力。渊博的知识和丰富的经验只有和较强的思维能力结合，才能保证经营管理人员对各种问题进行综合、概括、分析，并做出正确的判断和决策。此外，该类人员还应具备较强的社会活动能力，积极参加有关的社会活动，扩大信息交流，不断地吸收投标业务工作所必需的新知识和情报。

4）掌握一套科学的研究方法和手段，诸如科学的调查、统计、分析、预测的方法。

2. 专业技术类人才

所谓专业技术类人才，主要是指工程及施工中的各类技术人员，诸如建筑师、土木工程师、电气工程师、机械工程师等各类专业技术人员。他们应拥有本学科最新的专业知识，具备熟练的实际操作能力，以便在投标时能从本公司的实际技术水平出发，考虑各项专业实施方案。

3. 商务金融类人才

所谓商务金融类人才，是指具有金融、贸易、税法、保险、采购、保函、索赔等专业知识的人才。财务人员要懂税收、保险、涉外财会、外汇管理和结算等方面的知识。

以上是对投标班子三类人员个体素质的基本要求。一个投标班子仅仅做到个体素质良好，往往是不够的，还需要各方的共同参与，协同作战，充分发挥群体的力量。

除上述关于投标班子的组成和要求外，公司还需注意：保持投标班子成员的相对稳定，不断提高其素质和水平，对于提高投标的竞争力至关重要；同时，逐步采用或开发有关投标报价的软件，使投标报价工作更加快速、准确。如果是国际工程（包括境内涉外工程）投标，则应配备懂得专业和合同管理的外语翻译人员。

3.1.3　工程投标的程序

投标活动简单说就是对招标人的招标活动进行响应的过程，该过程是指从购买填写资格预审文件开始，到将正式投标文件送达招标人为止所进行的全部工作。已经取得投标资格并愿意投标的投标人，可以按照图 3-1 所示工程项目招标投标工作程序步骤进行投标。

这一阶段工作量很大，时间紧迫，一般需要完成下列各项工作：

1. 接受资格预审

资格预审能否通过是投标人投标过程中的第一关。有关资格预审文件的要求、内容以及资格预审评定的内容在第 2 章中已有详细介绍，这里仅就投标人申报资格预审时注意的事项做一个介绍。

第一，应注意平时对一般资格预审的有关资料的积累，并储存在计算机内，到针对某个项目填写资格预审调查表时，再将有关资料调出来，并加以补充完善。如果平时不积累资料，完全靠临时填写，则往往会达不到招标人要求而失去机会。

第二，加强填表时的分析，既要针对工程特点，下功夫填好重点部位，又要反映出本公司的施工经验、施工水平和施工组织能力。这往往是招标人考虑的重点。

第三，在投标决策阶段，研究并确定今后本公司发展的地区和项目时，注意收集信息，如果有合适的项目，及早动手做资格预审的申请准备。如果发现某个方面的缺陷（如资金、

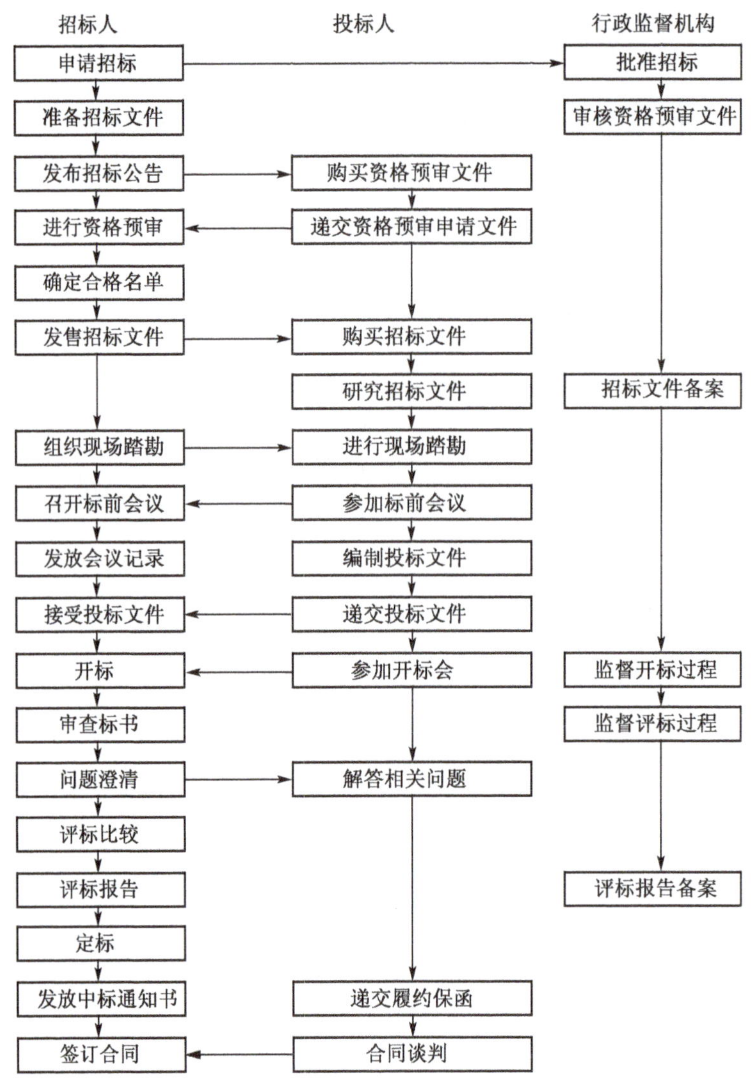

图3-1　工程项目招标投标程序图

技术水平、经验年限等）不是本公司自身可以解决的，则应考虑寻找适宜的伙伴，组成联合体来参加资格预审。

第四，做好递交资格预审申请文件后的跟踪工作，如果是国外工程可通过当地分公司或代理人进行沟通，以便及时发现问题，补充资料。

2. 投标前的调查与现场踏勘

这是投标前极其重要的一步准备工作。如果在前述投标决策的前期阶段对拟去的地区进行了较为深入的调查研究，则拿到招标文件后就只需进行有针对性的补充调查；否则，应进行全面的调查研究。如果是去国外投标，拿到招标文件后再进行调研，则时间是很紧迫的。

现场踏勘主要指的是去工地现场进行踏勘，招标单位一般在招标文件中要注明现场踏勘的时间和地点，在文件发出后就应安排投标者进行现场踏勘的准备工作。

施工现场踏勘是投标者必须经过的投标程序。按照国际惯例，投标者提出的报价单一般被认为是在现场踏勘的基础上编制的。一旦报价单提出之后，投标者就无权因为现场勘察不周，情况了解不细或因素考虑不全面而提出修改投标、调整报价或提出补偿等要求。

现场踏勘既是投标者的权利又是其职责。因此，投标者在报价以前必须认真地进行施工现场踏勘，全面、仔细地调查了解工地及其周围的政治、经济、地理等情况。

现场踏勘之前，应先仔细研究招标文件，特别是文件中的工作范围、专用条款以及设计图纸和说明，然后拟定出调研提纲，确定重点要解决的问题，做到事先有准备，因为有时招标人只组织投标者进行一次工地现场踏勘，现场踏勘费用均由投标者自己承担。

小知识

进行现场踏勘应从下述5个方面调查了解：

1）工程的性质与其他工程之间的关系。

2）投标人投标的那一部分工程与其他承包人或分包人之间的关系。

3）工地地貌、地质、气候、交通、电力、水源等情况，有无障碍物等。

4）工地附近有无住宿条件、料场开采条件、其他加工条件、设备维修条件等。

5）工地附近治安情况。

3. 分析招标文件、校核工程量、编制施工组织设计

（1）分析招标文件　招标文件是投标的主要依据，因此应该仔细地分析研究。研究招标文件，重点应放在投标人须知、合同条件、设计图纸、工程范围以及工程量表上，最好有专人或小组研究技术规范和设计图纸，弄清其特殊要求。

（2）校核工程量　对于招标文件中的工程量清单，投标者一定要进行校核，因为它直接影响投标报价及中标机会。例如，当投标人大体上确定了工程总报价之后，对某些项目工程量可能增加的，可以提高单价；而对某些项目工程量估计会减少的，可以降低单价。如发现工程量有重大出入的，特别是漏项的，必要时可找招标人核对，要求招标人认可，并给予书面证明，这对于固定总价合同，尤为重要。

（3）编制施工组织设计　施工组织设计对于投标报价的影响很大。在投标过程中，招标人应根据招标文件和对现场的勘察情况，采用文字合并图表的形式来编制全面的施工组织设计。施工组织设计的内容，一般包括施工方案及技术措施、质量保证措施、施工进度计划、施工安全措施、文明施工措施、施工机械、施工材料、施工设备和劳动力计划以及施工总平面图、项目管理机构等。编制施工组织设计的原则是在保证工期和工程质量的前提下，使成本最低、利润最大。

1）选择和确定施工方法。根据工程类型，研究可以采用的施工方法。对于一般的土方工程、混凝土工程、房建工程、灌溉工程等比较简单的工程，可结合已有施工机械及工人技术水平来选定实施方法，努力做到节省开支，加快进度。对于大型复杂工程则要考虑几种施工方案，进行综合比较。如水利工程中的施工导流方式对工程造价及工期均有很大影响，投标人应结合施工进度计划及能力进行研究确定。又如地下工程（开挖隧洞或洞室），则要进行地质资料分析，确定开挖方法（用掘进机，还是钻孔爆破法等），确定支洞、斜井、竖井的数量和位置以及出渣方法、通风方式等。

2）选择施工设备和施工设施。施工设备和施工设施一般与施工方法同时进行选择，根据施工方法来选择施工设备和施工设施。在工程投标报价中还要不断进行施工设备和施工设施的比较，利用旧设备还是采购新设备，在国内采购还是在国外采购；需对设备的型号、配套、数量（包括使用数量和备用数量）进行比较，还应研究哪些类型的机械可以采用租赁办法，对于特殊的、专用的设备折旧率需进行单独考虑；订货设备清单中还应考虑辅助和修配机械以及备用零件，尤其是订购外国机械时应特别注意这一点。

3）编制施工进度计划。编制施工进度计划应紧密结合施工方法和施工设备。施工进度计划中应提出各时段应完成的工程量及限定日期。施工进度计划是采用网络图进度计划还是横道图进度计划，要根据招标文件要求而定。

4. 投标报价的计算

投标报价计算一般包括定额分析、单价分析、计算工程成本、确定利润方针，最后确定标价。在市场经济条件下，投标报价的形成在很大程度上依赖于对市场价格信息的掌握，其价格形成过程一般会经历询价、估价与报价等三个阶段。对于投标人来说，询价、估价是对承包工程计价的最基本过程与方法。

（1）询价　“没有调查就没有发言权”，询价是工程估价的一个非常重要的环节，是估价的基础工作。

工程投标活动中，施工单位不仅要考虑投标报价能否中标，还应考虑中标后所要承担的风险。因此，在估价前必须通过各种渠道，采用各种方式对所需劳务、材料、施工机械等要素进行系统的调查，掌握各种要素的价格、质量、供应时间、供应数量等数据。这一工作过程称为询价。

询价除了了解生产要素价格外，还应了解影响价格的各种因素，这样才能够为估价提供可靠的依据。比如如果施工单位准备中标后将部分标的工程分包出去，那么在询价阶段还要通过分包询价来选择分包单位，因为分包价格的高低对估价有必然的影响。

（2）估价　估价与报价是两个不同的概念，但在实践中却常常将两者混为一谈。

估价是指施工单位根据招标文件的要求，在施工总进度计划、主要施工方法、分包单位和资源安排确定之后，根据企业实际水平以及询价结果，对完成招标工程所需要支出的费用的估计。其原则是根据本单位的实际情况合理补偿成本，不考虑其他因素，不涉及投标决策问题。

（3）报价　报价是在估价的基础上，分析竞争对手的情况，评估本单位在该招标工程中的竞争地位，从本单位的经营目标出发，确定在该工程上的预期利润水平。报价的实质是投标决策问题，还有考虑运用适当的投标报价策略或技巧。报价与估价的任务和性质不同，因此，投标报价通常由施工单位主管经营管理的有经验的负责人做出。

5. 编制投标文件

投标文件应完全按照招标文件的各项要求编制。一般不能带任何附加条件，否则将导致投标作废。

6. 准备备忘录提要

招标文件中一般都有明确规定，不允许投标者对招标文件的各项要求进行随意取舍、修改或提出保留。但是在投标过程中，投标人对招标文件反复深入地进行研究后，往往会发现很多问题，这些问题大体可分为三类：

第一类是对投标人有利的，可以在投标时加以利用或在以后提出索赔要求的，这类问题

投标者一般在投标时是不提的。

第二类是发现的问题明显对投标人不利的，如总价包干合同工程项目漏项或是工程量偏少的，这类问题投标人应及时向招标人提出质疑，要求招标人更正。

第三类问题是投标者企图通过修改某些招标文件和条款或是希望补充某些规定，以使自己在合同实施时能处于主动地位的问题。

上述问题在准备投标文件时应单独写成一份备忘录提要，但这份备忘录提要不能附在自己的投标文件中，只能自己保留，以便在合同实施时能处于主动地位。

对于第一类问题，应在施工过程中抓住机会进行索赔；第二类问题应在标前准备会上提出来，以便报价；第三类问题留待合同谈判时使用，也就是说，当该投标使招标人感兴趣，邀请投标人谈判时，再把这些问题根据当时情况，一个一个地拿出来谈判，并将谈判结果写入合同协议书的备忘录中。

7. 递送投标文件

拒收投标文件的情形

递送投标文件也称递标，是指投标人在规定的投标截止日期之前，将准备好的所有投标文件密封递送到招标单位的行为。

对于招标单位，在收到投标人的投标文件后，应签收或通知投标人已收到其投标文件，并记录收到日期和时间；同时，在收到投标文件到开标之前，所有投标文件均不得启封，并应采取措施确保投标文件的安全。

如果投标文件没有按照招标文件的要求送达，招标人可以拒绝受理。《工程建设项目施工招标投标办法》第 50 条规定，投标文件有下列情形之一的，招标人不予受理。

1）逾期送达的或者未送达指定地点的。

2）未按招标文件要求密封的。

案例回顾

综上所述，我们可以发现导入案例出现的情况将导致投标无效，失去中标的机会。

练一练

3.1-1 投标人应当按照招标文件的要求编制投标文件，投标文件应当对招标文件提出的要求和条件做出__________响应。

3.1-2 投标人应当在招标文件所要求____________的截止时间前，将投标文件送达投标地点。

3.1-3 由同一专业的单位组成的投标联合体，按照资质等级较_____的单位确定资质等级。联合体各方应当签订____________，明确约定各方拟承担的工作和相应的责任。

3.1-4 投标人的投标班子一般应该由如下三种类型的人才组成：一是经营管理类人才；二是____________；三是商务金融类人才。

3.1-5 投标人参加项目投标所应具备的条件是什么？

3.1-6 国家对投标联合体投标有什么具体的规定？

3.1-7 请简单描述工程投标的程序。

3.2 工程施工投标文件的编制

导入案例

某施工单位准备参加某项目施工投标，由于自己公司里面没有人会编制投标文件，便委托了某招标投标代理公司来编写。该代理公司由于业务繁忙，就采取了应付了事的做法，将以前用过的一个投标文件稍加修改便交给该施工单位去投标了。由于该投标文件中错误百出，出现了很多没有响应招标文件要求的问题，导致投标无效。那么，一个正确有效的投标文件到底应该怎样来编制呢？

3.2.1 投标文件的组成

建设工程投标人应严格按照招标文件的各项要求来编制投标文件。投标文件一般由以下几个部分组成：

投标文件的组成

1）投标书及投标书附录。

2）投标保证金。

3）法定代表人资格证明书。

4）授权书、委托书。

5）具有标价的工程量清单与报价表。

6）辅助资料表。

7）施工组织设计。

8）审查表（资格预审的不采用）。

9）联合体共同投标协议书（如有）。

10）对招标文件中的合同协议条款内容的确认和响应。

11）按招标文件规定应提交的其他资料。

投标人必须使用招标文件提供的投标文件表格格式，但表格可以按同样格式扩展。

3.2.2 建设工程投标文件的编制

投标文件是承包人参与投标竞争的重要凭证，是评标、决标和订立合同的依据，是投标人素质的综合反映和投标人能否取得经济效益的重要因素。可见，投标人应对投标文件的编制工作倍加重视。编制投标文件的一般步骤是：

1）编制投标文件的准备工作。

① 组织投标班子，确定投标文件编制的人员。

② 熟悉招标文件，仔细阅读诸如投标人须知、投标书附件等内容。对招标文件、图纸、资料等有不清楚、不理解的地方及时用书面形式向招标人询问、澄清。

③ 参加招标人组织的施工现场踏勘和答疑会。

④ 收集现行定额标准、取费标准及各类标准图集，并掌握政策性调价文件。

⑤ 调查当地材料供应和价格情况。

2）实质性响应条款的编制。包括对合同主要条款的响应、对提供资质证明的响应、对采用的技术规范的响应等。

3）结合图纸和现场踏勘情况，复核、计算工程量。

4）根据招标文件及工程技术规范要求，结合项目施工现场条件编制施工组织设计和投标报价书。

5）仔细核对、装订成册，并按招标文件的要求进行密封和标记。

小知识

现实投标活动中编制建设工程投标文件的注意事项：

1）投标人编制投标文件必须使用招标文件提供的表格格式。重要的项目或数字（如工期、质量等级、价格等）未填写的，将被作为废标。

2）编制的投标文件正本只有一份，副本则按招标文件中要求的份数提供，同时要标明“投标文件正本”和“投标文件副本”字样。

3）全套投标文件书写应清晰、应无随意的修改和行间插字，修改处应由投标文件签字人签字证明并加盖印鉴。

4）所有投标文件均由投标人的法定代表人签署、加盖印鉴，并加盖法人单位公章。

5）填报的投标文件应反复校核，保证分项和汇总计算均无错误。

6）如招标文件规定投标保证金为合同总价的某百分比时，开具投标保函不要太早，以防泄露报价。但投标人提前开出并故意加大保函金额，以麻痹竞争对手的情况也是存在的。

7）投标文件应严格按照招标文件的要求进行分装和密封。

8）认真对待招标文件中关于废标的条件，以免被判为无效标而前功尽弃。

[思政引导] 投标工作中，可能因为忘盖公章、字体错误、密封不符合要求等问题导致废标，细节往往决定成败，对待学习和工作的任何环节都不能粗枝大叶，培养学生的工匠精神和职业精神。

3.2.3　建设工程投标文件的提交

投标文件编制完成，投标人应在招标文件规定的投标截止日前将投标文件送到招标人指定地点，并取得收讫证明。在投标截止日期之后送达的投标文件，招标人拒收。

投标人在递送投标文件之后，在规定的投标截止日期之前，可以采用书面形式向招标人递交补充、修改或撤回其投标文件的通知。在投标截止日期以后不能再更改投标文件。投标人的补充、修改内容将作为其投标文件的组成部分。在投标截止时间与招标文件规定的投标有效期终止日之间的这段时间内，投标人不能撤回投标文件，否则其投标保证金不予退还。

案例回顾

一个有效的投标文件应该对招标文件进行实质性的响应。投标人应该针对一个项目编制单独的彰显企业优势的对招标文件进行最大程度响应的投标文件。而本节导入案例中的投标人仅是对别的项目的投标文件进行了修改，所以导致没有对本项目进行响应造成废标。

练一练

3.2-1 投标文件一般由以下哪几个部分组成？（ ）

A. 投标书附录　　B. 法定代表人资格证明书

C. 工程量清单　　D. 施工组织设计

E. 投标保证金

3.2-2 下列关于投标文件编制的说法错误的是（ ）。

A. 投标文件必须按照招标文件提供的格式填写

B. 全套招标文件不允许有修改和行间插字之处

C. 编制的投标文件“正本”有一份，“副本”有两份

D. 投标文件应严格按照招标文件的要求进行分装和密封

E. 如招标文件规定投标保证金为合同总价的某百分比时，开具投标保函应不要太早，以防泄露报价

3.2-3 请简单描述工程投标文件的编制步骤。

3.2-4 建设工程投标文件的编制应该注意哪些问题？

3.2-5 国家关于建设工程投标文件的提交有哪些规定？

3.3 建设工程投标策略

导入案例

张某新注册了一家建筑公司，为了自己企业的生存与发展，张某盲目地参加了大量的施工项目的投标，但是却从来没有中标，这是什么原因呢？

3.3.1 投标策略的含义

投标人通过投标取得项目，是市场经济条件下的必然。但是，作为投标人来讲，并不是每标必投，因为投标人要想在投标中获胜，既要中标得到承包工程，又要从承包工程中赢利，这就需要研究投标决策。所谓投标决策，包括三方面内容：其一，针对项目招标是投标或是不投标；其二，倘若去投标，是投什么性质的标；其三，投标中如何采用以长制短，以优胜劣的策略和技巧。投标决策的正确与否，关系到能否中标和中标后的效益，关系到施工企业的发展前景和职工的经济利益。因此，企业的决策班子必须充分认识到投标决策的重要意义，把这一工作摆在企业的重要议事日程上。

3.3.2 投标决策阶段的划分

投标决策可以分为两个阶段进行。这两个阶段就是投标的前期决策和投标的后期决策。

1. 投标的前期决策

投标的前期决策必须在投标人参加投标资格预审前后完成。决策的主要依据是招标公告以及公司对招标工程、业主情况的调研和了解的程度，如果是国际工程，还包括对工程所在国和工程所在地的调研和了解程度。前期阶段必须对是否投标做出论证。通常情况下，下列招标项目应放弃投标：

1）本施工企业主管和兼管能力之外的项目。

2）工程规模、技术要求超过本施工企业技术等级的项目。

3）本施工企业生产任务饱满，且招标工程的盈利水平较低或风险较大的项目。

4）本施工企业技术等级、信誉、施工水平明显不如竞争对手的项目。

2. 投标的后期决策

如果决定投标，即进入投标的后期决策阶段，它是指从申报投标资格预审资料至投标报价（封送投标书）期间完成的决策研究阶段。主要研究倘若去投标，是投什么性质的标以及在投标中采取的策略问题。关于投标决策一般有以下分类：

（1）按性质分类　分为投风险标和投保险标。

1）投风险标：投标人通过前期阶段的调查研究，明知工程承包难度大、风险大，且技术、设备、资金上都有未解决的问题，但由于本企业任务不足、处于窝工状态，或因为工程盈利丰厚，或为了开拓市场而决定参加投标，同时设法解决存在的问题，即是风险标。投标后，如问题解决得好，可取得较好的经济效益，也可锻炼出一支好的施工队伍，使企业更上一层楼；解决得不好，企业的信誉就会受到损害，严重者可能导致企业亏损以至破产。因此，投风险标必须审慎决策。

2）投保险标：投标人对可以预见的情况从技术、设备、资金等重大问题都有了解决的对策之后再投标，称为投保险标。企业经济实力较弱，经不起失误的打击，则往往投保险标。当前，我国施工企业多数都愿意投保险标，特别是在国际工程承包市场中。

（2）按效益分类　分为投盈利标和投保本标。

1）投盈利标：投标人如果认为招标工程既是本企业的强项，又是竞争对手的弱项，或建设单位意向明确，或本企业虽任务饱满，但利润丰厚，才考虑让企业超负荷运转时，此种情况下的投标，称为投盈利标。

2）投保本标：当企业无后继工程或已经出现部分窝工时，必须争取中标，但招标的工程项目本企业又无优势可言，竞争对手又多，此时，就该投保本标，至多投薄利标。

3.3.3　影响投标决策的因素

“知己知彼，百战不殆”。工程投标决策就是知己知彼的研究。这个“己”就是影响投标决策的主观因素，“彼”就是影响投标决策的客观因素。

1. 影响投标决策的主观因素

投标人决定参加投标或是弃标，首先取决于投标人的实力，即投标人的主观条件。实力主要表现在如下几个方面。

（1）技术方面的实力

1）有精通本行业的估算师、建筑师、工程师、会计师和管理专家组成的组织机构。

2）有工程项目设计、施工专业特长，能解决技术难度大和各类工程施工中的技术难题的能力。

3）有与招标项目同类型工程的国内外施工经验。

4）有一定技术实力的合作伙伴，如实力强的分包商、合营伙伴和代理人。

（2）经济方面的实力

1）具有垫付资金的能力。这主要是考虑预付款是多少，在什么条件下拿到预付款等问题。应注意，国际上有的发包人要求“带资承包工程”“实物支付工程”，根本没有预付款。所谓“带资承包工程”，是指工程由承包人筹资兴建，从建设中期或建成后某一时期开始，发包人分批偿还承包人的投资及利息，但有时这种利率低于银行贷款利率。承包这种工程时，承包人需投入大部分工程项目建设投资，而不只是一般承包所需的少量流动资金。所谓“实物支付工程”，是指有的发包方用该国滞销的农产品、矿产品折价支付工程款，但承包人推销上述物资而谋求利润将存在一定难度。因此，遇上这种项目需要慎重对待。

2）具有一定的固定资产和机具设备及其投入所需的资金。大型施工机械的投入，不可能一次摊销。因此，新增施工机械将会占用一定资金。另外，为完成项目必须要有一批周转材料，如模板、脚手架等，这也是占用资金的组成部分。

3）具有一定的资金周转用来支付施工用款。因为对已完成的工程量需要监理工程师确认后并经过一定手续、一定时间后才能将工程款拨入。

4）具有承包国际工程所需的外汇。

5）具有支付各种担保的能力。

6）具有支付各种税金和保险金的能力。

7）具有承担不可抗力所带来的风险的能力。

8）具有承担国际工程时，重金聘请有丰富经验或有较高地位的代理人的酬金以及其他“佣金”的支付能力。

（3）管理方面的实力　建筑承包市场属于买方市场，承包工程的合同价格由作为买方的发包方起支配作用。承包人为打开承包工程的局面，应以低报价甚至零利润取胜。为此，承包人必须在成本控制上下功夫，向管理要效益。如缩短工期，进行定额管理，辅以奖罚办法，减少管理人员，工人一专多能，节约材料，采用先进的施工方法不断提高技术水平，特别是要有重质量、重合同的意识，并有相应的切实可行的措施。

（4）信誉方面的实力　承包人一定要有良好的信誉，这是投标中标的一条重要标准。要建立良好的信誉，就必须遵守法律和行政法规，或按国际惯例办事。同时，认真履约，保证工程的施工安全、工期和质量。

2. 影响投标决策的客观因素

（1）发包人和监理工程师的情况　发包人的合法地位、支付能力、履约能力以及监理工程师处理问题的公正性、合理性等，也是投标决策的影响因素。

（2）投标竞争对手和竞争形势的分析　是否投标，应注意竞争对手的实力、优势及投标环境的优劣情况。另外，竞争对手的在建工程也十分重要。如果对手的在建工程即将完工，可能急于获得新承包项目，投标报价不会很高；如果对手的在建工程规模大、时间长，却仍参加投标，则投标报价可能很高。从总的竞争形势来看，大型工程的承包公司技术水平高，善于管理大型复杂工程，其适应性强，可以承包大型工程；中小型的工程由中小型工程公司或当地的工程公司承包的可能性大。因为，当地中小型公司在当地有自己熟悉的材料、

劳动力供应渠道；管理人员相对比较少；有自己惯用的特殊施工方法等优势。

（3）法律、法规情况　对于国内工程承包，自然适用本国的法律和法规。而且，其法制环境基本相同。因为，我国的法律、法规具有统一或基本统一的特点。如果是国际工程承包，则有一个法律适用问题。

如很多国家规定，外国承包人或公司在本国承包工程，必须同当地的公司成立联合体才能承包该国的工程。因此，我们对合作伙伴需作必要的分析，具体来说是对合作者的信誉、资历、技术水平、资金、债权与债务等方面进行全面的分析，然后再决定投标还是弃标。

又如外汇管制情况。外汇管制关系到承包公司能否将在当地所获外汇收益转移回国的问题。目前，各国管制法规不一，有的国家规定可以自由兑换、汇出，基本上无任何管制；有的规定则有一定限制，必须履行一定的审批手续；有的规定外国公司不能将全部利润汇出，而是在缴纳所得税后其剩余部分的50%可兑换成自由外汇汇出，其余50%只能在当地用作扩大再生产或再投资。这是在该类国家承包工程必须注意的“亏汇”问题。

（4）投标风险问题　在国内承包工程，风险相对要小一些，在国际承包工程则风险要大得多。投标与否，要考虑的因素很多，需要投标人广泛、深入地调查研究，系统地积累资料，并做出全面的分析，才能使投标做出正确决策。决定投标与否，更重要的是它的效益性。投标人应对承包工程的成本、利润进行预测和分析，以供投标决策之用。

[思政引导]　影响投标决策的因素有主观因素和客观因素两方面，通过了解主观因素与客观因素的辩证关系，知道主观因素是内因，客观因素是外因，引导学生加强个人管理，提高自我修养，充分发挥主观能动性以取得最终成功。

案例回顾

导入案例中的企业大量投标但是却没有中标，就是没有做好投标的前期决策，没有根据本企业实际情况，投把握性高的标。

练一练

3.3-1　投标决策可以分为________________和______________两阶段进行。

3.3-2　投标决策的前期阶段必须对____________做出论证。

3.3-3　投标决策按性质分类，可分为投____________和投______________。

3.3-4　通常情况下，对于下列哪些招标项目，投标人应放弃投标（　　）。

A. 本施工企业主管和兼管能力之外的项目

B. 工程规模、技术要求超过本施工企业技术等级的项目

C. 投标企业生产任务不足、处于窝工状态

D. 招标工程风险较小的项目

E. 本施工企业技术等级、信誉、施工水平明显不如竞争对手的项目

3.3-5　以下哪些是影响投标决策的客观因素？（　　）

A. 投标人的技术实力　　B. 发包人的情况

C. 投标风险的大小　　D. 法律、法规情况

E. 投标人的经济实力

3.3-6 谈谈你自己是怎样理解建设工程投标决策的。

3.4 投标报价

导入案例

某办公楼施工招标文件的合同条款中规定：预付款数额为合同价的30%，开工后3天内支付，上部结构完成一半时一次性全额扣回，工程款按季度支付。某承包人对该项目投标时考虑到该工程虽有预付款，但平时工程款按季度支付不利于资金周转，决定除按招标文件的要求报价外，还建议发包人将支付条件改为：预付款为合同价的5%，工程进度款按月支付，其余条款不变。你认为该承包人运用了哪一种报价技巧？运用是否得当？

建设工程投标报价是建设工程投标内容中的重要部分，是整个建设工程投标活动的核心环节，报价的高低直接影响着能否中标和中标后的获利大小。

3.4.1 投标报价的编制

当采用工程量清单招标时，投标人的投标总价的编制应符合国家现行工程量清单计价规范的要求，主要包括以下几个方面的内容：

1）投标报价应根据招标文件中的有关计价要求，并按照下列依据自主报价。

① 招标文件。

②《建设工程工程量清单计价规范》（GB 50500—2013）。

③ 国家或省级、行业建设主管部门颁发的计价办法。

④ 企业定额，国家或省级、行业建设主管部门颁发的计价定额。

⑤ 招标文件（包括工程量清单）的澄清、补充和修改文件。

⑥ 建设工程设计文件及相关资料。

⑦ 施工现场情况、工程特点及拟定的投标施工组织设计或施工方案。

⑧ 与建设项目相关的标准、规定等技术资料。

⑨ 市场价格信息或工程造价管理机构发布的工程造价信息。

⑩ 其他相关资料。

2）工程量清单中的每一子目须填入单价或价格，且只允许有一个报价。

3）工程量清单中标价的单价或金额，应采用综合单价，包括所需人工费、材料费、施工机具使用费和企业管理费及利润，还有一定范围内的风险费用。所谓“一定范围内的风险”是指合同约定的风险。

4）已标价工程量清单中投标人没有填入单价或价格的子目，其费用视为已包含在工程量清单中其他已标价的相关子目的单价或合价中。

5）“投标报价汇总表”中的投标总价由分部分项工程费、措施项目费、其他项目费、规费和税金组成，并且“投标报价汇总表”中的投标总价应当与构成已标价工程量清单的分部分项工程费、措施项目费、其他项目费、规费、税金的合计金额一致。

相关链接

工程量清单计价的本质就是要改变政府定价模式，建立起市场形成造价的机制。

3.4.2　投标报价的策略与技巧

建设工程投标报价的策略与技巧，是建设工程投标活动中另一个重要方面，采用一定的策略和技巧，可以增加投标的中标率，又可以获得较大的期望利润。

1. 投标策略

当投标人确定要对某一具体工程投标后，就需采取一定的投标策略，以达到提高中标机会，中标后又能有更多赢利的目的。常见的投标策略有以下几种：

（1）靠提高经营管理水平取胜　这主要靠做好施工组织设计，采用合理的施工技术和施工机械，精心采购材料、设备，选择可靠的分包单位，安排紧凑的施工进度，力求节省管理费用等，从而有效地降低工程成本而获得较大的利润。

（2）靠改进设计和缩短工期取胜　这主要靠仔细研究原设计图纸，发现有不够合理之处，提出能降低造价的设计修改建议，以提高对发包人的吸引力。另外，靠缩短工期取胜，即比规定的工期有所缩短，帮助发包人达到早投产、早收益的目的，有时甚至标价稍高，对发包人也是很有吸引力的。

（3）低利政策　这主要适用于承包任务不足时，与其坐吃山空，不如以低利润承包到一些工程，以此来维持企业运转。此外，承包人初到一个新的地区，为了打入这个地区的承包市场、建立信誉，也往往采用这种策略。

（4）加强索赔管理　有时虽然报价低，却着眼于施工索赔，还能赚到高额利润。

国外的承包企业就常用这种方法，有时报价甚至低于成本。以高薪雇佣1～2名索赔专家，千方百计地从设计图纸、标书、合同中寻找索赔机会。一般索赔金额可达10%～20%。

（5）着眼于发展　为争取将来的优势，而宁愿目前少盈利。例如，承包人为了掌握某种有发展前途的工程施工技术（如建造核电站的反应堆或海洋工程等），就可能采用这种策略。这是一种较有远见的策略。

以上这些策略不是互相排斥的，可根据具体情况，综合灵活运用。

2. 报价技巧

投标策略一经确定，就要具体反映到报价上，但是报价还有它自己的技巧。两者必须相辅相成。

在报价时，对什么工程定价应高，什么工程定价可低，或在一个工程中，在总价无多大出入的情况下，哪些单价宜高，哪些单价宜低，都有一定的技巧。技巧运用得好与坏，得当与否，在一定程度上可以决定工程能否中标和盈利。因此，它是不可忽视的一个环节。下面是一些可供参考的做法。

（1）根据不同的项目特点采用不同的报价　对施工条件差的工程（如场地窄小或地处交通要道等），造价低的小型工程，自己施工上有专长的工程以及由于某些原因自己不想干的工程，报价可高一些；结构比较简单而工程量又较大的工程（如成批住宅区和大量土方工程等），短期能突击完成的工程，企业急需拿到任务以及投标竞争对手较多时，报价可低一些。

海港、码头、特殊构筑物等专业性较强的工程项目报价可高，一般房屋土建工程则报价宜低。

（2）不平衡报价法　不平衡报价，是指在总价基本不变的前提下，如何调整内部各个子项的报价，以期既不影响总报价，又在中标后投标人可以尽早收回垫支于工程中的资金和获取较好的经济效益。但要注意避免畸高畸低现象，以免失去中标机会。通常采用的不平衡报价有下列几种情况：

1）早收钱。对能早期结账收回工程款的项目（如土方、基础等）的单价可报以较高价，以利于资金周转；对后期项目（如装饰、电气设备安装等）单价可适当降低。由于工程款项的结算一般都是按照工程施工的进度进行的，在投标报价时就可以把工程量清单里先完成的工作内容的单价调高，后完成的工作内容的单价调低。尽管后边的单价可能会赔钱，但因为在履行合同的前期早已收回了成本，减少了内部管理的资金占用，有利于流动资金的周转，财务应变能力也得到提高，所以只要保证整个项目最终能够盈利就可以了。采用这样的报价方法不仅能平衡和舒缓承包商资金压力的问题，还能使承包商在工程发生争议时处于有利地位，因此就有索赔和防范风险的意义。如果承包商永远处于收入比支出多的状态，在出现对方违约或不可控制因素的情况下，主动权就掌握在承包商手中，减轻了承包商现场工作人员的压力，对日后的施工也有利，能够形成一种良性循环。

2）多收钱。估计今后工程量可能增加的项目，其单价可提高，而工程量可能减少的项目，其单价可降低。无论由于工程量清单有误或漏项，还是由于设计变更引起新的工程量清单项目或清单项目工程数量的增减，均应按照实际调整。因此如果承包人在报价过程中判断出标书工程数量明显不合理，就可以获得多收钱的机会。例如，某工程项目工程量清单列明的数量为1 000m^3，经过对图纸工程量的审核，有绝对的把握认为数量应为1 500m^3，那么此时就可以把工程量清单里面的单价由10元/m^3提高到13元/m^3，这样在工程结算时就会比一般的报价赚取更多的钱。如果认为工程量清单的工程数量比实际的工程数量要多，实际施工时绝对干不到这个数量，那么就可以把单价报得低一些。这样投标时好像是有损失，但由于实际上并没完成那么多工作量，就会赔很少的一部分。同样，通过对施工图纸的审核，如果发现工程设计有不合理的地方，确信通过后期的运作可以进行变更，那么对很有可能发生变更的项目的报价就应该做适当的调整，以便取得更好的效益。

上述两点要统筹考虑。对于工程量数量有错误的早期工程，如不可能完成工程量表中的数量，则不能盲目抬高单价，需要具体分析后再确定。

3）图纸内容不明确或有错误，估计修改后工程量要增加的，其单价可提高；而工程内容不明确的，其单价可降低。

4）没有工程量只填报单价的项目（如疏浚工程中的开挖淤泥工作等），其单价宜高。这样，既不影响总的投标报价，又可多获利。

5）对于暂定项目，其实施的可能性大的项目，可定高价；估计该工程不一定实施的可定低价。

（3）扩大标价法 这是一种常用的作标报价方法，即除了按正常的已知条件编制标价外，对工程中分析得出的风险估计损失，采用扩大标价，以增加“不可预见费”的方法来减少风险。这种做法，往往会因为总标价过高而失标被淘汰。

（4）逐步升级法 这种作标报价的方法是将投标看成协商的开始，首先对技术规范和图纸说明书进行分析，把工程中的一些难题，如特殊基础等费用最多的部分抛弃（在报价单中加以注明），将标价降至对手无法与其竞争的数额。利用这种最低标价来吸引招标人，从而取得与招标人商谈的机会，再逐步进行费用最多部分的报价。

（5）突然袭击法 这是一种迷惑对手的方法，在整个报价过程中，仍按一般情况进行报价，甚至故意表现出自己对该工程的兴趣不大（或甚大），等快到投标截止时间时，再来一个突然降价（或加价），使竞争对手措手不及。采用这种方法是因为竞争对手们总是随时随地互相侦察着对方的报价情况，绝对保密是很难做到的，如果不搞突然袭击，你的报价若被对手知道，他们就会立即修改报价，从而使你的报价偏高而失标。

（6）先亏后盈法 这是承包人为了占领某一市场，或为了在某一地区打开局面而采取的一种不惜代价只求中标的策略。先亏是为了占领市场，当打开局面后，就会带来更多的工程盈利。

（7）多方案报价法 多方案报价是指投标时发现工程条款不清楚或要求过于苛刻、工程范围不明确时要充分考虑风险。其具体做法：一是按原工程说明书合同条款报一个价，二是加以注解，如工程说明书或合同条款作某些改变时，则可降低多少的费用，再报一个价，以吸引招标人修改说明书和合同条款。

案例回顾

现在来看本节导入案例中提出的问题就很简单明了了。显然该承包人运用的报价技巧就是多方案报价法，该方法在这里运用得很恰当，因为承包人的报价既适用于原付款条件也适用于建议的付款条件。

（8）增加建议方案法 增加建议方案是指在招标文件允许投标单位可以修改原设计方案的前提下，投标人组织有经验的技术人员，针对原方案提出自己更为合理的方案或价格更低的方案来吸引招标人，从而提高自己中标的可能性。这种方法要注意：一是建议方案要比较成熟，具有可操作性；二是即使提出了建议方案，对原招标方案也一定要进行报价。

小知识

多方案报价法和增加建议方案法的异同如下。

它们的关键区别是：多方案报价法为修改合同条款的报价方法；增加建议方案法为修改设计图纸的报价方法。

它们的相同之处是：两者变动前后都要报价；采用这两种报价方法都要有招标文件的许可。

此外，零星用工（计日工）一般可稍高于工程单价表中的工资单价，之所以这样做是因为零星用工不属于承包有效合同总价的范围，发生时实报实销，也可多获利。

练一练

3.4-1 ________________是建设工程投标内容中的重要部分，是整个建设工程投标活动的核心环节。

3.4-2 采用工程量清单招标时，投标报价由________、__________、________和规费、税金五部分组成。

3.4-3 工程量清单计价模式下编制投标报价应采用____________单价。

3.4-4 通常情况下，下列哪些情况承包人应该适当报低价（　　）。

A. 对施工条件差的工程

B. 结构比较简单而工程量又较大的工程

C. 自己施工上有专长的工程以及由于某些原因自己不想干的工程

D. 风险较大的项目

E. 企业急需拿到任务以及投标竞争对手较多时

3.4-5 关于不平衡报价法下列说法正确的是（　　）。

A. 对能早期结账收回工程款的项目的单价可报以较低价

B. 估计今后工程量可能减少的项目，其单价可降低

C. 图纸内容不明确的，其单价可降低

D. 没有工程量只填报单价的项目其单价宜高

E. 对于暂定项目，其实施的可能性大的项目，价格可定高价

3.4-6 谈谈你自己是怎样理解建设工程投标策略的。

3.4-7 常用的报价技巧有哪些？分别适用于哪些情况？

综合案例　工程招标投标案例分析

【案例 1】

知识要点：投标报价的技巧；招标的程序

1. 背景

某承包人通过资格预审后，对招标文件进行了仔细分析，发现招标人所提出的工期要求过于苛刻，且合同条款中规定每拖延 1 天工期罚合同价的 1/1 000。若要保证实现该工期要求，必须采取特殊措施，从而大大增加成本；还发现原设计结构方案采用框架剪力墙体系过于保守。因此，该承包人在投标文件中说明招标人的工期要求难以实现，因而按自己认为的合理工期（比招标人要求的工期增加 6 个月）编制施工进度计划并据此报价；还建议将框架剪力墙体系改为框架体系，并对这两种结构体系进行了技术经济分析和比较，证明框架体系不仅能保证工程结构的可靠性和安全性、增加使用面积、提高空间利用的灵活性，还可降低造价约 3%。该承包人将技术标和商务标分别封装，在封口处加盖本单位公章和项目经理签字后，在投标截止日期前 1 天上午报送招标人。次日（即

投标截止日当天）下午，在规定的开标时间前1小时，该承包人又递交了一份补充材料，其中声明将原报价降低4%。但是，招标单位的有关工作人员认为，根据国际上“一标一投”的惯例，一个承包人不得递交两份投标文件，因而拒收承包人的补充材料。开标会由市招标办的工作人员主持，市公证处有关人员到会，各投标单位代表均到场。开标前，市公证处人员对各投标单位的资质进行审查，并对所有投标文件进行审查，确认所有投标文件均有效后，正式开标。主持人宣读投标单位名称、投标价格、投标工期和有关投标文件的重要说明。

2. 问题

（1）该承包人运用了哪几种报价技巧？其运用是否得当？请逐一加以说明。

（2）从所介绍的背景资料来看，在该项目招标程序中存在哪些问题？请分别作简单说明。

3. 要点分析

本案例主要考核承包人报价技巧的运用，涉及多方案报价法、增加建议方案和突然降价法，还涉及招标程序中的一些问题。多方案报价法和增加建议方案法都是针对招标人的，是承包人发挥自己技术优势、取得招标人信任和好感的有效方法。运用这两种报价技巧的前提均是必须对原招标文件中的有关内容和规定报价，否则即被认为对招标文件未做出“实质性响应”而视为废标。突然降价法是针对竞争对手的，其运用的关键在于突然性，且需保证降价幅度在自己的承受能力范围之内。

本案例关于招标程序的问题仅涉及资格审查的时间、投标文件的有效性和合法性、开标会的主持、公证处人员在开标时的作用。这些问题都应按照《招标投标法》和有关法规的规定回答。

【案例2】

知识要点：标底编制的方法；招标的程序

1. 背景

某市越江隧道工程全部由政府投资。该项目为该市建设规划的重要项目之一，且已列入地方年度固定资产投资计划，概算已经主管部门批准，征地工作尚未全部完成，施工图及有关技术资料齐全。现决定对该项目进行施工招标。因估计除本市施工企业参加投标外，还可能有外省市施工企业参加投标，故招标人委托咨询单位编制了两个标底，准备分别用于对本市和外省市施工企业投标价的评定。招标人对投标单位就招标文件所提出的所有问题统一做了书面答复，并以备忘录的形式分发给各投标单位，为简明起见，采用表格形式，见表3-1。

表3-1　招标文件的书面答复

序　号	问　题	提问单位	提问时间	答　复
1				
…				
n				

在书面答复投标单位的提问后，招标人组织各投标单位进行了施工现场踏勘。在投标截止日期前10天，招标人书面通知各投标单位，由于某种原因，决定将收费站工程从原招标范围内删除。

2. 问题

(1) 该项目的标底应采用什么方法编制？简述其理由。

(2) 招标人对投标单位进行资格预审应包括哪些内容？

(3) 该项目施工招标在哪些方面存在问题或不当之处？请逐一说明。

3. 要点分析

本案例考核施工招标在开标（投标截止日期）之前的有关问题，主要涉及招标方式的选择、招标需具备的条件、招标程序、标底编制的依据、投标单位资格预审等问题。要求根据《招标投标法》和其他有关法律法规的规定，正确分析本工程招标投标过程中存在的问题。因此，在答题时，要根据本案例背景给定的条件回答，不仅要指出错误之处，而且要说明原因。为使条理清晰，应按答题要求逐一说明，而不要笼统作答。

模块回顾

1. 投标人是响应招标、参加投标竞争的法人或者其他组织。按照《招标投标法》的规定，投标人必须具备规定的资格条件。

2. 组建一个强有力的投标班子和配备高素质的各类专业人才，是投标人获得投标成功、取得最佳经济效益的重要保证。

3. 投标人从取得投标资格开始，到投标文件的报送为止，应按照一定的程序开展投标活动，其具体工作过程是接受投标资格预审、投标前的调查与现场踏勘、分析招标文件、校核工程量、编制施工组织设计、投标报价的计算、编制投标文件、准备备忘录提要、递送投标文件。

4. 投标文件的组成内容包括：①投标书及投标书附录；②投标保证金；③法定代表人资格证明书；④授权书、委托书；⑤具有标价的工程量清单与报价表；⑥辅助资料表；⑦施工组织设计；⑧审查表（资格预审的不采用）；⑨联合体共同投标协议书（如有）；⑩对招标文件中的合同协议条款内容的确认和响应；⑪按招标文件规定应提交的其他资料。

5. 投标决策是指投标人在进行充分研究论证后所做出的是否参加投标、投什么样的标的投标决定，包括投标的前期决策和投标的后期决策。

6. 投标报价是整个建设工程投标活动的核心环节，其费用由分部分项工程费、措施项目费、其他项目费、规费和税金五部分组成。投标报价的编制应采用综合单价法。

7. 在实际的投标活动中为了提高中标概率或为了中标后获得更大利润，应采用一定的投标策略和报价技巧。常见的投标策略有：靠提高经营管理水平取胜、靠改进设计和缩短工期取胜、低利政策、加强索赔管理、着眼于发展。常见的报价技巧有：根据不同的项目特点采用不同的报价、不平衡报价法、扩大标价法、逐步升级法、突然袭击法、先亏后盈法、多方案报价法、增加建议方案法、计日工单价的报价法等。

1. 背景

2019年5月，某县污水处理厂为了进行技术改造，决定对污水设备的设计、安装、施工等一揽子工程进行招标。考虑到该项目的一些特殊专业要求，招标人决定采用邀请招标的方式，随后向具备承包条件而且施工经验丰富的A、B、C三家承包人发出投标邀请。A、B、C三家承包单位均接受了邀请并在规定的时间、地点领取了招标文件，招标文件对新型污水设备的设计要求、设计标准等基本内容都做了明确的规定。为了把项目搞好，招标人还根据项目要求的特殊性，主持了项目要求的答疑会，对设计的技术要求做了进一步的解释说明，三家投标单位都如期参加了这次答疑会。在投标截止日期前10天，招标人书面通知各投标单位，由于某种原因，决定将安装工程从原招标范围内删除。接下来三家投标单位都按规定时间提交了投标文件。但投标单位A在送出投标文件后发现由于对招标文件的技术要求理解错误造成了报价估算有较严重的失误，遂赶在投标截止时间前10分钟向招标人递交了一份书面声明，要求撤回已提交的投标文件。由于投标单位A已撤回投标文件，在剩下的B、C两家投标单位中，通过评标委员会专家的综合评价，最终选择了B投标单位为中标单位。

2. 问题

（1）投标单位A提出的撤回投标文件的要求是否合理？为什么？

（2）从所介绍的背景资料来看，在该项目的招投标过程中哪些方面不符合《招标投标法》和《招标投标法实施条例》的有关规定？

模块四　开标、评标、定标与签订合同

学习目标

了解工程开标、评标、定标的概念，熟悉开标、评标的一般程序以及定标的方式，掌握评标委员会的组成、评标的方法、中标标书应满足的条件、中标通知书的发放及合同的签订等。

4.1　开标

导入案例

某院校新建一室内体育运动场馆，由学校基建办负责公开招标事宜。在开标时，该校邀请当地招标办公室的一位领导主持开标会议，按投标书到达的时间编了唱标顺序，以最后送达的投标文件为第一开标单位，最早送达的单位为最后开标单位。本次开标活动你觉得有什么不妥之处吗?

4.1.1　开标的时间、地点

开标是指投标人提交投标文件截止后，招标人依据招标文件中投标人须知前附表规定的时间和地点，开启投标人提交的投标文件，公开宣布投标人的名称、投标价格及投标文件中的其他主要内容的活动。

公开招标和邀请招标均应举行开标会议，体现招标的公平、公正和公开原则。开标应当在招标文件确定提交投标文件截止时间的同一时间公开进行，开标地点应当为招标文件中规定的地点。有建设工程交易中心的，依法必须招标的项目应在建设工程交易中心举行。开标由招标人主持，邀请所有投标人参加。在投标截止期前收到的所有投标文件，包括投标致函中提出的附加条件、补充声明、优惠条件、替代方案等，开标时都应当当众予以拆封、宣读。开标过程应当记录，并存档备查。开标后，任何投标人都不允许更改投标书的内容和报价，也不允许再增加优惠条件。

案例回顾

导入案例中由当地招标办公室的一位领导主持开标会议是不妥的，按规定，开标应由招标人主持。

4.1.2　开标程序

开标会议由招标人主持，应按下列程序进行开标。

1）由主持人宣读开标大会纪律，如关闭手机等要求。

2）公布在投标截止时间前递交投标文件的投标人名称，并按照签到表宣读到场的投标人。

3）宣读参加开标会的开标人、唱标人、记录人、监标人等有关人员的姓名。

4）按照投标人须知前附表的规定，由投标人或者其推选的代表检查投标文件的密封情况，也可以由招标人委托的公证机构检查并公证。

5）设有标底的，当众拆封并宣读标底。

6）按照宣布的开标顺序当众开标，公布投标人名称、标段名称、投标价格、质量目标、工期、投标保证金的递交情况及其他主要内容，并记录在案。

7）参加开标会的投标人代表、招标人代表、监标人、记录人等有关人员在开标记录上签字确认。

8）开标结束。

相关链接

《工程建设项目施工招标投标办法》规定，在开标时，投标文件出现下列情形之一的，应当作为无效投标文件，不得进入评标环节。

1）投标文件未按招标文件的要求予以密封的。

2）投标文件中的投标函未加盖投标人的企业及企业法定代表人印章的，或者企业法定代表人委托代理人没有合法、有效的委托书（原件）及委托代理人印章的。

3）投标文件的关键内容字迹模糊、无法辨认的。

4）投标人未按招标文件的要求提供投标保函或者投标保证金的。

5）组成联合体投标的，投标文件未附联合体各方共同投标协议的。

［思政引导］　开标会的组织是招标代理人的基本业务，各行业的职业精神和职业规范对工作效果都有重大影响，学生需增强职业责任感，培养遵纪守法、爱岗敬业的精神。

练一练

4.1-1　开标时间与招标文件规定的提交投标文件截止时间应当是__________。

4.1-2　开标会议应当由________主持。

4.1-3　参加开标会议的一般有（　　）。

A. 招标人代表　　B. 招标代理人　　C. 投标人

D. 评委　　　　　　　　E. 监标人

4.1-4 在开标时，投标文件出现下列（　　）情形的，应当作为无效投标文件。

A. 投标报价低于成本的

B. 投标文件未按招标文件的要求予以密封的

C. 投标文件中的投标函未加盖投标人的企业印章的

D. 投标文件的关键内容字迹模糊、无法辨认的

E. 未按招标文件的要求提供投标保证金的

4.2 评标

导入案例

某单位办公楼工程准备对外招标，评标委员会共5人，该单位领导聘请了上级主管部门的两位领导来参加评标，同时请本单位刚从某大学建设工程管理专业毕业的小张同志也参加评标。在确定并宣布中标单位后被当地建设行政主管部门告知本次评标无效，这是什么原因呢？

4.2.1 评标的概念

评标就是指评标委员会根据招标文件规定的评标标准和方法，对投标人递交的投标文件进行审查、比较、分析和评判，以确定中标候选人或直接确定中标人的过程。

国家发展计划委员会（现国家发展和改革委员会）2001年8月1日发布施行的《评标委员会和评标方法暂行规定》指出：评标活动应遵循公平、公正、科学、择优的原则。评标活动依法进行，任何单位和个人不得非法干预或者影响评标过程和结果。实际操作中应做到平等竞争、机会均等，在评标定标过程中，对任何投标者均应采用招标文件中规定的评标定标办法，统一用一个标准衡量，保证投标人能平等地参加竞争。对投标人来说，评标定标办法都是客观的，不存在带有倾向性的、对某一方有利或不利的条款，中标的机会均等。

1. 客观公正，科学合理

对投标文件的评价、比较和分析，要客观公正，不以主观好恶为标准，不带成见，真正在投标文件的响应性、技术性、经济性等方面客观地评定其差别和优劣。采用的评标定标方法，对评审指标的设置和评分标准的具体划分，都要在充分考虑招标项目的具体特征和招标人合理意愿的基础上，尽量避免和减少人为的因素，做到科学合理。

2. 实事求是，择优定标

对投标文件的评审，要从实际出发，尊重现实，实事求是。评标定标活动既要全面，也要有重点，不能泛泛进行。任何一个招标项目都有自己的具体内容和特点，招标人作为合同一方主体，对合同的签订和履行负有其他任何单位和个人都无法替代的责任，在其他条件同等的情况下，应该允许招标人选择更符合工程特点和自己招标意愿的投标人中标。招标评标办法可根据具体情况，侧重于工期或价格、质量、信誉等一两个重点，在全面评审的基础上作合理取舍。

施工评标定标的主要原则包括：标价合理、工期适当、施工方案科学合理、施工技术先

进，质量合格、安全保证措施切实可行、有良好的施工业绩和社会信誉。

4.2.2 评标组织的形式

评标组织由招标人的代表和有关经济、技术等方面的专家组成。其具体形式为评标委员会，实践中也有是评标小组的。

1. 设立评标委员会的法规依据

《招标投标法》明确规定：评标委员会由招标人负责组建，评标委员会成员名单一般应于开标前确定。评标委员会成员名单在中标结果确定前应当保密。《评标委员会和评标方法暂行规定》规定：依法必须进行施工招标的工程，其评标委员会由招标人的代表和有关技术、经济等方面的专家组成，成员人数为 5 人以上的单数，其中招标人、招标代理机构以外的技术、经济等方面专家不得少于成员总数的 2/3。评标委员会的专家成员，应当由招标人从建设行政主管部门及其他有关政府部门确定的专家名册或者工程招标代理机构的专家库内相关专业的专家名单中确定。确定专家成员一般应当采取随机抽取的方式，特殊招标项目可以由招标人直接确定。与投标人有利害关系的人不得进入相关工程的评标委员会。

国家发展计划委员会（现国家发展和改革委员会）制定的自 2003 年 4 月 1 日起实施的《评标专家和评标专家库管理暂行办法》做出了组建评标专家库的规定，指出：评标专家库由省级（含，下同）以上人民政府有关部门或者依法成立的招标代理机构依照《招标投标法》的规定自主组建。

评标专家库的组建活动应当公开，接受公众监督。政府投资项目的评标专家，必须从政府有关部门组建的评标专家库中抽取。省级以上人民政府有关部门组建评标专家库，应当有利于打破地区封锁，实现评标专家资源共享。

案例回顾

导入案例评标无效源于评标委员会 3/5 的人是发包人代表，不符合评标委员会组成的规定，规定要求技术、经济等方面专家不得少于成员总数的 2/3，所以建设行政主管部门告知本次评标无效。

《评标委员会和评标方法暂行规定》规定评标委员应了解和熟悉以下内容：招标的目标；招标项目的范围和性质；招标文件中规定的主要技术要求、标准和商务条款；招标文件规定的评标标准、评标方法和在评标过程中考虑的相关因素。

2. 评标委员会的工作原则

1）推荐招标文件规定数量的中标候选人，并标明排名次序。

2）根据招标人的授权，直接确定中标人。

3）建议招标人重新招标。

小知识

入选评标专家库的专家，必须具备如下条件：

1）从事相关专业领域工作满八年并具有高级职称或同等专业水平。

2）熟悉有关招标投标的法律法规。

3）能够认真、公正、诚实、廉洁地履行职责。

4）身体健康，能够承担评标工作。

［思政引导］ 评标委员会的组建应体现出招标投标的公平公正原则，评标委员会不依法评标应承担法律责任；强调无论从事哪一行业都应具有遵纪守法、爱岗敬业、无私奉献、诚实守信的职业品格和行为习惯。

4.2.3 评标方法

房屋建筑及市政基础设施工程施工招标评标方法一般分为：综合评估法和经评审的最低投标价法两大类。

《招标投标法》第41条所规定的中标的投标文件应该具备下列条件之一：

1）能够最大限度地满足招标文件中规定的各项综合评价标准。

2）能够满足招标文件的实质性要求，并且经评审的投标价格最低。

两类评标办法都必须遵守“但是投标价格低于成本的除外”的规定。

1. 综合评估法

（1）综合评估法的主要特征 综合评估法是以投标文件能否最大限度地满足招标文件规定的各项综合评价标准为前提，在全面评审商务标、技术标、综合标等内容的基础上，评判投标人关于具体招标项目的技术、施工、管理难点把握的准确程度、技术措施采用的恰当和适用程度、管理资源投入的合理及充分程度等。一般采用量化评分的办法，商务部分不得低于60%，技术部分一般不高于40%，综合投标价格、施工方案、进度安排、生产资源投入、企业实力和业绩、项目经理等各项因素的评分，按最终得分的高低确定中标候选人排序，原则上综合得分最高的投标人为中标人。

（2）综合评估法的适用范围 综合评估法强调的是最大限度地满足招标文件的各项要求，将技术和经济因素综合在一起决定投标文件质量优劣，不仅强调价格因素，也强调技术因素和综合实力因素。综合评估法一般适用于招标人对招标项目的技术、性能有特殊要求的招标项目。同时，也适用于建设规模较大，履约工期较长，技术复杂，质量、工期和成本受不同施工方案影响较大，工程管理要求较高的施工招标的评标。

2. 经评审的最低投标价法

（1）经评审的最低投标价法的主要特征 评审的内容基本上与综合评估法一致，是以投标文件是否能完全满足招标文件的实质性要求和投标报价是否低于成本价为大前提，以经评审的、不低于成本的最低投标价为标准，由低向高排序而确定中标候选人。技术部分一般采用合格制评审的方法，在技术部分满足招标文件要求的基础上，最终以投标价格作为决定中标人的唯一因素。

（2）经评审的最低投标价法的适用范围 经评审的最低投标价法强调的是优惠且合理的价格。适用于具有通用技术，性能标准或者招标人对其技术、性能没有特殊要求，工期较短，质量、工期、成本受不同施工方案影响较小，工程管理要求一般的施工招标的评标。

［思政引导］ 经评审的最低投标价是以投标文件是否能完全满足招标文件的实质性要求和

投标报价是否低于成本为大前提；引导学生了解价值原理，知道成本是价格的最低经济界限。

相关链接

必须注意的是，投标报价不得低于成本，这里的成本应理解为投标人自己的个别成本，而不是社会平均成本。

4.2.4　评标的程序

1. 评标准备工作

按照要求组建评标委员会，对评标委员会成员进行分工，专家熟悉相关文件资料。如果适用“暗标”评审，对“暗标”进行编号等。如果评标办法所附的表格不能满足评标需要的，还要准备相应的补充表格。

小知识

在招标实践中为了减少人为感情因素的影响，技术标部分在隐去投标人身份的条件下进行，此种评审方法称为“暗标”评审。

2. 初步评审

初步评审也称符合性评审，主要包括检验投标文件的符合性和核对投标报价，确保投标文件响应招标文件的要求，按法律法规剔除废标。

小知识

招标文件中一般都有关于废标的规定，招标人不可以随意设立废标条件，应当遵循下列原则：

1）评标办法中的废标条件，应当与招标文件的规定相互呼应，集中反映招标文件其他组成部分和内容中对投标文件的强制性要求（实质性要求，不响应即构成重大偏差）。除了在招标文件中被明确定义为实质性要求并且以醒目方式标明的内容外，还应反映那些使用了“必须”“不得”“应当”“不允许”等措辞的要求。

2）废标条件的设立应当符合现行有关法律法规的规定。法律法规没有禁止性规定的、非歧视性的条件均可设立。

3）废标条件应当遵循审慎设立、严格执行的原则。废标条件不应偏离招标投标活动的根本目的，过分强调一些细节的东西，对某些不属于违反法律法规规定的“大是大非”问题，一般不要设立为废标条件。

4）废标条件应当集中列示，以方便投标人准备投标文件和评标委员会评标时查找对照。还要注意前后不要重复，以免因前后不一致，无所适从，引起争议。

5）废标条件的界定应当做到要求内容清楚、准确、完整，避免出现理解上的偏差。

依照招标文件中设立的废标条件，初步评审一般应包括下列内容。

1）投标书的有效性。审查投标人是否与资格预审名单一致；递交的投标保函的金额和有效期是否符合招标文件的规定等。

2）投标书的完整性。投标书是否包括了招标文件规定应递交的全部文件。例如，除报价单外，是否按要求提交了工作进度计划表、施工方案、合同付款计划表、主要施工设备清单等招标文件中要求的所有材料。如果缺少一项内容，则无法进行客观公正的评价，则该投标书只能按废标处理。

3）投标书与招标文件的一致性。如果招标文件指明是反应标，则投标书必须严格地对招标文件的每一空白格做出回答，不得有任何修改或附带条件。当投标人对任何栏目的规定有说明要求时，只能在原标书完全应答的基础上，以投标致函的方式另行提出自己的建议。对原标书私自做任何修改或用括号注明条件，都会违背或与招标人的招标要求不一致，也按废标对待。

4）报价计算的正确性。由于只是初步评审，不详细研究各项目报价金额是否合理、准确，而仅审核报价是否有算术性错误。若出现的错误在规定的允许范围内，则可由评标委员会予以修正，并请投标人签字确认。若投标人拒绝修正，其投标按废标处理。投标报价算术性错误的修正原则如下：

① 如果数字表示的金额与文字表示的金额有出入，以文字表示的金额为准。

② 如果单价和数量的乘积与总价不一致，要以单价为准。若属于明显的小数点错误，则以标书的总价为准。

③ 副本与正本不一致，以正本为准。

经过审查，只有合格的标书才有资格进入下一轮的详评。对合格的标书再按报价由低到高重新排名。因为排除了一些废标和对报价错误进行了某些修正后，这个名次可能和开标时的名次不一致。一般情况下，评标委员会会把新名单中的前几名作为初步备选的潜在中标人，并在详评阶段将其作为重点评价的对象。

小知识

《招标投标法实施条例》第51条规定，有下列情形之一的，评标委员会应当否决其投标。

1）投标文件未经投标单位盖章和单位负责人签字。

2）投标联合体没有提交共同投标协议。

3）投标人不符合国家或者招标文件规定的资格条件。

4）同一投标人提交两个以上不同的投标文件或者投标报价，但招标文件要求提交备选投标的除外。

5）投标报价低于成本或者高于招标文件设定的最高投标限价。

6）投标文件没有对招标文件的实质性要求和条件做出响应。

7）投标人有串通投标、弄虚作假、行贿等违法行为。

3. 详细评审

详细评审的内容一般包括以下5个方面（如果未进行资格预审，则在评标时同时进行资格审查）。

（1）价格分析　价格分析不仅要对各标书的报价数额进行比较，还要对主要工作内容和主要工程量的单价进行分析，并对价格组成各部分比例的合理性进行评价。分析投标价的目的在于鉴定各投标价的合理性。

1）报价构成分析。用标底价与标书中各单项合计价、各分项工程的单价以及总价进行比照分析，对差异比较大的地方找出其产生的原因，从而评定报价是否合理。

2）计日工报价分析。分析投标报价时难以明确计量的工程量以及计日工报价的机械台班费和人工费单价的合理性。

3）分析不平衡报价的变化幅度。虽然允许投标人为了解决前期施工中资金流通的困难采用不平衡报价法投标，但不允许有严重的不平衡报价，否则会大大地提高前期工程的付款要求。

4）资金流量的比较和分析。审查所列数据的依据，进一步复核投标人的财务实力和资信可靠程度；审查其支付计划中预付款和滞留金的安排与招标文件是否一致；分析投标人资金流量和其施工进度之间的相互关系；分析招标人资金流量的合理性。

5）分析投标人提出的财务或付款方面的建议和优惠条件，如延期付款、垫资承包等，并估计接受其建议的利弊，特别是接受财务方面建议后可能导致的风险。

（2）技术评审　技术评审主要是对投标人的实施方案进行评定，包括以下内容：

1）施工总体布置。着重评审布置的合理性。对分阶段实施还应评审各阶段之间的衔接方式是否合适以及如何避免与其他承包人之间（如果有的话）发生作业干扰。

2）施工进度计划。首先要看进度计划是否满足招标要求，进而再评价其是否科学和严谨以及是否切实可行。招标人有阶段工期要求的工程项目对里程碑工期的实现也要进行评价。评审时要依据施工方案中计划配置的施工设备、生产能力、材料供应、劳务安排、自然条件、工程量大小等诸因素，将重点放在审查作业循环和施工组织是否满足施工高峰月的强度要求，从而确定其总进度计划是否建立在可靠的基础上。

3）施工方法和技术措施。主要评审各单项工程所采取的方法、程序技术与组织措施。包括所配备的施工设备性能是否合适、数量是否充分；采用的施工方法是否既能保证工程质量，又能加快进度并减少干扰；安全保证措施是否可靠等。

4）材料和设备。规定由承包人提供或采购的材料和设备，是否在质量和性能方面满足设计要求和招标文件中的标准。必要时可要求投标人进一步报送主要材料和设备的样本、技术说明书或型号、规格、地址等资料，评审人员可以从这些材料中审查和判断其技术性能是否可靠和达到设计要求。

5）技术建议和替代方案。对投标书中提出的技术建议和可供选择的替代方案，评标委员会应进行认真细致的研究，评定该方案是否会影响工程的技术性能和质量，在分析技术建议和替代方案的可行性和技术经济价值后，考虑是否可以全部采纳或部分采纳。

（3）管理和技术能力的评价　管理和技术能力的评价重点放在承包人实施工程的具体组织机构和施工鼓励的保障措施方面，即对主要施工方法、施工设备以及施工进度进行评审，对所列施工设备清单进行审核。审查投标人拟投入到本工程的施工设备数量是否符合施工进度要求以及施工方法是否先进、合理，是否满足招标文件的要求，目前缺少的设备是采用购置还是租赁的方法来解决等。此外，还要对承包人拥有的施工机具在其他工程项目上的使用情况进行分析，预测能转移到本工程上的时间和数量，是否与进度计划的需求量相一致；重点审查投标人所提出的质量保证体系的方案、措施等是否能满足本工程的要求。

（4）对拟派该项目主要管理人员和技术人员的评价　要拥有一定数量有资质、有丰富工作经验的管理人员和技术人员。对于投标人的经历和财力，在资格预审时已通过，一般不作为评比条件。

（5）商务法律评审　这部分是对招标文件的响应性检查，主要包括以下内容：

1）投标书与招标文件是否有重大实质性偏离。投标人是否愿意承担合同约定的全部义务。

2）对合同文件某些条款的修改建议的采用价值。

3）审查商务优惠条件的实用价值。

在评标过程中，如果发现投标人在投标文件中存在没有阐述清楚的地方，一般可召开澄清会议，由评标委员会提出问题，要求投标人提交书面正式答复。澄清问题的书面文件不允许对原投标书做出实质上的修改，也不允许变更报价，因为《招标投标法》第29条规定，投标人只能在提交投标文件的截止日前才可对投标文件进行修改和补充。

《工程建设施工招标投标管理办法》规定在有下列情形时，评标委员会可以要求投标人做出书面说明并提供相关材料：设有标底的，投标报价低于标底合理幅度的；不设标底的，投标报价明显低于其他投标报价，有可能低于其企业成本的，经评标委员会论证，认定该投标人的报价低于其企业成本的，不能推荐为中标候选人或者中标人。

小知识

《招标投标法实施条例》规定，招标项目设有标底的，标底只能作为评标的参考，不得以投标报价是否接近标底作为中标条件，也不得以投标报价超过标底上下浮动范围作为否决投标的条件。

4.2.5 评标报告

根据《招标投标法》第40条和《评标委员会和评标方法暂行规定》的规定，评标委员会完成评标后，应向招标人提出书面评标报告。评标报告应当如实记载以下内容：

1）基本情况和数据表；

2）评标委员会成员名单；

3）开标记录；

4）符合要求的投标人一览表；

5）废标情况说明；

6）评标标准、评标方法或者评标因素一览表；

7）经评审的价格或者评分比较一览表；

8）经评审的投标人排序；

9）推荐的中标候选人名单与签订合同前要处理的事宜；

10）澄清、说明、补正事项纪要。

评标报告由评标委员会全体成员签字。评标委员会成员拒绝在评标报告上签字且不陈述其不同意见和理由的，视为同意评标结论。

小知识

评标委员会要根据投标人须知前附表的要求数量推荐中标候选人，并按照顺序来排列，如果招标人授权评标委员会直接确定中标人，那么评标委员会可以直接确定中标人。

4.2.6　关于禁止串标的有关规定

招标投标活动应当遵循“公开、公平、公正和诚实信用”的原则。禁止投标人以不正当竞争行为破坏招标投标活动的公正性，损害国家、社会及他人的合法权益。我国的《建筑法》《招标投标法》《评标委员会和评标方法暂行规定》《招标投标法实施条例》都有禁止串标的有关规定。

1）《招标投标法》第 32 条指出：投标人不得相互串通投标报价，不得排挤其他投标人的公平竞争，损害招标人或者其他投标人的合法权益。《招标投标法实施条例》第 39 条规定：有下列情形之一的，属于投标人相互串通投标。

① 投标人之间协商投标报价等投标文件的实质性内容。

② 投标人之间约定中标人。

③ 投标人之间约定部分投标人放弃投标或者中标。

④ 属于同一集团、协会、商会等组织成员的投标人按照该组织要求协同投标。

⑤ 投标人之间为谋取中标或者排斥特定投标人而采取的其他联合行动。

2）《招标投标法》第 32 条指出：投标人不得与招标人串通投标，损害国家利益、社会公共利益或者他人的合法权益。《招标投标法实施条例》第 41 条规定：有下列情形之一的，属于招标人与投标人串通投标。

① 招标人在开标前开启投标文件并将有关信息泄露给其他投标人。

② 招标人直接或者间接向投标人泄露标底、评标委员会成员等信息。

③ 招标人明示或者暗示投标人压低或者抬高投标报价。

④ 招标人授意投标人撤换、修改投标文件。

⑤ 招标人明示或者暗示投标人为特定投标人中标提供方便。

⑥ 招标人与投标人为谋求特定投标人中标而采取的其他串通行为。

3）《招标投标法实施条例》第 40 条规定，有下列情形之一的，视为投标人相互串通投标：

① 不同投标人的投标文件由同一单位或者个人编制。

② 不同投标人委托同一单位或者个人办理投标事宜。

③ 不同投标人的投标文件载明的项目管理成员为同一人。

④ 不同投标人的投标文件异常一致或者投标报价呈规律性差异。

⑤ 不同投标人的投标文件相互混装。

⑥ 不同投标人的投标保证金从同一单位或者个人的账户转出。

除此之外，《招标投标法》还指出：禁止投标人以向招标人或者评标委员会成员行贿的手段谋取中标；投标人不得以低于成本的报价竞标，也不得以他人名义投标或者以其他方式弄虚作假，骗取中标等。在评标过程中，评标委员会发现投标人以他人的名义投标、串通投标、以行贿手段谋取中标或者以其他弄虚作假方式投标的，该投标人的投标应作废标处理。

练一练

4.2-1 评标方法一般分为__________________和__________________两大类。

4.2-2 评标委员会的组成人员中，要求技术经济方面的专家不得少于成员总数的(　　)。

A. 1/2　　B. 2/3　　C. 1/3　　D. 1/5

4.2-3 下列关于评标说法正确的是（　　）。

A. 投标文件附有招标人不能接受的条件时均按废标处理

B. 当投标报价文件中的数字表示的金额与文字表示的金额有出入时，以数字表示的金额为准

C. 确定评标委员会的专家成员均应当采取随机抽取的方式

D. 与投标人有利害关系的人不得进入相关工程的评标委员会

E. 评标报告不一定要由全体评标人员签字

4.2-4 入选评标专家库的专家，必须具备哪些条件?

4.2-5 国家关于禁止串标都有哪些规定?

4.2-6 投标文件出现哪些情况属于是重大偏差?

4.2-7 评标报告应包含的内容有哪些?

4.3 定标与签订合同

导入案例

甲单位的某办公楼工程施工项目经过严格的招标程序后，决定乙施工单位为中标人，双方经过合同谈判后签订了施工合同。一周后，甲方以合同价过高为由，要求乙施工单位与其另行签订一份价格下降10%的合同，乙施工单位答应并签订了该合同。请问，这两份合同到底哪一份有效呢?

4.3.1 定标的概念

定标即通过评标确定最佳中标人并授予合同的过程，是招标人决定中标人的行为。在这一阶段，招标单位所要进行的工作有：决定中标人；通知中标人其投标已经被接受；向中标人发放中标通知书；通知所有未中标的投标人；并向其退还投标保证金等。

确定中标人前，招标人不得与投标人就投标价格、投标方案等实质性内容进行谈判。招标人应该根据评标委员会提出的评标报告和推荐的中标候选人确定中标人，也可以授权评标委员会直接确定中标人。中标人确定后，招标人向中标人发出中标通知书，同时将中标结果通知所有未中标的投标人并退还投标保证金或保函。中标通知书对招标人和中标人具有法律

效力，招标人改变中标结果或中标人拒绝签订合同均要承担相应的法律责任。

小知识

评标结束应当产生出定标结果。定标应当择优，在招标人授权下能当场定标的，应当场宣布中标人；不能当场定标的，中小型项目应在开标之后7天内定标，大型项目应在开标之后14天内定标；特殊情况需要延长定标期限的，应经招标投标管理机构同意。招标人应当自定标之日起15天内向招标投标管理机构提交招标投标情况的书面报告。

中标通知书发出后的30天内，双方应按照招标文件和投标文件订立书面合同，不得作实质性修改。招标人不得向中标人提出任何不合理要求作为订立合同的条件，双方也不得私下订立背离合同实质性内容的协议。

招标人或者招标投标中介机构应当将中标结果书面通知所有投标人。招标人与中标人应当按照招标文件的规定和中标结果签订书面合同。

授予合同习惯上也称签订合同，因为实际上它是由招标人将合同授予中标人并由双方签署的行为。在这一阶段，双方通常对标书中的内容进行确认，并依据标书签订正式合同。为保证合同履行，签订合同后，中标的供应商或承包人还应向采购人或发包人提交一定形式的担保书或担保金。

4.3.2　中标通知书的发出

中标人确定后，招标人应当向中标人发出中标通知书，并同时将中标结果通知所有未中标的投标人。中标通知书对招标人和中标人具有法律效力。中标通知书发出后，招标人改变中标结果的，或者中标人放弃中标项目的，都应当依法承担法律责任。

4.3.3　签订工程合同

在签订合同前，中标人应按投标人须知前附表规定的金额、担保形式和招标文件规定的履约担保格式向招标人提交履约保证金。联合体中标的，其履约担保由牵头人递交。中标人不能按要求提交履约担保的，视为放弃中标，其投标保证金不予退还；中标人无正当理由拒签合同的，招标人取消其中标资格，其投标保证金不予退还；给招标人造成的损失超过投标保证金数额的，中标人还应当对超过部分予以赔偿。

小知识

《招标投标法实施条例》规定，履约保证金不得超过中标合同金额的10%。

招标人与中标人签订合同后5天内，应当向中标人和未中标的投标人退还投标保证金及银行同期存款利息。

中标人应当按照合同约定履行义务，完成中标项目。中标人不得向他人转让中标项目，也不得将中标项目肢解后分别向他人转让。中标人按照合同约定或者经招标人同意，可以将中标项目的部分非主体、非关键性工作分包给他人完成。接受分包的单位应当具备相应的资格条件，并不得再次分包。中标人与分包人就分包项目向招标人承担连带责任。

案例回顾

现在来回顾我们本节的导入案例，就不难看出甲乙双方签订的第二份价格下调 10% 的合同明显是与第一份合同有实质性背离的，这是不允许的，所以第二份合同无效。

练一练

4.3-1 确定中标人前，招标人不得与投标人就__________、___________等实质性内容进行谈判。

4.3-2 中标人确定后，招标人向中标人发出_____________，同时将中标结果通知所有未中标的投标人，并退还其___________。

4.3-3 中标通知书发出后的___________天内，双方应按照招标文件和投标文件订立书面合同。

4.3-4 简要说明中标的标书一般应满足什么条件。

综合案例 开标、评标、定标案例分析

【案例 1】

背景：某工程项目的建设单位通过招标选择了一家具有相应资质的监理单位承担施工招标代理和施工阶段监理工作，并在监理中标通知书发出后第 45 天，与该监理单位签订了委托监理合同。之后双方又另行签订了一份监理酬金比监理中标价降低 10% 的协议。

在施工公开招标中，有 A、B、C、D、E、F、G、H 等施工单位报名投标，经监理单位资格预审均符合要求，但建设单位以 A 施工单位是外地企业为由不同意其参加投标，而监理单位坚持认为 A 施工单位有资格参加投标。

评标委员会由 5 人组成，其中当地建设行政管理部门的招标投标管理办公室主任 1 人、建设单位代表 1 人、从政府提供的专家库中抽取的技术经济专家 3 人。

评标时发现，B 施工单位投标报价明显低于其他投标单位报价且未能合理说明理由；D 施工单位投标报价大写金额小于小写金额；F 施工单位投标文件提供的检验标准和方法不符合招标文件的要求；H 施工单位投标文件中某分项工程的报价有个别漏项；其他施工单位的投标文件均符合招标文件要求。

建设单位最终确定 G 施工单位中标，并按照《建设工程施工合同（示范文本）》与该施工单位签订了施工合同。

问题：

1. 指出建设单位在监理招标和委托监理合同签订过程中的不妥之处，并说明理由。
2. 在施工招标资格预审中，监理单位认为 A 施工单位有资格参加投标是否正确？说明

理由。

3. 指出施工招标评标委员会组成的不妥之处，说明理由，并写出正确做法。

4. 判别B、D、F、H这4家施工单位的投标是否为有效标？说明理由。

案例分析：

本案例考核《招标投标法》中关于招标投标程序的若干问题，主要涉及投标资格、合同的签订、评标委员会人员的组成、评标时重大偏差和细微偏差的区分等。其中特别要注意重大偏差和细微偏差的区分。

【案例2】

背景：某办公楼的招标人于2020年10月11日向具备承担该项目能力的A、B、C、D、E这5家承包人发出投标邀请书，其中说明，10月17—18日9:00～16:00在该招标人总工程师室领取招标文件，11月8日14:00为投标截止时间。该5家承包人均接受邀请，并按规定时间提交了投标文件。但承包人A在送出投标文件后发现报价估算有严重的失误，遂赶在投标截止时间前10分钟递交了一份书面声明，撤回已提交的投标文件。

开标时，由招标人委托的公证处人员检查投标文件的密封情况，确认无误后，由工作人员当众拆封。由于承包人A已撤回投标文件，故招标人宣布有B、C、D、E共4家承包人投标，并宣布该4家承包人的投标价格、工期和其他主要内容。

评标委员会委员由招标人直接确定，共由7人组成，其中招标人代表3人，当地招标投标办公室主任1人，本系统技术专家2人、经济专家1人。

在评标过程中，评标委员会要求B、D两投标人分别对其施工方案进行详细说明，并对若干技术要点和难点提出问题，要求其提出具体、可靠的实施措施。作为评标委员的招标人代表希望承包人B再适当考虑一下降低报价的可能性。

按照招标文件确定承包人B为中标人。由于承包人B为外地企业，招标人于11月10日将中标通知书以挂号信方式寄出，承包人B于11月14日收到中标通知书。

由于从报价情况来看，4个投标人的报价从低到高的顺序依次为D、C、B、E，因此从11月16日至12月11日招标人又与承包人B就合同价格进行了多次谈判，结果承包人B将价格降到略低于承包人C的报价水平，最终双方于12月2日签订了书面合同。

问题：

1. 从招标投标的性质看，本案例中的要约邀请、要约和承诺的具体表现是什么？

2. 从所介绍的背景资料来看，在该项目的招标投标程序中有哪些方面不符合《招标投标法》的有关规定？请逐一说明。

案例分析：

本案例考核招标投标程序从发出投标邀请书到中标之间的若干问题，主要涉及招标投标的性质、投标文件的递交和撤回、投标文件的拆封和宣读、评标委员会的组成及其确定、评标过程中评标委员会的行为、中标通知书的生效时间、中标通知书发出后招标人的行为以及招标人和投标人订立书面合同的时间等。其中，特别要注意中标通知书的生效时间。从招标投标的性质来看，招标公告或投标邀请书是要约邀请，投标是要约，中标通知书是承诺。按《中华人民共和国合同法》（以下简称《合同法》）第16条规定，承诺通知到达要约人时生效，这就是承诺生效的“到达主义”。然而，中标通知书作为

《招标投标法》规定的承诺行为，与《合同法》规定的一般性承诺不同，它的生效不是采取“到达主义”，而是采取“投邮主义”，即中标通知书一经发出就生效，就对招标人和投标人产生约束力。

【案例3】

背景： 某大型工程，由于技术难度大，对施工单位的施工设备和同类工程施工经验要求高，而且对工期的要求也比较紧迫。建设单位在对有关单位和在建工程考察的基础上，仅邀请了3家国有一级施工企业参加投标，并预先与咨询单位和该3家施工单位共同研究确定了施工方案。业主要求投标单位将技术标和商务标分别装订报送。经招标领导小组研究确定的评标规定如下。

(1) 技术标共30分，其中施工方案10分（因已确定施工方案，各投标单位均得10分)、施工总工期10分、工程质量10分。满足业主总工期要求（36个月）者得4分，每提前1个月加1分，不满足者不得分；自报工程质量合格者得4分，自报工程质量优良者得6分（若实际工程质量未达到优良将扣罚合同价的2%)，近3年内获鲁班工程奖每项加2分，获省优工程奖每项加1分。

(2) 商务标共70分。以各投标人投标报价的算术平均值为基准价。报价为基准价的98%者得满分（70分)。在此基础上，报价比基准价每下降1%，扣1分，每上升1%，扣2分（计分按四舍五入取整)。各投标单位标书的主要数据见表4-1。

表4-1 各投标单位标书的主要数据

投标单位	报价/亿元	总工期/月	自报工程质量	鲁班工程奖	省优工程奖
A	35.642	33	优良	1	1
B	34.364	31	优良	0	2
C	33.867	32	合格	0	1

问题：

1. 该工程采用邀请招标方式且仅邀请3家施工单位投标，是否违反有关规定？为什么？
2. 请按综合得分最高者中标的原则确定中标单位。

案例分析：

本案例考核招标方式和评标方法的运用。要求熟悉邀请招标的运用条件及有关规定，并能根据给定的评标办法正确选择中标单位。本案例所规定的评标办法排除了主观因素，因而各投标单位的技术标和商务标的得分均为客观得分。但是，这种“客观得分”是在主观规定的评标方法的前提下得出的，实际上不是绝对客观的。因此，当各投标单位的得分较为接近时，需要慎重决策。

问题1：不违反（或符合）有关规定。因为根据有关规定，对于技术复杂的工程，允许采用邀请招标方式，且邀请参加投标的单位不得少于3家。

问题2：计算各投标单位的技术标得分见表4-2。

表 4-2　各投标单位的技术标得分

投标单位	施工方案	总工期	工程质量	合计
A	10	4+(36-33)×1=7	6+2+1=9	26
B	10	4+(36-31)×1=9	6+1×2=8	27
C	10	4+(36-32)×1=8	4+1=5	23

计算各投标单位的商务标得分。

基准价 = (35.642+34.364+33.867)/3 亿元≈34.624 亿元

A：35.642/34.624×100% =102.94%(102.94-98)×2≈10　70-10=60

B：34.364/34.624×100% =99.24%　(99.24-98)×2≈2　70-2=68

C：33.867/34.624×100% =97.81%　(98-97.81)×1≈0　70-0=70

计算各投标单位的综合得分。

A：26+60=86

B：27+68=95

C：23+70=93

因为 B 公司综合得分最高，故应选择 B 公司为中标单位。

模块回顾

1. 评标就是指评标委员会根据招标文件规定的评标标准和方法，对投标人递交的投标文件进行审查、比较、分析和评判，以确定中标候选人或直接确定中标人的过程。评标活动应遵循公平、公正、科学、择优的原则。评标活动依法进行，任何单位和个人不得非法干预或者影响评标过程和结果。

2. 依法必须进行施工招标的工程，其评标委员会由招标人的代表和有关技术、经济等方面的专家组成，成员人数为 5 人以上的单数，其中招标人、招标代理机构以外的技术、经济等方面专家不得少于成员总数的 2/3。确定专家成员一般应当采取随机抽取的方式，特殊招标项目可以由招标人直接确定。与投标人有利害关系的人不得进入相关工程的评标委员会。

3. 评标方法一般分为：综合评估法和经评审的最低投标价法两大类。

4. 评标的程序包括：初步评审和详细评审两大部分。

5. 确定中标人前，招标人不得与投标人就投标价格、投标方案等实质性内容进行谈判。

6. 中标通知书发出后的 30 天内，双方应按照招标文件和投标文件订立书面合同，不得作实质性修改。

7. 招标人应当从评标委员会推荐的中标候选人中确定中标人。中选的投标者应当符合下列条件之一：

1）能够最大限度地满足招标文件中规定的各项综合评价标准。

2）能够满足招标文件的实质性要求，并且经评审的投标价格最低。

实训练习题

某建设单位准备建一座图书馆，建筑面积5 000m^2，预算投资400万元，建设工期为10个月。工程采用公开招标的方式确定承包人。按照《招标投标法》和《建筑法》的规定，建设单位编制了招标文件，并向当地的建设行政管理部门提出了招标申请书，得到了批准。但是在招标之前，该建设单位就已经与甲公司进行了工程招标沟通，对投标价格、投标方案等实质性内容达成了一致的意向。招标公告发布后，来参加投标的公司有甲、乙、丙三家。按照招标文件规定的时间、地点及投标程序，三家施工单位向建设单位投递了标书。在公开开标的过程中，甲和乙公司在施工技术、施工方案、施工力量及投标报价上相差不大，乙公司在总体技术和实力上较甲公司好一些。但是，定标的结果确定是甲公司。乙公司很不满意，但最终接受了这个竞标的结果。20多天后一个偶然的机会，乙公司接触到甲公司的一名中层管理人员，在谈到该建设单位的工程招标问题时，甲公司的这名员工透露说，在招标之前，该建设单位和甲公司已经进行了多次接触，中标条件和标底是双方议定的，参加投标的其他人都蒙在鼓里。对此情节，乙公司认为该建设单位严重违反了法律的有关规定，遂向当地建设行政管理部门举报，要求建设行政管理部门依照职权宣布该招标结果无效。经建设行政管理部门审查，乙公司所陈述的事实属实，遂宣布本次招标结果无效。

甲公司认为，建设行政管理部门的行为侵犯了甲公司的合法权益，遂起诉至法院，请求法院依法判令被告承担侵权的民事责任，并确认招标结果有效。

问题：

(1) 简述建设单位进行施工招标的程序。

(2) 通常情况下，招标人和投标人串通投标的行为有哪些表现形式?

(3) 按照《招标投标法》的规定，该建设单位应对本次招标承担什么法律责任?

模块五　建设工程合同

学习目标

了解民法的概念、民事主体、民事法律行为与代理、诉讼时效的概念；熟悉工程合同的谈判和签订；掌握合同的效力、合同的履行；了解建设工程合同的概念、特征、适用范围与分类；熟知施工合同、监理合同、勘察设计合同中当事人的权利义务；掌握各类建设工程合同签订的依据和条件。

5.1 《民法典》总则简介

导入案例

甲、乙二人就毒品买卖事宜达成了意思表示一致，我们就可以说该买卖合同行为已经成立了，但该买卖行为并不能生效。这是为什么呢？

5.1.1 民法的概念

1. 民法

民法，是调整平等主体的自然人、法人和非法人组织之间的人身关系和财产关系的法律规范的总称。

民法涉及面十分广泛。它关系到国家的经济建设和每个公民的衣、食、行、用、生、养、病、死、葬等一切生产和生活的各个方面。民法是一个重要的部门法，它主要解决以下几个方面的问题：

（1）财产所有权　这是指对财产的占有、使用、收益、处分的权利。当这种权利发生争议或者被侵犯的时候，可以通过人民法院予以确认和保护。保护合法所有权主要采取恢复原状、返还原物、排除妨害、赔偿损失、确认产权等方法。

（2）财产流转中的合同关系　合同是产生财产流转的根据。依法签订的合同，具有法律效力，双方都必须遵守。如果一方不履行合同规定的义务，在法律上要承担经济责任，会受到法律制裁，如罚违约金、罚款、赔偿损失等。合同制度在我国适用范围很广，典型的有：

买卖合同，供用电、水、气、热力合同，赠与合同、借款合同、保证合同、租赁合同、承揽合同、建设工程合同、运输合同、技术合同、保管合同、委托合同、中介合同等。

(3) 知识产权 这是指个人或集体对其智力成果享有的专有权，如著作权、发明权、专利权、商标权等。这些智力成果，本身是精神财富，没有直接的经济内容，但有些又与物质财产密切联系。我国通过发明奖励条例、技术改进奖励条例、专利法、商标法等法规，调整上述人身非财产关系，确保作者、发明人等对智力成果的专有权以及转让和继承的权利。

2.《民法典》总则

2020年5月28日，十三届全国人大三次会议表决通过了《中华人民共和国民法典》，自2021年1月1日起施行。婚姻法、继承法、民法通则、收养法、担保法、合同法、物权法、侵权责任法、民法总则同时废止。民法典是新中国第一部以法典命名的法律，是我国对民事活动中一些共同性问题所作的法律规定。

《民法典》共7编、1 260条，各编依次为总则、物权、合同、人格权、婚姻家庭、继承、侵权责任以及附则。其中第一编总则共分十章，主要包括以下内容：

1) 基本规定。
2) 自然人。
3) 法人。
4) 非法人组织。
5) 民事权利。
6) 民事法律行为。
7) 代理。
8) 民事责任。
9) 诉讼时效。
10) 期间计算。

[思政引导] 认真学习习近平同志在中央政治局第二十次集体学习时的讲话精神，引导学生充分认识颁布实施《民法典》的重大意义，要切实实施《民法典》，以更好推进全面依法治国，坚定制度自信。

5.1.2 民事主体

民事主体，即民事法律关系的主体，是民事关系的参与者、民事权利的享有者、民事义务的履行者和民事责任的承担者。依照我国法律，民事主体包括自然人、法人和非法人组织3类。

民事主体是民法中最基本的概念之一，它直接涉及民法的调整对象和规范的对象。确立了民事主体制度，民法其他的制度涉及诸如法律行为制度、物权制度、债权制度才得以展开。

民事主体示意图如图5-1所示。

自然人，是指作为民事主体的公民，即区别于团体组织（法人）的个人。自然人是最基本的民事主体。自然人民事主体的范围和行为能力见表5-1。

法人是依法成立的，是具有民事权利能力和民事行为能力，依法独立享有民事权利和承担民事义务的组织。按照法律规定，法人包括营利法人、非营利法人和特别法人三类。并非

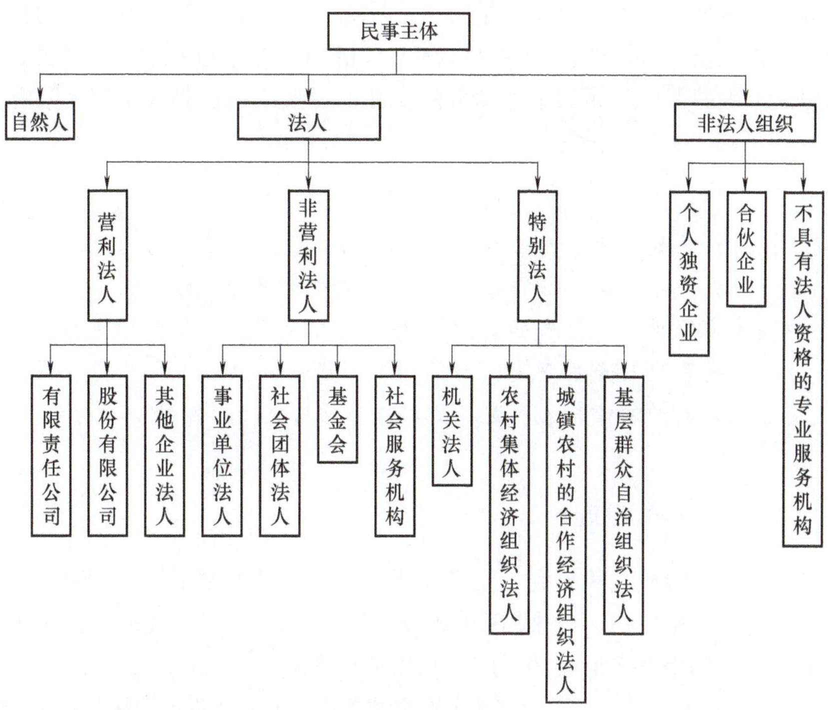

图 5-1　民事主体示意图

任何组织都能成为法人，能够作为法人的组织必须具备法律规定的条件。

表 5-1　自然人民事主体的范围和行为能力

类　型	范　围	行为能力
完全民事行为能力人	年满 18 周岁的成年人；16 周岁以上，以自己的劳动收入为主要生活来源的未成年人	可以独立实施民事法律行为
限制民事行为能力人	8 周岁以上的未成年人；不能完全辨认自己行为的成年人	可以独立实施纯获利益的民事法律行为或者与其年龄、智力相适应的民事法律行为；其他民事法律行为，由其法定代理人代理或者经其法定代理人的同意、追认
无民事行为能力人	不满 8 周岁的未成年人；不能辨认自己行为的成年人	民事法律行为均由其法定代理人代理

《民法典》第 60 条规定，法人以其全部财产独立承担民事责任。

小知识

依照法律或者法人章程的规定，代表法人从事民事活动的负责人，为法人的法定代表人。法定代表人以法人名义从事的民事活动，其法律后果由法人承担。

非法人组织是不具有法人资格，但是能够依法以自己名义从事民事活动的组织。非法人组织包括个人独资企业、合伙企业、不具有法人资格的专业服务机构等。《民法典》第104条规定，非法人组织的财产不足以清偿债务的，其出资人或者设立人承担无限责任。

小知识

认定民事法律行为的效力分为三种情况：①因欠缺民事法律行为的有效条件而实施的民事行为称为无效民事行为；②当事人依照法律规定针对欠缺有效条件而请求人民法院或者仲裁机关予以变更或者撤销的民事行为称为可变更、可撤销的民事行为；③法律行为虽已成立，但是否生效尚不确定，有待享有形成权的第三人做出追认或者拒绝的意思表示使之有效或无效的法律行为，这种法律行为称为效力待定的法律行为。

5.1.3 民事法律行为与代理

民事法律行为，一般称法律行为，是指民事主体通过意思表示设立、变更、终止民事法律关系的行为。民事法律行为可以采用书面形式、口头形式或者其他形式；法律、行政法规规定或者当事人约定采用特定形式的，应当采用特定形式。

在实施民事法律行为的过程中，约定某种客观情况作为所附条件或所附期限而影响其效力的民事法律行为，约定条件的叫作附条件民事法律行为，而约定期限的即为附期限民事法律行为。

1. 民事法律行为有效的条件

《民法典》第143条规定，具备下列条件的民事法律行为有效：

（1）行为人具有相应的民事行为能力　民事行为能力是指民事主体通过自己的行为取得民事权利、承担民事义务的资格。民事行为能力分为完全民事行为能力、限制民事行为能力、无民事行为能力三种。

《民法典》第13条规定："自然人从出生时起到死亡时止，具有民事权利能力，依法享有民事权利，承担民事义务。"具有民事权利能力，是自然人获得参与民事活动的资格，但能不能运用这一资格，还受自然人的理智、认识能力等主观条件制约。有民事权利能力者，不一定具有民事行为能力。

（2）意思表示真实　意思表示真实是指行为人内心的效果意思与表示意思一致，即不存在认识错误、欺诈、胁迫等外在因素而使得表示意思与效果意思不一致。

但是，意思表示不真实的行为也不是必然的无效行为，因其导致意思不真实的原因不同，可能会发生无效或者被撤销的法律后果。

（3）不违反法律、行政法规的强制性规定，不违背公序良俗　《民法典》将弘扬社会主义核心价值观作为立法宗旨，公序良俗原则即为重要体现。该原则通过维护社会公共秩序与善良风俗，用法治的力量引导人民群众向上向善。"公序"，即社会一般利益，包括国家利益、社会经济秩序和社会公共利益；"良俗"，即一般道德观念或良好道德风尚，包括社会公德、商业道德和社会良好风尚。

可见，随着《民法典》的颁布与实施，"公序良俗"将不再是人们内心的道德评判，而是判定民事行为效力的重要依据。

相关链接

分析导入案例，甲、乙二人就毒品买卖事宜达成了意思表示一致，我们就可以说该买卖合同行为已经成立了，但该买卖行为并不能生效，为什么会这样呢？源于它不满足民事法律关系有效条件的“不违反法律、行政法规的强制性规定，不违背公序良俗”。买卖毒品本身就是违法的，所以合同是无效的。

2. 代理

代理是民事主体通过代理人实施民事法律行为的制度。《民法典》第162条规定，代理人在代理权限内，以被代理人的名义实施民事法律行为，对被代理人发生效力。

代理涉及三方当事人，分别是被代理人、代理人和相对人。

（1）代理的种类　根据《民法典》第163条的规定，代理包括委托代理和法定代理。

1）委托代理。委托代理是指代理人根据被代理人的委托行使代理权的代理。

民事法律行为的委托代理，可以用书面形式，也可以用口头形式。法律规定用书面形式的，应当用书面形式。书面委托代理的授权委托书应当载明下列事项：

① 代理人的姓名或者名称；

② 代理事项、权限和期限；

③ 被代理人签名或者盖章。

2）法定代理。法定代理是指依照法律的规定行使代理权的代理。法定代理主要是为了维护限制民事行为能力人或者无民事行为能力人的合法权益而设计的。法定代理不同于委托代理，属于全权代理，法定代理人原则上应代理被代理人的有关财产方面的一切民事法律行为和其他允许代理的行为。

（2）代理人与被代理人的责任承担

1）代理事项违法的责任承担。代理人知道或者应当知道代理事项违法仍然实施代理行为，或者被代理人知道或者应当知道代理人的代理行为违法未作反对表示的，被代理人和代理人应当承担连带责任。

2）代理人不履行职责的责任承担。代理人不履行或者不完全履行职责，造成被代理人损害的，应当承担民事责任；代理人和相对人恶意串通，损害被代理人合法权益的，代理人和相对人应当承担连带责任。

3）转委托第三人代理的责任承担。委托代理人需要转委托第三人代理的，应当取得被代理人的同意或者追认。转委托代理经被代理人同意或者追认的，被代理人可以就代理事务直接指示转委托的第三人，代理人仅就第三人的选任以及对第三人的指示承担责任。转委托代理未经被代理人同意或者追认的，代理人应当对转委托的第三人的行为承担责任；但是，在紧急情况下代理人为了维护被代理人的利益需要转委托第三人代理的除外。

4）无权代理的责任承担。行为人没有代理权、超越代理权或者代理权终止后，仍然实施代理行为，未经被代理人追认的，对被代理人不发生效力。

相对人可以催告被代理人自收到通知之日起30日内予以追认。被代理人未作表示的，视为拒绝追认。行为人实施的行为被追认前，善意相对人有撤销的权利。撤销应当以通知的方式发出。

行为人实施的行为未被追认的，善意相对人有权请求行为人履行债务或者就其受到的损害请求行为人赔偿。但是，赔偿的范围不得超过被代理人追认时相对人所能获得的利益。

相对人知道或者应当知道行为人无权代理的，相对人和行为人按照各自的过错承担责任。

行为人没有代理权、超越代理权或者代理权终止后，仍然实施代理行为，相对人有理由相信行为人有代理权的，代理行为有效。

（3）代理的终止

1）委托代理的终止。有下列情形之一的，委托代理终止：

① 代理期限届满或者代理事务完成；

② 被代理人取消委托或者代理人辞去委托；

③ 代理人丧失民事行为能力；

④ 代理人或者被代理人死亡；

⑤ 作为被代理人或者代理人的法人、非法人组织终止。

小知识

被代理人死亡后，有下列情形之一的，委托代理人实施的代理行为有效：

① 代理人不知道且不应当知道被代理人死亡；

② 被代理人的继承人予以承认；

③ 授权中明确代理权在代理事务完成时终止；

④ 被代理人死亡前已经实施，为了被代理人的继承人的利益继续代理。

2）法定代理的终止。有下列情形之一的，法定代理终止：

① 被代理人取得或者恢复民事行为能力；

② 代理人丧失民事行为能力；

③ 被代理人或代理人死亡；

④ 法律规定的其他情形。

5.1.4　诉讼时效制度

诉讼时效，是民事诉讼中的一项重要制度，指民事权利受到侵害的权利人在法定的时效期间内如果不行使权利，时效期间届满时，债务人获得诉讼时效抗辩权，有权要求不再履行义务。

1. 诉讼时效期间的种类

根据《民法典》及有关法律的规定，诉讼时效期间通常可划分为4类。

（1）普通诉讼时效　向人民法院请求保护民事权利的普通诉讼时效期间为3年。法律另有规定的，依照其规定。

（2）特殊诉讼时效　特殊诉讼时效是法律特别规定仅适用于某些特殊民事法律关系的时效期间，如果法律有特别时效规定的，就不适用3年时效，而应适用特别时效。例如，《民法典》第594条规定，因国际货物买卖合同和技术进出口合同争议提起诉讼或者申请仲裁的时效期间为4年。

（3）权利的最长保护期限　诉讼时效期间从知道或者应当知道权利受到损害以及义务人之日起计算。但是，从权利受到损害之日起超过 20 年的，人民法院不予保护，有特殊情况的，人民法院可以根据权利人的申请决定延长。

（4）不适用诉讼时效的规定　请求停止侵害、排除妨碍、消除危险；不动产物权和登记的动产物权的权利人请求返还财产；请求支付抚养费、赡养费或者扶养费；依法不适用诉讼时效的其他请求权。

试一试

2016 年 10 月 1 日，张某向王先生借款 20 万元，约定 2017 年 12 月 31 日前偿还。借款到期，张某没有偿还，2021 年 3 月份，王先生到法院起诉，要求张某还钱，诉讼过程中，张某答辩说已超过诉讼时效，不应该再还钱。怎么办？

答：借款于 2017 年 12 月 31 日到期，应从 2018 年 1 月 1 日开始计算诉讼时效，时效期间 3 年，即时效截止时间为 2020 年 12 月 31 日。如果王先生没有证据证实在时效期间内曾要求过张某还钱，那么，起诉时超过了诉讼时效，法院会判决王先生败诉。所以，权利一定要尽早行使，不要超过时效。

2. 诉讼时效的起始时间

对于诉讼时效开始的时间，《民法典》规定“自权利人知道或者应当知道权利受到损害以及义务人之日起计算”，也就是说，对于部分权利人虽然受到损害，但是不知道义务人是谁的案件，诉讼时效期间并未开始计算，而是等到权利人知道或者应当知道义务人之日方开始计算诉讼时效。《民法典》的这项新规定避免了在不知道义务人的情况下，诉讼时效期间已经届满的尴尬局面，对权利人的保护更加周延。因此，诉讼时效期间的起算，注意把握两个关键点，一是权利受到损害，二是义务人明确。当两个时间点不一致时，以后者时间为准。

试一试

2017 年 11 月 1 日，刘某骑自行车在一条乡村公路被一辆无牌汽车撞倒。报警后，因事故现场无监控设备，肇事车辆及司机情况无法确定。事后经鉴定，刘某构成 9 级伤残，医疗费 4 万余元。2019 年 3 月 10 日，公安部门通知刘某，经调查发现事故发生时驾车司机为赵某。那么诉讼时效从何时开始？

答：根据《民法典》的新规定，应该自 2019 年 3 月 10 日开始计算诉讼时效，因为这个时候刘某才知道加害人为赵某，义务人方才确定。虽然损害发生时间为 2017 年 11 月 1 日，但因这个时候无法确定义务人，诉讼时效尚未开始起算。

3. 诉讼时效届满的法律后果

《民法典》第 192 条规定：“诉讼时效期间届满的，义务人可以提出不履行义务的抗辩。”即诉讼时效届满，法律赋予义务人以抗辩权，超过时效的债务成为自然债务，法院不再保护。

但是有两种例外情况，一是诉讼时效期间届满后，义务人同意履行的，不得以诉讼时效期间届满为由抗辩；二是义务人已自愿履行的，不得请求返还。

试一试

2016年4月1日，万某向陈先生借款5万元，约定2016年12月31日前还清。借款到期，万某没有还钱，陈先生也没有主张权利。2020年2月1日，陈先生打电话问万某何时还钱，万某说到4月底吧，4月底，她仍然没有还。2020年5月10日，陈先生到法院起诉，要求万某还钱。诉讼中，万某抗辩说已经过了诉讼时效，不应再还钱。

答：2016年12月31日借款期限届满，万某未还款。诉讼时效自2017年1月1日开始计算，截止时间为2019年12月31日。陈先生在该时间内没有主张，诉讼时效已经过了，万某享有抗辩权，但是2020年2月1日，万某同意到4月底前还款，同意履行超过诉讼时效期间的债务，属于对抗辩权的放弃，之后不能再以时效已经经过为由拒绝履行。按照万某的承诺，双方对还款期限确定了新的偿还期限，即2020年4月30日前，时效届满时间即为2023年4月30日前，所以，法院对万某的抗辩意见不会支持。

4. 诉讼时效的中止和中断

（1）诉讼时效中止 《民法典》第194条规定，在诉讼时效期间的最后6个月内，因下列障碍，不能行使请求权的，诉讼时效中止：

① 不可抗力；

② 无民事行为能力人或者限制民事行为能力人没有法定代理人，或者法定代理人死亡、丧失民事行为能力、丧失代理权；

③ 继承开始后未确定继承人或者遗产管理人；

④ 权利人被义务人或者其他人控制；

⑤ 其他导致权利人不能行使请求权的障碍。

自中止时效的原因消除之日起满六个月，诉讼时效期间届满。

中止诉讼时效的法定事由必须是发生在诉讼时效期间的最后6个月才能导致诉讼时效中止，法定事由如果发生在诉讼时效期间的最后6个月之前，只有该事件持续到最后6个月内才产生中止时效的效果。

（2）诉讼时效中断 《民法典》第195条规定，有下列情形之一的，诉讼时效中断，从中断、有关程序终结时起，诉讼时效期间重新计算：

① 权利人向义务人提出履行请求；

② 义务人同意履行义务；

③ 权利人提起诉讼或者申请仲裁；

④ 与提起诉讼或者申请仲裁具有同等效力的其他情形。

小知识

期 间 计 算

民法所称的期间是按照公历年、月、日、小时计算的。按照年、月、日计算期间的，开始的当日不计入，自下一日开始计算；按照小时计算期间的，自法律规定或者当事人约定的时间开始计算；按照年、月计算期间的，到期月的对应日为期间的最后一日，没有对应日的，月末日为期间的最后一日；期间的最后一日是法定休假日的，以法定休假日结束的次日为期间的最后一日；期间的最后一日的截止时间为24时，有业务时间的，停止业务活动的时间为截止时间。

[思政引导] 引导学生学思践悟习近平全面依法治国新理念新思想新战略，牢固树立法治观念，深化对法治理念、法治原则、重要法律概念的认知；引导学生把国家、社会、公民的价值要求融为一体，积极践行社会主义核心价值观。

练一练

5.1-1 具有民事权利能力和民事行为能力，依法享有民事权利和承担民事义务的组织为（ ）。

A. 法人　　B. 自然人
C. 法定代表人　　D. 法人代表

5.1-2 在诉讼时效期间的最后6个月，因不可抗力或者其他障碍不能行使请求权的，诉讼时效（ ）。

A. 终止　　B. 中止
C. 中断　　D. 继续计算

5.1-3 诉讼时效中断是指（ ）。

A. 权利人在期间内不行使权利，法律规定消灭其胜诉权的制度
B. 在诉讼时效期间内，由于法定事由的出现，导致已经进行的诉讼时效期间归于无效，待时效中断法定事由消除后，诉讼时效期间重新计算
C. 在诉讼时效期间进行过程中，由于出现了一定的法定事由，导致权利人不能行使请求权，法律规定暂时中止诉讼时效期间的计算，已经经过的时效期间仍然有效，待阻碍权利人行使权利的法定事由消失后，继续进行诉讼时效期间的计算
D. 在诉讼时效期间届满后，权利人因有正当理由，向人民法院提出请求，人民法院可以把法定时效期间予以延长

5.1-4 诉讼时效中止的事由包括（ ）。

A. 权利人提起请求
B. 提起诉讼
C. 因不可抗力不能行使请求权
D. 义务人同意履行义务

5.1-5 合同法律关系的主体不包括（ ）。

A. 自然人　　B. 法人
C. 国家机关　　D. 非法人组织

5.1-6 代理的种类分为（ ）。

A. 委托代理　　B. 法定代理
C. 无权代理　　D. 指定代理

5.1-7 无权代理的表现形式有（　　）。

A. 无合法授权的“代理”行为

B. 以被代理人的名义同自己实施法律行为

C. 代理人超越代理权限所为的“代理”行为

D. 代理权终止后的“代理”行为

5.1-8 对代理人在代理权终止后而为的代理行为（　　）。

A. 被代理人有拒绝权

B. 被代理人应当承担责任

C. 相对人有催告权

D. 善意相对人有撤销权

5.1-9 依照我国法律规定，下列各项中，不适用于诉讼时效规定的是（　　）。

A. 请求停止侵害、排除妨碍、消除危险的

B. 拖欠工程款不支付的

C. 请求支付抚养费、赡养费的

D. 不动产物权的权利人请求返还财产的

5.1-10 什么是民事法律行为？

5.1-11 什么是民事行为？

5.1-12 什么是民事行为能力？

5.1-13 民事法律行为有效的条件是什么？

5.2 建设工程合同的签订和履行

导入案例

某材料供应商与某材料生产商签订了一份买卖合同，约定5月30日供应商付给材料生产厂100万元预付款，6月30日由生产厂向供应商交付材料1 000t，余款将在一个月内支付。但是到了5月30日，材料供应商发现材料生产厂已全面停产，经营状况严重恶化。此时，供应商就没有支付100万元预付款。请问：该合同是否有效？材料供应商此时是否违反了合同的约定？是否要承担违约责任？

5.2.1 合同的签订

合同是民事主体之间设立、变更、终止民事法律关系的协议。依法成立的合同，受法律保护。

1. 合同的成立

合同成立是指当事人完成了签订合同过程，并就合同内容协商一致。合同成立不同于合同生效。合同生效是法律认可合同效力，强调合同内容合法性。因此，合同成立体现了当事人的意志，而合同生效体现了国家意志。合同成立是合同生效的前提条件，如果合同不成立，是不可能生效的。合同成立的一般要件如下：

1）存在订约当事人。合同成立首先应具备双方或者多方订约当事人，只有一方当事人不可能成立合同。例如，某人以某公司的名义与某团体订立合同，若该公司根本不存在，则可认为只有一方当事人，合同不能成立。

2）订约当事人对主要条款达成一致。合同成立的根本标志是订约双方或者多方经协商，就合同主要条款达成一致意见。

3）经历要约与承诺两个阶段。《民法典》第471条规定，“当事人订立合同，采取要约承诺方式或者其他方式”。缔约当事人就订立合同达成合意，一般应经过要约承诺阶段。若只停留在要约阶段，合同根本未成立。

2. 合同成立时间

合同成立时间关系到当事人何时受合同关系约束，因此合同成立时间具有重要意义。确定合同成立时间，需遵守如下规则：

1）当事人采用合同书形式订立合同的，自当事人均签名、盖章或者按指印时合同成立。各方当事人签字或者盖章的时间不在同一时间的，最后一方签字、盖章或者按指印时合同成立。在签名、盖章或者按指印之前，当事人一方已经履行主要义务，对方接受时，该合同也成立。

2）当事人采用信件、数据电文等形式订立合同的，可以在合同成立之前要求签订确认书，签订确认书时合同成立。此时，确认书具有最终正式承诺的意义。

小知识

当事人一方通过互联网等信息网络发布的商品或者服务信息符合要约条件的，对方选择该商品或者服务并提交订单成功时合同成立，但是当事人另有约定的除外。

3. 合同成立地点

合同成立地点可能成为确定法院管辖的依据，因此具有重要意义。合同成立地点一般为承诺生效的地点，具体需遵守如下规则：

1）当事人采用数据电文形式订立合同的，收件人的主营业地为合同成立的地点；没有主营业地的，其住所地为合同成立的地点；当事人另有约定的，按照其约定。

2）当事人采用合同书形式订立合同的，最后签名、盖章或者按指印的地点为合同成立的地点，但是当事人另有约定的除外。

小知识

要约邀请，又称为要约引诱，是希望他人向自己发出要约的意思表示。拍卖公告、招标公告、招股说明书、债券募集办法、基金招募说明书、商业广告和宣传、寄送的价目表等均为要约邀请。要约是希望与他人订立合同的意思表示，该意思表示应当内容具体确定且应表明经受要约人承诺，要约人即受该意思表示约束。承诺是受要约人同意要约的意思表示。在招标投标过程中，招标公告或投标邀请书是要约邀请；投标文件是要约；中标通知书是承诺。

5.2.2 合同的效力

1. 合同生效

合同生效，是指法律按照一定标准对合同评价后而赋予强制力。已经成立的合同，必须具备一定的生效要件才能产生法律约束力。合同生效要件是判断合同是否具有法律效力的评价标准。合同的生效要件有下列几项：

1）订立合同的当事人必须具有相应的民事权利能力和民事行为能力。经营范围是衡量法人权利能力与行为能力的重要标准。

2）意思表示真实。所谓意思表示真实，是指表意人的表示行为真实反映其内心的效果意思，即表示行为应当与效果意思相一致。

意思表示真实是合同生效的重要构成要件。在意思表示不真实的情况下，合同可能无效，如在被欺诈胁迫致使行为人表示于外的意思与其内心真意不符，且涉及国家利益受损的情况；合同也可能被撤销或者变更，如在被欺诈胁迫致使行为人表示于外的意思与其内心真意不符，但未违反法律和行政法规强制性规定及社会公共利益的情况。

3）不违反法律行政法规的强制性规定，不违背公序良俗。这里的“法律”是狭义的法律，即全国人民代表大会及其常务委员会依法通过的规范性文件。这里的“行政法规”是国务院依法制定的规范性文件。所谓“强制性规定”是当事人必须遵守的，不得通过协议加以改变的规定。

有效合同不仅不得违反法律行政法规的强制性规定，而且不得违背公序良俗。社会公序良俗是一个抽象的概念，内涵丰富范围宽泛，包含了政治基础、社会秩序、社会公共道德要求，可以弥补法律、行政法规明文规定的不足。对于那些表面上虽未违反现行法律明文强制性规定但实质上违反伦理道德规范的合同行为，具有重要的否定作用。

4）具备法律所要求的形式。这里的形式包括两层意思：订立合同的程序与合同的表现形式。这两方面都必须要符合法律的规定，否则不能发生法律效力。例如，《民法典》第502条规定，“依法成立的合同，自成立时生效。依照法律、行政法规的规定，合同应当办理批准等手续的，依照其规定”。如果符合此规定的合同没有办理批准等手续，则合同不能发生法律效力。例如，《民法典》第789条规定，“建设工程合同应当采用书面形式”。如果建设工程合同是采用口头形式订立的，则此合同不产生法律效力。

2. 无效合同

无效合同是指虽经当事人协商订立，但因其不具备合同生效条件，不能产生法律约束力的合同。无效合同自始没有法律约束力。依据《民法典》第144条、第146条、第153条和第154条的规定可以看出以下5种情形为无效合同：

① 无民事行为能力人订立的合同无效；

② 虚假意思表示订立的合同无效；

③ 违反法律、行政法规的强制性规定的合同无效；

④ 违背公序良俗的合同无效；

⑤ 恶意串通，损害他人合法权益的合同无效。

小知识

无效合同具有以下特征：①合同自始无效；②合同绝对无效；③合同无效，可能是全部无效，也可能是部分无效。

3. 可撤销合同

可撤销合同是指虽经当事人协商成立，但由于当事人的意思表示不真实，允许当事人向法院或仲裁机构请求消灭其效力的合同。《民法典》规定了下列合同的当事人有权请求人民法院或者仲裁机构予以撤销。

1）基于重大误解订立的合同，行为人有权请求人民法院或者仲裁机构予以撤销。

2）一方以欺诈手段，使对方在违背真实意思的情况下订立的合同，受欺诈方有权请求人民法院或者仲裁机构予以撤销。

3）第三人实施欺诈行为，使一方在违背真实意思的情况下订立的合同，对方知道或者应当知道该欺诈行为的，受欺诈方有权请求人民法院或者仲裁机构予以撤销。

4）一方或者第三人以胁迫手段，使对方在违背真实意思的情况下订立的合同，受胁迫方有权请求人民法院或者仲裁机构予以撤销。

5）一方利用对方处于危困状态、缺乏判断能力等情形，致使合同成立时显失公平的，受损害方有权请求人民法院或者仲裁机构予以撤销。

合同经人民法院或仲裁机构撤销，被撤销的合同即属无效合同，自始不具有法律约束力。同时，为了维护社会经济秩序的稳定，保护当事人的合法权益，《民法典》对当事人的撤销权也作出了限制。《民法典》规定，有下列情形之一的，撤销权消灭：一是具有撤销权的当事人自知道或者应当知道撤销事由之日起一年内、重大误解的当事人自知道或者应当知道撤销事由之日起九十日内没有行使撤销权；二是当事人受胁迫，自胁迫行为终止之日起一年内没有行使撤销权；三是具有撤销权的当事人知道撤销事由后明确表示或者以自己的行为表明放弃撤销权；四是当事人自民事法律行为发生之日起五年内没有行使撤销权的，撤销权消灭。

小知识

可撤销合同的特征：

1）可撤销合同在未被撤销前，是有效合同，撤销权不行使，合同继续有效；合同一旦被撤销，自合同成立时无效。又称为相对无效的合同。

2）可撤销合同一般是意思表示不真实的合同。所谓意思表示不真实，是指当事人的行为表示没有真实地反映其内在的目的和愿望，违背了合同自由的基本原则。

3）可撤销合同的撤销，要由当事人行使撤销权来实现。

此外，《民法典》还对合同中的免责条款及争议解决条款的效力作出了规定。合同的免责条款是指当事人在合同中约定的免除或限制其未来责任的条款。免责条款是由当事人协商一致的合同的组成部分，具有约定性。如果需要，当事人应当以明示的方式依法对免责事项及免责的范围进行约定。但对那些具有社会危害性的侵权责任，当事人不能通过合同免除其法律责任，即使约定了，也不承认其有法律约束力。因此，《民法典》明确规定了以下两种无效免责条款：一是造成对方人身损害的；二是因故意或者重大过失造成对方财产损失的。

合同中的解决争议条款具有相对独立性，当合同不生效、无效、被撤销或者终止的，不影响合同中解决争议方法的条款的效力。

小知识

合同无效、被撤销或者确定不发生效力后，行为人因该行为取得的财产，应当予以返还；不能返还或者没有必要返还的，应当折价补偿。有过错的一方应当赔偿对方由此所受到的损失；各方都有过错的，应当各自承担相应的责任。法律另有规定的，依照其规定。

5.2.3 合同的履行

合同的履行是指合同生效后，当事人双方按照合同约定的标的数量、质量、价款、履行期限、履行地点和履行方式等，完成各自应承担的全部义务的行为。如果当事人只完成了合同规定的部分义务，称为合同的部分履行或不完全履行；如果合同的义务全部没有完成，称为合同未履行或不履行合同。有关合同履行的规定，是《民法典》的重要内容。

（1）全面履行合同　当事人订立合同不是目的，只有全面履行合同，才能实现当事人所追求的法律后果，其预期目的才能得以实现。因此，为了确保合同生效后能够顺利履行，当事人应对合同内容做出明确、具体的约定。但是如果当事人所订立的合同，对有关内容约定不明确或没有约定，为了确保交易的安全与效率，允许当事人协议补充。如果当事人不能达成协议的，按照合同有关条款或者交易习惯确定。如果按此规定仍不能确定的，则适用下列规定：

1）质量要求不明确的，按照强制性国家标准履行；没有强制性国家标准的，按照推荐性国家标准履行；没有推荐性国家标准的，按照行业标准履行；没有国家标准、行业标准的，按照通常标准或者符合合同目的的特定标准履行。

2）价款或者报酬不明的，按照订立合同时履行地的市场价格履行；依法应当执行政府定价或者政府指导价的，按照规定履行。

执行政府定价或者政府指导价的，在合同约定的交付期限内政府价格调整时，按照交付时的价格计价。逾期交付标的物的，遇价格上涨时，按照原价格执行；价格下降时，按照新价格执行。逾期提取标的物或者逾期付款的，遇价格上涨时，按照新价格执行；价格下降时，按照原价格执行。

3）履行地点不明确，给付货币的，在接受货币一方所在地履行；交付不动产，在不动产所在地履行；其他标的，在履行义务一方所在地履行。

4）履行期限不明确的，债务人可以随时履行，债权人也可以随时要求履行，但应当给对方必要的准备时间。

5）履行方式不明确的，按照有利于实现合同目的的方式履行。

6）履行费用的负担不明确的，由履行义务的一方负担；因债权人原因增加的履行费用，由债权人负担。

当事人在履行合同时，不仅要按合同约定全面履行自己的义务，应当遵循诚信原则，根据合同的性质、目的和交易习惯履行通知、协助、保密等义务，同时应当避免浪费资源、污染环境和破坏生态。

[思政引导] 合同的全面履行原则是有履行的先后顺序的，遵循“约定高于法定”的原则，引导学生知道我国既是法治社会也是礼仪之邦，教育学生做人做事要合法合规合理，诚实做人、诚实做事。

（2）债务人的履行抗辩权

1）同时履行抗辩权。同时履行抗辩权是指在双务合同中，当事人履行合同义务没有先后顺序，应当同时履行，当对方当事人未履行合同义务时，一方当事人可以拒绝履行合同义务的权利。《民法典》规定：当事人互负债务，没有先后履行顺序的，应当同时履行，一方在对方履行之前有权拒绝其履行要求。一方在对方履行债务不符合约定时，有权拒绝其相应的履行要求。

2）后履行抗辩权。后履行抗辩权是指在双务合同中，当事人约定了债务履行的先后顺序，当先履行的一方未按约定履行债务时，后履行的一方可拒绝履行其合同债务的权利。《民法典》规定：当事人互负债务，有先后履行顺序，先履行一方未履行的，后履行一方有权拒绝其履行要求。先履行一方履行债务不符合约定的，后履行一方有权拒绝相应的履行要求。

3）不安抗辩权。不安抗辩权是指在双务合同中，先履行债务的当事人掌握了后履行债务一方当事人丧失或者可能丧失履行债务的能力的确切证据时，暂时停止履行其到期债务的权利。《民法典》规定：应当先履行债务的当事人，有确切证据证明对方有下列情形之一的，可以中止履行：

① 经营状况严重恶化；

② 转移财产抽逃资金，以逃避债务；

③ 丧失商业信誉；

④ 有丧失或者可能丧失履行债务能力的其他情形。

小知识

当事人行使不安抗辩权的条件：①当事人订立的是双务合同并约定了履行先后顺序；②先履行一方当事人的履行债务期限已到，而后履行一方当事人的债务未到履行期限；③后履行一方当事人丧失或者可能丧失履行债务能力，证据确切；当事人没有确切证据中止履行的，应当承担违约责任；④合同中未约定担保。

案例回顾

分析本节导入案例，通过上述知识我们可以判断供应商与生产商所签订的合同是有效合同，但供应商未履行合同并不构成违约，而是在对方经营状况严重恶化的情况下，正确地使用了债务人的不安抗辩权。

[思政引导] 不安抗辩权的使用主要是为了防患于未然，更全面地保护先履行义务一方的权利。但不安抗辩权使用不当可能承担违约责任。引导学生既要有正当防卫的自我保护意识，也不要越过法律界线过当防卫。帮助学生牢固树立法治观念。

双务合同中的抗辩权，是合同效力的表现。它们的行使，只是在一定的期限内终止履行合同，并不消灭合同的履行效力。产生抗辩权的原因消失后，债务人仍应履行其债务。所以，双务合同履行中的抗辩权为一时的抗辩权、延期的抗辩权。双务合同履行中的抗辩权，对抗辩权人是一种保护手段，免去自己履行后得不到对方履行的风险；使对方当事人产生及时履行提供担保的压力，所以它们是债权保障的法律制度，就其防患于未然这点来讲，作用较违约责任还积极，比债的担保亦不逊色。

5.2.4 建设工程合同的概念与特点

1. 建设工程合同的概念

根据我国《民法典》第788条规定，建设工程合同是指承包人进行工程建设，发包人支付价款的合同。建设工程合同包括工程勘察、设计、施工合同等。《民法典》第808条规定："本章没有规定的，适用承揽合同的有关规定"。从这个意义上讲，建设工程承包合同具有承揽合同的性质。

2. 建设工程合同的特点

1）建设工程合同的标的物一般仅限于基本建设工程。建设工程合同中的工程，根据我国《建筑法》第2条规定，主要是指各类房屋及其附属设施的建造和与其配套的线路、管线、设备安装等，包括房屋、铁路、公路、机场、港口、桥梁、矿井、电站、通信线路等。

2）建设工程合同的主体应具备相应的条件。由于建设工程具有投资大、周期长、质量要求高、技术力量要求全面等特点，一般民事主体不易完成。因此，建设工程合同的双方其主体资格是有限制的。根据我国《建筑法》规定，从事建筑活动的建筑施工企业、勘察单位、设计单位和工程监理单位，应当具备下列条件：一是有符合国家规定的注册资本；二是有与从事的建筑活动相适应的具有法定执业资格的专业技术人员；三是有从事相关建筑活动所应有的技术装备；四是法律、行政法规规定的其他条件。从事建筑活动的建筑施工企业、勘察单位、设计单位和工程监理单位，按照其拥有的注册资本、技术人员、技术装备和已完成的建筑工程业绩等资历条件，划分为不同的资质等级，经资质审查合格，取得相应等级的资质证书后，方可在其资质等级许可的范围内从事建筑活功。

3）建设工程活动具有较强的国家管理性。由于建设工程的标的物为各类建筑物和构筑物，对国家和社会生活的各方面影响较大，所以建设工程合同的订立和执行具有强烈的国家干预的色彩。

4）建设工程合同要式性。根据我国《民法典》第789条的规定，建设工程合同应当采用书面形式。可见，建设工程合同为要式合同。

案例回顾

想一想本节导入案例中的合同为建设工程合同吗？是哪一种建设工程合同？

答：它是建设工程合同中的材料采购合同。

5.2.5 合同的谈判

合同谈判，是指工程施工合同签订双方对是否签订合同以及合同具体内容达成一致的协商过程。通过谈判，能够充分了解对方及项目的情况，为高层决策提供信息和依据。

开标以后，发包方经过研究，往往选择几家投标者就工程有关问题进行谈判，然后选择中标者——这一过程被称为谈判。

1. 合同谈判的内容

合同谈判的内容因项目情况和合同性质及招标文件规定发包人的要求而异。一般来讲，合同谈判会涉及合同的商务技术所有条款。主要内容分为以下几个方面：

（1）关于工程内容和范围的确认

1）合同的标的是合同最基本的要素，工程承包合同的标的就是工程承包内容和范围。因此，在签订合同前的谈判中，必须首先共同确认合同规定的工程内容和范围。承包人应当认真重新核实投标报价的工程项目内容和范围。并且，承包人还应当认真重新核实投标报价的工程项目内容与合同中表述的内容是否一致，合同文字的描述和图纸的表达都应当准确，不能模糊含混。承包人应当查实自己的标价有没有任何凭推测和想象计算的成分。如果有这种成分，则应当通过谈判予以澄清和调整。应当力争删除或修改合同中出现的诸如“除另有规定外的一切工程”，“承包人可以合理推知需要提供的为本工程实施所需的一切辅助工程”之类含混不清的工程内容或工程责任的说明词句。

对于在谈判讨论中经双方确认的内容及范围方面的修改或调整，应和其他所有在谈判中双方达成一致的内容一样，以文字方式确定下来，并以“合同补充”或“会议纪要”的方式作为合同附件，并说明其构成合同一部分。

2）发包人提出增减的工程项目或要求调整的工程量和工程内容，务必在技术和商务等方面重新核实，确有把握方可应允。同时以书面文件工程量表或图纸予以确认，其价格也应通过谈判确认并填入工程量清单。

3）发包人提出的改进方案或发包人提出的某些修改和变动，或发包人接受承包人的建议方案等，首先应认真对其技术合理性、经济可行性以及在商务方面的影响等进行综合分析，权衡利弊后方能表态接受、有条件接受或拒绝。某些变动可能对价格和工期产生影响，应利用这一时机争取变更价格或要求发包人改善合同条件以谋求更好的效益。

4）对于原招标文件中的“可供选择的项目”和“临时项目”应力争说服发包人在合同签订前予以确认，或商定一个最后确认期限。

5）对于一般的单价合同，如发包人在原招标文件中未明确工程量变更部分的限度，则谈判时应要求与发包人共同确定一个“增减量幅度”（FIDIC 第四版建议为 15%），当超过该幅度时，承包人有权要求对工程单价进行调整。

（2）关于技术要求、技术规范和施工技术方案 技术要求是发包人极为关切且承包人也应更加注意的问题，我国在采用技术规范方面往往和国外有一定差异。

建筑工程技术规范的国家标准是强制性标准，企业生产中必须遵守。

投标时应仔细查看投标人的施工方法等是否与标书中的技术规范相符。如有差异，要研究自己是否能做到以及其经济性如何。如有问题，可争取合法情况下的变通措施，如采用其他规范。

尤其是对于施工程序比较复杂的项目，如水坝工程、道路工程、隧道工程和技术要求高的工程与民用建筑工程等，在承包人提交的投标文件中都应提交施工组织设计方案及施工方法特别说明，并力争在投标答辩中使发包人赞同该方法，以显示公司的实力和实施该项工程的能力。

对于大型项目，当发包人不能够提供足够的水文资料、气象资料、地质资料时，除在投标报价时做好相应的技术措施外，也应考虑足够的不可预见费用，将该风险转由发包人承担。

当一项工程，经过激烈的竞争终于获得中标资格后，接下来便是极为艰苦的合同谈判阶段，许多在招标投标时不想说清或无法定量的内容和价格，都要在合同谈判时准确陈述。因此，工程承包合同的谈判、预算的核对谈判，是企业取得理想经济效益的关键一环。

2. 合同谈判的技巧

在工程合同谈判实例中，一般来说谁的知识面宽，谁的谈判策略运用得当，谁就能在工程合同及预结算中，做到游刃有余，掌握主动权。

1）高起点战略。谈判的过程是双方妥协的过程，通过谈判，双方都或多或少会放弃部分利益以求得项目的进展，而有经验的谈判者在谈判之初就会有意识地向对方提出苛刻的谈判条件。这样对方会过高估计己方的谈判底线，从而在谈判中做出更多让步。

2）掌握谈判议程，合理分配各议题的时间。工程建设的谈判一定会涉及诸多需要讨论的事项，而各谈判事项的重要性并不相同，谈判双方对同一事项的关注程度也并不相同。成功的谈判者善于掌握谈判的进程，在充满合作气氛的阶段，展开自己所关注的议题的商讨，从而抓住时机，达成有利于己方的协议；而在气氛紧张时，则引导谈判进入双方具有共识的议题，一方面缓和气氛，另一方面缩小双方差距，推进谈判进程。同时，谈判者应懂得合理分配谈判时间。对于各议题的商讨时间应得当，不要过多拘泥于细节性问题，这样可以缩短谈判时间，降低交易成本。

3）注意谈判氛围。谈判各方往往存在利益冲突，要兵不血刃即获得谈判成功是不现实的。但有经验的谈判者会在各方分歧严重、谈判气氛激烈的时候采取润滑措施，舒缓压力。在我国最常见的方式是饭桌式谈判。通过餐宴，联络谈判方的感情，拉近双方的心理距离，进而在和谐的氛围中重新回到议题。

4）避实就虚。这是孙子兵法中所提出的策略，谈判各方都有自己的优势和弱点。谈判者应在充分分析形势的情况下，做出正确判断，利用对方的弱点，猛烈攻击，迫其就范，做出妥协。而对于己方的弱点，则要尽量注意回避。

5）拖延和休会。当谈判遇到障碍陷入僵局的时候，拖延和休会可以使明智的谈判方有时间冷静思考，在客观分析形势后提出替代性方案。在一段时间的冷处理后，各方都可以进一步考虑整个项目的意义，进而弥合分歧，将谈判从低谷引向高潮。

6）充分利用专家的作用。现代科技发展使个人不可能成为各方面的专家。而工程项目

谈判又涉及广泛的学科领域。充分发挥各领域专家的作用，既可以在专业问题上获得技术支持，又可以利用专家的权威性给对方以心理压力。

7）分配谈判角色。任何一方的谈判团队由众多人士组成，谈判中应利用各参与人员不同的性格特征各自扮演不同的角色，有的唱红脸，有的唱白脸，这样软硬兼施，可以事半功倍。

小知识

其他的一些谈判技巧：①声东击西；②金蝉脱壳；③欲擒故纵；④缓兵之计；⑤草船借箭；⑥赤子之心；⑦走为上策。

总之，在合同谈判中，好的口才、巧妙的策略、丰富的知识、优秀的谈话风格是取得谈判胜利的关键和保证，多看书提高自身素质，加上久经沙场的谈判经验，就一定能为企业赢得较好的经济效益。

[思政引导] 俗话说知己知彼，百战不殆。在合同谈判中不仅要对自己有精准定位，还要对对手有准确预判，兼具好口才、巧妙的策略和技巧等；引导学生认知自己，鼓励其全面发展。

练一练

5.2-1 采用数据电文形式订立合同的，__________为合同成立的地点。

5.2-2 《民法典》第471条规定，当事人订立合同，可以采取__________方式或者其他方式。

5.2-3 债务人的履行抗辩权有__________三种。

5.2-4 下列对于合同生效的要件表述，错误的是（　　）。

A. 合同当事人必须具有相应的民事权利能力和民事行为能力

B. 合同当事人意思表示真实和自愿

C. 合同不违反法律和社会公共利益

D. 当事人必须以书面形式订立合同

5.2-5 合同对履行地点约定不明确的，（　　）。

A. 交付不动产的，在不动产所在地履行

B. 给付货币的，在给付货币一方所在地履行

C. 给付动产的，在接受履行方所在地履行

D. 由履行义务方选择履行地点

5.2-6 下列属于无效合同的是（　　）。

A. 一方以欺诈的手段订立的合同

B. 一方以胁迫的手段订立的合同

C. 因重大误解订立的合同

D. 违背公序良俗的合同

5.2-7 下列对于合同免责条款的表述不正确的是（　　）。

A. 因故意造成对方财产损失的免责条款无效

B. 因过失造成对方财产损失的免责条款无效

C. 因重大过失造成对方财产损失的免责条款无效

D. 造成对方人身损害的免责条款无效

5.2-8 无效合同的法律责任包括（　　）。

A. 返还财产　　B. 赔偿损失　　C. 继续履行　　D. 追缴财产

5.2-9 属于可撤销合同的有（　　）。

A. 甲化工厂使用假的产品合格证同乙企业签订合同，将不符合标准的涂料销售给乙企业

B. 甲企业在签订采购合同过程中，误将产品单价写错，与乙单位达成买卖合同

C. 一方当事人乘人之危，使对方在违背真实意思的情况下订立的合同

D. 以合法形式掩盖非法目的的合同

5.2-10 请简要叙述你对抗辩权的理解。

5.3 建设工程施工合同

导入案例

南昌某建设公司（承包人）与胜利电子集团（发包人）签订了一份建设工程施工合同。合同中规定，建设项目为胜利大厦，按照设计图纸施工，总造价为2 000万元，按照工程进度付款，合同工期为470天。工程于2004年5月1日开工，2005年10月20日竣工，验收合格后交付发包人使用。发包人认为承包人拖延工期68天，拒付工程尾款260万元。承包人认为工程验收合格，发包人应当支付工程款。两者为何发生争执？两者之间是否有违约责任？

5.3.1 建设工程施工合同的基本概念

建设工程施工合同即建筑安装工程承包合同，是发包人与承包人之间为完成商定的建设工程项目，确定双方权利和义务的协议。在建设领域，习惯将施工合同的当事人称为发包人和承包人。对合同范围内的工程实施建设时，发包人必须具备组织协调能力或委托给具备相应资质的监理单位承担；承包人必须具备有关部门核定的资质等级并持有营业执照等证明文件。依照施工合同，承包人应完成一定的建筑、安装工程任务，发包人应提供必要的施工条件并支付工程价款。施工合同是建设工程合同的一种，它与其他建设工程合同一样是一种双务合同，在订立时也应遵守自愿、公平、诚实信用等原则。

小知识

什么是双务合同和单务合同？

合同根据合同当事人是否互负对等义务分为双务合同和单务合同。

双务合同是指当事人双方互负对等给付义务的合同，即一方当事人愿意负担履行义务旨在使他方当事人因此负有对等履行义务，或者说一方当事人所享有的权利即为他方当事人所负担的义务，如买卖、互易、租赁合同等均是。双务合同是建立在“你与则我

与”的原则之上的，它是财产交换在法律上最典型的表现。适用于双务合同的各项规则都体现了平等、等价的交易原则。

单务合同，是指仅有一方负担给付义务的合同，即当事人双方并不互相享有权利和负担义务，而主要由一方承担义务，另一方并不负有相对义务的合同。单务合同有两种情况。一种是只有单方承担合同义务的情况，如在借用合同中，只存在借用人按照约定使用并按期返还借用物的义务；另一种情况是，一方承担合同的主要义务，另一方不承担主要义务，只承担附属义务，双方的义务没有对等关系。如《民法典》允许赠与附义务，但赠与人交付赠与财产与对方承担附属义务之间不存在对价关系，因而仍属于单务合同。

建设工程施工合同是建设工程的主要合同，是工程建设质量控制、进度控制、投资控制的主要依据。

5.3.2 建设工程施工合同的分类

施工合同从不同的角度可作不同的分类。

1. 按合同计价方式进行分类

（1）单价合同　单价合同是指合同当事人约定以工程量清单及其综合单价进行合同价格计算、调整和确认的建设工程施工合同，在约定的范围内合同单价不作调整。

（2）总价合同　总价合同是指合同当事人约定以施工图、已标价工程量清单或预算书及有关条件进行合同价格计算、调整和确认的建设工程施工合同，在约定的范围内合同总价不作调整。

（3）其他价格形式　合同当事人可在专用合同条款中约定其他合同价格形式。如成本加酬金与定额计价以及其他合同类型。

2. 按施工的内容进行分类

根据建设工程种类的不同，施工合同可以分为土木工程施工合同、设备安装施工合同、管道线路敷设施工合同、装饰装修及房屋修缮施工合同等。

5.3.3 建设工程施工合同的特点

1. 合同标的的特殊性

施工合同的标的是各类建筑产品。建筑产品是不动产，其基础部分与大地相连，不能移动。这就决定了每个施工合同的标的都是特殊的，相互间具有不可替代性。这还决定了施工生产的流动性。建筑物所在地就是施工生产场地，施工队伍、施工机械必须围绕建筑产品不断移动。另外，建筑产品的类别庞杂，其外观、结构、使用目的、使用人都各不相同，这就要求每一个建筑产品都需单独设计和施工（即使可重复利用标准设计或重复使用图纸，也应采取必要的设计修改才能施工），即建筑产品是单体性生产，这也决定了施工合同标的的特殊性。

2. 合同履行期限的长期性

建筑物的施工由于结构复杂、体积大、建筑材料类型多、工作量大，使得工期都较长

(与一般工业产品的生产相比)。而合同履行期限肯定要长于施工工期，因为工程建设的施工应当在合同签订后才开始，且需加上合同签订后到正式开工前的一个较长的施工准备时间和工程全部竣工验收后办理竣工结算及保修期的时间。在工程的施工过程中，还可能因为不可抗力、工程变更、材料供应不及时等原因而导致工期顺延。所有这些情况，决定了施工合同的履行期限具有长期性。

3. 合同内容的多样性和复杂性

虽然施工合同的当事人只有两方面（这一点与大多数合同相同），但其涉及的主体却有许多种。与大多数经济合同相比较，施工合同的履行期限长、标的额大，涉及的法律关系则包括了劳动关系、保险关系、运输关系等，具有多样性和复杂性，这就要求施工合同的条款应当尽量详尽。施工合同除了应具备经济合同的一般条款外，应对安全施工、专利技术使用、发现地下障碍和文物、工程分包、不可抗力、工程设计变更、材料设备的供应、运输、验收等内容作出规定。在施工合同的履行过程中，除施工企业与建设单位的合同关系外，还涉及与劳务人员的劳动关系、与保险公司的保险关系、与材料设备供应商的材料设备购销关系、与运输企业的货物运输关系等。所有这些，使得施工合同的内容具有多样性和复杂性的特点。

4. 合同管理的严格性

由于施工合同的履行会对国家、社会、公民产生较大和长期的影响，因而管理是十分严格的，这主要体现在以下几个方面：

1）对合同签订管理的严格性。签订施工合同必须以国家批准的投资计划为前提，初步设计和总概算已经批准。即使是国家投资以外的、以其他方式筹集的投资也要受到当年的贷款规模和批准限额的限制，纳入当年投资规模的平衡，并经过严格的审批程序。同时，还要得到相关部门，如规划、环保等部门的批准。

2）对合同履行管理的严格性。在施工合同的履行过程中，除本合同当事人、监理工程师要对合同进行严格管理外，经济合同的主管机关（工商行政管理机关）、金融机构、建设行政主管机关，都要对施工合同的履行进行监督和管理。

3）对合同主体管理的严格性。国家对施工合同的主体有严格的管理制度。发包人必须具备组织协调能力；承包人必须具备有关部门核定的资质等级并持有营业执照等证明文件。无营业执照或无承包资质证书的施工企业不能作为施工合同的主体，资质等级低的施工企业不能越级承包施工项目。

5.3.4 建设工程施工合同的作用

1. 明确建设单位和施工企业在施工中的权利和义务

施工合同一经签订，即具有法律效力。施工合同明确了建设单位（发包人）和施工企业（承包人）在工程施工中的权利和义务。这是双方在履行合同中的行为准则，是双方的行为依据。双方应认真履行各自的义务，任何一方无权随意变更或解除施工合同；任何一方违反合同规定的内容，都必须承担相应的法律责任。如果不订立施工合同，将无法规范双方的行为，也无法明确各自在工程施工中所能享受的权利和承担的义务。

2. 有利于对工程施工的管理

合同当事人（发包人和承包人）对工程施工的管理应以合同为依据，这是毫无疑问的。

同时，有关的国家机关、金融机构对工程施工的监督和管理，施工合同也是其重要依据。不订立施工合同将给工程施工的管理带来很大的困难。

3. 有利于建筑市场的培育发展

在计划经济条件下，行政手段是施工管理的主要方法；在市场经济条件下，合同是维系市场运转的主要因素。因此，培育和发展建筑市场，首先要培育合同（契约）意识；其次推行建设监理制度、实行招标投标制（均为建筑市场的组成部分）等，这些都是以签订施工合同为基础的。因此，不订立施工合同，建筑市场的培育和发展将无从谈起。

4. 是进行监理的依据和推行监理制度的需要

建设监理制度是工程建设管理专业化、社会化的结果。在这一制度中，行政干预的作用被淡化了，建设单位（发包人）、施工企业（承包人）、监理单位三者的关系是通过工程建设监理合同和施工合同来确立的，监理单位对工程建设的监理是以订立施工合同为前提和基础的。建设单位一经委托监理单位对发包工程实行监理，则监理单位对工程进行监理的依据也就是施工合同。许多部门和地区在其有关实施施工监理的文件中都对此作了明确规定。

总之，订立施工合同是进行建设监理的依据，也是推行监理制度的需要；否则，监理工作将无法开展。

5.3.5　建设工程施工合同的订立

1. 订立施工合同应具备的条件

1）初步设计已经批准。

2）工程项目已经列入年度建设计划。

3）有能够满足施工需要的设计文件和有关技术资料。

4）建设资金和主要建筑材料设备来源已经落实。

5）招标投标工程，中标通知书已经下达。

除此之外，发承包双方签订施工合同，必须具备相应资质条件和履行施工合同的能力。承办人员签订合同，应取得法定代表人的授权委托书。

2. 订立施工合同应遵守的原则

（1）遵守国家的法律、法规和国家计划的原则　订立施工合同，必须遵守国家的法律、法规以及国家的建设计划和其他计划（如贷款计划等）。特别需要说明的是，《建设工程施工合同管理办法》规定：签订施工合同，必须按照《建设工程施工合同示范文本》的“合同条件”明确约定合同条款。

（2）平等互利、协商一致的原则　签订施工合同的当事人双方，都具有平等的法律地位，任何一方都不得强迫对方接受不平等的合同条件。合同的内容应当是互利的，不能单纯损害一方的利益。

协商一致原则要求施工合同必须是双方协商一致达成的协议，并且应当是当事人双方真实意思的表示。

（3）订立施工合同的程序　施工合同作为经济合同的一种，其订立也应经过要约和承诺两个阶段。如果没有特殊情况，工程建设的施工都应通过招标投标确定施工企业。中标通知书发出后，中标的施工企业应当与建设单位及时签订合同。依照《工程建设施工招标投标管理办法》的规定，中标通知书发出30天内，中标单位应与建设单位依据招标文件、投标书等签订工程发承包合同。签订合同的必须是中标的施工企业，投标书中已确定的合同条款在签订时不得更改，合同价应与中标价相一致。如果中标的施工企业拒绝与建设单位签订合同，则建设单位将不再返还其投标保证金，建设行政主管部门或其授权机构还可给予一定的行政处罚。

5.3.6 建设工程施工合同示范文本

为了指导建设工程施工合同当事人的签约行为，维护合同当事人的合法权益，依据《合同法》《建筑法》《招标投标法》以及相关法律法规，住房和城乡建设部、国家工商行政管理总局对《建设工程施工合同（示范文本）》（GF—2013—0201）进行了修订，制定了《建设工程施工合同（示范文本）》（GF—2017—0201）（以下简称《示范文本》，见电子资源）。

1.《示范文本》的组成

《示范文本》由合同协议书、通用合同条款和专用合同条款三部分组成，并附有若干个附件。

（1）合同协议书 《示范文本》合同协议书共计13条，主要包括：工程概况、合同工期、质量标准、签约合同价和合同价格形式、项目经理、合同文件构成、承诺以及合同生效条件等重要内容，集中约定了合同当事人基本的合同权利义务。

合同协议书具有两个主要的作用：

第一是合同的纲领性文件，基本涵盖合同的基本条款。

第二是合同生效的形式要件反映。

合同协议书的生效一般在合同当事人加盖公章，并由法定代表人或法定代表人的授权代表签字后生效，但合同当事人对合同生效有特别要求的，可以通过设置一定的生效条件或生效期限以满足具体项目的特殊情况。

（2）通用合同条款 通用合同条款是合同当事人根据《建筑法》《合同法》等法律法规的规定，就工程建设的实施及相关事项，对合同当事人的权利义务做出的原则性约定。

通用合同条款共计20条，具体条款分别为：一般约定、发包人、承包人、监理人、工程质量、安全文明施工与环境保护、工期和进度、材料与设备、试验与检验、变更、价格调整、合同价格、计量与支付、验收和工程试车、竣工结算、缺陷责任与保修、违约、不可抗力、保险、索赔和争议解决。前述条款安排既考虑了现行法律法规对工程建设的有关要求，也考虑了建设工程施工管理的特殊需要。

通用合同条款的作用：反复使用、避免漏项、便于管理和查阅。

使用过程中，如果工程建设项目的技术要求、现场情况与市场环境等实际履行条件存在特别性，则可以在专用合同条款中进行相应的补充和完善。

（3）专用合同条款 专用合同条款是对通用合同条款原则性约定的细化、完善、补充、修改或另行约定的条款。合同当事人可以根据不同建设工程的特点及具体情况，通过双方的谈判、协商对相应的专用合同条款进行修改补充。在使用专用合同条款时，应注意以下事项：

1）专用合同条款的编号应与相应的通用合同条款的编号一致。

2）合同当事人可以通过对专用合同条款的修改，满足具体建设工程的特殊要求，避免直接修改通用合同条款。

3）在专用合同条款中有横道线的地方，合同当事人可针对相应的通用合同条款进行细化、完善、补充、修改或另行约定；如无细化、完善、补充、修改或另行约定，则填写“无”或划“/”。

《示范文本》为非强制性使用文本。《示范文本》适用于房屋建筑工程、土木工程、线路管道和设备安装工程、装修工程等建设工程的施工承发包活动，合同当事人可结合建设工程具体情况，根据《示范文本》订立合同，并按照法律法规规定和合同约定承担相应的法律责任及合同权利义务。

2. 合同文件的组成及解释顺序

《示范文本》在通用条款中规定了施工合同文件的组成和解释顺序。组成合同的各项文件应互相解释，互为说明。除专用合同条款另有约定外，解释合同文件的优先顺序如下：

1）合同协议书。

2）中标通知书（如果有）。

3）投标函及其附录（如果有）。

4）专用合同条款及其附件。

5）通用合同条款。

6）技术标准和要求。

7）图纸。

8）已标价工程量清单或预算书。

9）其他合同文件。

上述各项合同文件包括合同当事人就该项合同文件所做出的补充和修改，属于同一类内容的文件，应以最新签署的为准。

在合同订立及履行过程中形成的与合同有关的文件均构成合同文件组成部分，并根据其性质确定优先解释顺序。当合同文件出现含糊不清或不相一致时，在不影响工程进度的情况下，由双方协商解决；双方意见仍不能一致的，按约定的争议解决办法解决。

3. 施工合同的主要参与方

施工合同的参与方除了合同当事人（发包人和承包人）外，主要还包括监理人、分包人等。

（1）发包人　发包人是指与承包人签订合同协议书的当事人及取得该当事人资格的合法继承人，其合同义务主要有：

1）许可和批准。发包人应遵守法律，并办理法律规定由其办理的许可、批准或备案，包括但不限于建设用地规划许可证，建设工程规划许可证，建设工程施工许可证，施工所需临时用水、临时用电、中断道路交通、临时占用土地等许可和批准。发包人应协助承包人办理法律规定的有关施工证件和批件。

因发包人原因未能及时办理完毕前述许可、批准或备案，由发包人承担由此增加的费用和（或）延误的工期，并支付承包人合理的利润。

2）发包人代表。发包人应在专用合同条款中明确其派驻施工现场的发包人代表的姓名、职务、联系方式及授权范围等事项。发包人代表在发包人的授权范围内，负责处理合同履行过程中与发包人有关的具体事宜。发包人代表在授权范围内的行为由发包人承担法律责任。发包人更换发包人代表的，应提前7天书面通知承包人。

发包人代表不能按照合同约定履行其职责及义务，并导致合同无法继续正常履行的，承包人可以要求发包人撤换发包人代表。

不属于法定必须监理的工程，监理人的职权可以由发包人代表或发包人指定的其他人员行使。

3）提供施工现场。除专用合同条款另有约定外，发包人应最迟于开工日期7天前向承包人移交施工现场。

4）提供施工条件。除专用合同条款另有约定外，发包人应负责提供施工所需要的条件，包括：将施工用水、电力、通信线路等施工所必需的条件接至施工现场内；保证向承包人提供正常施工所需要的进入施工现场的交通条件；协调处理施工现场周围地下管线和邻近建筑物、构筑物、古树名木的保护工作，并承担相关费用；按照专用合同条款约定应提供的其他设施和条件。

5）提供基础资料。发包人应当在移交施工现场前向承包人提供施工现场及工程施工所必需的毗邻区域内供水、排水、供电、供气、供热、通信、广播电视等地下管线资料，气象和水文观测资料，地质勘察资料，相邻建筑物、构筑物和地下工程等有关基础资料，并对所提供资料的真实性、准确性和完整性负责。

按照法律规定确需在开工后方能提供的基础资料，发包人应尽其努力及时地在相应工程施工前的合理期限内提供，合理期限应以不影响承包人的正常施工为限。

因发包人原因未能按合同约定及时向承包人提供施工现场、施工条件、基础资料的，由发包人承担由此增加的费用和（或）延误的工期。

6）资金来源证明及支付担保。除专用合同条款另有约定外，发包人应在收到承包人要求提供资金来源证明的书面通知后28天内，向承包人提供能够按照合同约定支付合同价款的相应资金来源证明。

除专用合同条款另有约定外，发包人要求承包人提供履约担保的，发包人应当向承包人提供支付担保。支付担保可以采用银行保函或担保公司担保等形式，具体由合同当事人在专用合同条款中约定。

7）支付合同价款。发包人应按合同约定向承包人及时支付合同价款。

8）组织竣工验收。发包人应按合同约定及时组织竣工验收。

9）现场统一管理协议。发包人应与承包人、由发包人直接发包的专业工程的承包人签订施工现场统一管理协议，明确各方的权利义务。施工现场统一管理协议作为专用合同条款的附件。

（2）承包人　承包人是指与发包人签订合同协议书的、具有相应工程施工承包资质的当事人及取得该当事人资格的合法继承人。

1）承包人的一般义务。承包人在履行合同过程中应遵守法律和工程建设标准规范，并履行以下义务：

① 办理法律规定应由承包人办理的许可和批准，并将办理结果书面报送发包人留存。

② 按法律规定和合同约定完成工程，并在保修期内承担保修义务。

③ 按法律规定和合同约定采取施工安全和环境保护措施，办理工伤保险，确保工程及人员、材料、设备和设施的安全。

④ 按合同约定的工作内容和施工进度要求，编制施工组织设计和施工措施计划，并对所有施工作业和施工方法的完备性和安全可靠性负责。

⑤ 在进行合同约定的各项工作时，不得侵害发包人与他人使用公用道路、水源、市政管网等公共设施的权利，避免对邻近的公共设施产生干扰。承包人占用或使用他人的施工场地，影响他人作业或生活的，应承担相应责任。

⑥ 按照环境保护约定负责施工场地及其周边环境与生态的保护工作。

⑦ 按安全文明施工约定采取施工安全措施，确保工程及其人员、材料、设备和设施的安全，防止因工程施工造成的人身伤害和财产损失。

⑧ 将发包人按合同约定支付的各项价款专用于合同工程，且应及时支付其雇用人员工资，并及时向分包人支付合同价款。

⑨ 按照法律规定和合同约定编制竣工资料，完成竣工资料立卷及归档，并按专用合同条款约定的竣工资料的套数、内容、时间等要求移交发包人。

⑩ 应履行的其他义务。

2）项目经理。项目经理应为合同当事人所确认的人选，并在专用合同条款中明确项目经理的姓名、职称、注册执业证书编号、联系方式及授权范围等事项，项目经理经承包人授权后代表承包人负责履行合同。项目经理应是承包人正式聘用的员工，承包人应向发包人提交项目经理与承包人之间的劳动合同以及承包人为项目经理缴纳社会保险的有效证明。承包人不提交上述文件的，项目经理无权履行职责，发包人有权要求更换项目经理，由此增加的费用和（或）延误的工期由承包人承担。

项目经理应常驻施工现场，且每月在施工现场时间不得少于专用合同条款约定的天数。项目经理不得同时担任其他项目的项目经理。项目经理确需离开施工现场时，应事先通知监理人，并取得发包人的书面同意。项目经理的通知书中应当载明临时代行其职责的人员的注册执业资格、管理经验等资料，该人员应具备履行相应职责的能力。

承包人违反上述约定的，应按照专用合同条款的约定承担违约责任。

项目经理按合同约定组织工程实施。在紧急情况下为确保施工安全和人员安全，在无法与发包人代表和总监理工程师及时取得联系时，项目经理有权采取必要的措施保证与工程有关的人身、财产和工程的安全，但应在事后48小时内向发包人代表和总监理工程师提交书面报告。

承包人需要更换项目经理的，应提前14天书面通知发包人和监理人，并征得发包人书面同意。通知中应当载明继任项目经理的注册执业资格、管理经验等资料，继任项目经理继续履行合同约定的职责。未经发包人书面同意，承包人不得擅自更换项目经理。承包人擅自更换项目经理的，应按照专用合同条款的约定承担违约责任。

发包人有权书面通知承包人更换其认为不称职的项目经理，通知中应当载明要求更换的理由。承包人应在接到更换通知后14天内向发包人提出书面的改进报告。发包人收到改进报告后仍要求更换的，承包人应在接到第二次更换通知的28天内进行更换，并将新任命的项目经理的注册执业资格、管理经验等资料书面通知发包人。继任项目经理继续履行合同约定的职责。承包人无正当理由拒绝更换项目经理的，应按照专用合同条款的约定承担违约责任。

项目经理因特殊情况授权其下属人员履行其某项工作职责的，该下属人员应具备履行相应职责的能力，并应提前7天将上述人员的姓名和授权范围书面通知监理人，并征得发包人书面同意。

（3）监理人　监理人是指在专用合同条款中指明的，受发包人委托按照法律规定进行工程监督管理的法人或其他组织。在法定必须监理的项目中，监理人是法定的参与主体，对于保证建设工程的质量和安全具有重要意义。

1）监理人的一般规定。建设工程实行监理的，发包人和承包人应在专用合同条款中明确监理人的监理内容及监理权限等事项。监理人应当根据发包人授权及法律规定，代表发包人对工程施工相关事项进行检查、查验、审核、验收，并签发相关指示，但监理人无权修改合同，且无权减轻或免除合同约定的承包人的任何责任与义务。

除专用合同条款另有约定外，监理人在施工现场的办公场所、生活场所由承包人提供，所发生的费用由发包人承担。

2）监理人员。发包人授予监理人对工程实施监理的权利由监理人派驻施工现场的监理人员行使，监理人员包括总监理工程师及监理工程师。监理人应将授权的总监理工程师和监理工程师的姓名及授权范围以书面形式提前通知承包人。更换总监理工程师的，监理人应提前7天书面通知承包人；更换其他监理人员，监理人应提前48小时书面通知承包人。

3）监理人的指示。监理人应按照发包人的授权发出监理指示。监理人的指示应采用书面形式，并经其授权的监理人员签字。紧急情况下，为了保证施工人员的安全或避免工程受损，监理人员可以口头形式发出指示，该指示与书面形式的指示具有同等法律效力，但必须在发出口头指示后24小时内补发书面监理指示，补发的书面监理指示应与口头指示一致。

监理人发出的指示应送达承包人项目经理或经项目经理授权接收的人员。因监理人未能按合同约定发出指示、指示延误或发出了错误指示而导致承包人费用增加和（或）工期延误的，由发包人承担相应责任。除专用合同条款另有约定外，总监理工程师不应将合同约定应由总监理工程师做出确定的权力授权或委托给其他监理人员。

承包人对监理人发出的指示有疑问的，应向监理人提出书面异议，监理人应在48小时内对该指示予以确认、更改或撤销，监理人逾期未回复的，承包人有权拒绝执行上述指示。

监理人对承包人的任何工作、工程或其采用的材料和工程设备未在约定的或合理期限内提出意见的，视为批准，但不免除或减轻承包人对该工作、工程、材料、工程设备等应承担的责任和义务。

4）商定或确定。合同当事人进行商定或确定时，总监理工程师应当会同合同当事人尽量通过协商达成一致，不能达成一致的，由总监理工程师按照合同约定审慎做出公正的确定。

总监理工程师应将确定以书面形式通知发包人和承包人，并附详细依据。合同当事人对总监理工程师的确定没有异议的，按照总监理工程师的确定执行。任何一方合同当事人有异议，按照合同约定处理。争议解决前，合同当事人暂按总监理工程师的确定执行；争议解决

后，争议解决的结果与总监理工程师的确定不一致的，按照争议解决的结果执行，由此造成的损失由责任人承担。

（4）分包人　分包人是指按照法律规定和合同约定，分包部分工程或工作，并与承包人签订分包合同的具有相应资质的法人。

1）分包的一般约定。承包人不得将其承包的全部工程转包给第三人，或将其承包的全部工程肢解后以分包的名义转包给第三人。承包人不得将工程主体结构、关键性工作及专用合同条款中禁止分包的专业工程分包给第三人，主体结构、关键性工作的范围由合同当事人按照法律规定在专用合同条款中予以明确。

承包人不得以劳务分包的名义转包或违法分包工程。

2）分包的确定。承包人应按专用合同条款的约定进行分包，确定分包人。已标价工程量清单或预算书中给定暂估价的专业工程，按照合同确定分包人。按照合同约定进行分包的，承包人应确保分包人具有相应的资质和能力。工程分包不减轻或免除承包人的责任和义务，承包人和分包人就分包工程向发包人承担连带责任。除合同另有约定外，承包人应在分包合同签订后7天内向发包人和监理人提交分包合同副本。

4. 施工合同的争议解决

合同当事人可以就争议进行和解、调解、争议评审、仲裁或诉讼。

（1）和解　合同当事人可以就争议自行和解，自行和解达成协议的经双方签字并盖章后作为合同补充文件，双方均应遵照执行。

（2）调解　合同当事人可以就争议请求建设行政主管部门、行业协会或其他第三方进行调解，调解达成协议的，经双方签字并盖章后作为合同补充文件，双方均应遵照执行。

（3）争议评审　合同当事人在专用合同条款中约定采取争议评审方式解决争议以及评审规则，并按下列约定执行：

1）争议评审小组的确定。合同当事人可以共同选择一名或三名争议评审员，组成争议评审小组。除专用合同条款另有约定外，合同当事人应当自合同签订后28天内，或者争议发生后14天内，选定争议评审员。

选择一名争议评审员的，由合同当事人共同确定；选择三名争议评审员的，各自选定一名，第三名成员为首席争议评审员，由合同当事人共同确定或由合同当事人委托已选定的争议评审员共同确定，或由专用合同条款约定的评审机构指定第三名首席争议评审员。

除专用合同条款另有约定外，评审员报酬由发包人和承包人各承担一半。

2）争议评审小组的决定。合同当事人可在任何时间将与合同有关的任何争议共同提请争议评审小组进行评审。争议评审小组应秉持客观、公正的原则，充分听取合同当事人的意见，依据相关法律、规范、标准、案例经验及商业惯例等，自收到争议评审申请报告后14天内做出书面决定，并说明理由。合同当事人可以在专用合同条款中对本事项另行约定。

3）争议评审小组决定的效力。争议评审小组做出的书面决定经合同当事人签字确认后，对双方具有约束力，双方应遵照执行。

任何一方当事人不接受争议评审小组决定或不履行争议评审小组决定的，双方可选择采用其他争议解决方式。

(4) 仲裁或诉讼 因合同及合同有关事项产生的争议，合同当事人可以在专用合同条款中约定以下一种方式解决争议：

1) 向约定的仲裁委员会申请仲裁。

2) 向有管辖权的人民法院提起诉讼。

仲裁和诉讼是相互排斥的，合同当事人只能选择其中一种方式，而且必须明确，无论约定仲裁还是诉讼，必须符合《中华人民共和国仲裁法》和《中华人民共和国民事诉讼法》的规定。

(5) 争议解决条款效力 合同有关争议解决的条款独立存在，合同的变更、解除、终止、无效或者被撤销均不影响其效力。

[思政引导] 我国是法治社会，合同当事人要依据合同履行义务。当出现合同争议时，应该先友好协商，再提请调解，迫不得已再诉讼或仲裁。该解决程序体现了中华民族以和为贵的大国风范；引导学生要有法治精神和社交礼仪，如果和别人发生纠纷，不要发生口角，甚至动手，而要通过合理合法的渠道有礼有节地解决问题。

案例回顾

想一想在本节导入案例里面为何发生争执，双方有违约行为吗？

答：双方均有违约行为，承包人拖延工期68天，应当支付拖延工期的违约金；但是发包人既然对该工程已经验收合格，就应当支付工程尾款，由于其拒绝支付，所以也应该承担延迟履行的违约责任。

练一练

5.3-1 建设工程合同按计价方式不同可分为________、________、________。

5.3-2 施工合同的标的是____________________。

5.3-3 施工合同有________，________，________，________的特点。

5.3-4 施工合同作为经济合同的一种，其订立也应经过________和________两个阶段。

5.3-5 施工合同的订立应具备________，________，________，________，________，________等条件。

5.3-6 下列行为中不符合暂停施工规定的是（ ）。

A. 工程师在确有必要时，应以书面形式下达停工指令

B. 工程师应在提出暂停施工要求后48小时内提出书面处理意见

C. 承包人实施工程师处理意见，提出复工要求后可复工

D. 工程师应在承包人提出复工要求后48小时内给予答复

5.3-7 施工中承包人要求使用特殊工艺，经工程师认可后实施，应由（ ）。

A. 发包人办理申报手续，发包人承担相关费用

B. 发包人办理申报手续，承包人承担相关费用

C. 承包人办理申报手续，承包人承担相关费用

D. 承包人办理申报手续，发包人承担相关费用

5.3-8 施工合同示范文本规定，因发包人原因不能按协议书约定的开工日期开工，（　　）后推迟开工日期。

A. 承包人以书面形式通知工程师

B. 发包人以书面形式通知承包人

C. 工程师以书面形式通知承包人

D. 工程师征得承包人同意

5.3-9 按照施工合同的规定，（　　）属于发包人的主要工作。

A. 提供统计报表

B. 保证施工噪声符合环保规定

C. 开通专用条款约定的施工场地内的交通要道

D. 做好施工现场地下管线的保护

5.3-10 以下文件均构成施工合同文件的组成部分，但从文件的解释顺序来看，（　　）是错误的。

A. 合同协议书、中标通知书　　B. 投标书、工程量清单

C. 施工合同通用条件、专用条件　　D. 标准及有关技术文件、图纸

5.4　建设工程监理合同

导入案例

某一监理单位受建设单位委托承担了某公路工程的施工阶段监理任务，并签订了建设工程委托监理合同。监理合同中部分内容如下：①监理单位为本工程项目的最高管理者；②监理单位应维护建设单位的权益；③建设单位参与监理的人员同时作为发包人代表；④上述发包人代表可以向承包人下达指令；⑤监理单位仅进行质量控制，而由发包人来行使进度与投资控制任务；⑥由于监理单位的努力，使合同工期提前的，监理单位与发包人分享利益。此监理合同中有不妥之处吗？为什么？

5.4.1　建设工程委托监理合同的概念和特点

建设工程委托监理合同简称监理合同，是指委托人与监理人就委托的建设工程项目的监督管理为内容而签订的双方当事人权利和义务的协议。建设单位称委托人，监理单位称受托人。

监理合同是委托合同的一种，不仅具备委托合同的特征，而且具有自身的一些特征，归纳如下：

1）监理合同的标的是劳务，因为监理合同的履行是通过监理工程师依据自己的知识、经验、技能等为发包人所委托的工程项目实施监督和管理的，则其标的是具体的服务。

2）监理合同是诺成合同，监理合同的成立必须以委托人的承诺为条件，其承诺与否决定着监理合同是否成立。并且监理合同自承诺之日起生效，不需以履行合同的行为或物的交换作为合同成立的条件。

3）监理合同是双务合同，即合同成立后，委托人和监理人都要承担相应的义务，委托人有向监理人支付监理酬金等义务，监理人有向委托人报告委托事务、亲自处理委托事务等义务。

4）监理合同是有偿合同，因为监理人也是以盈利为目的的，其通过自己的有偿服务取得相应的报酬。

5）监理合同的当事人双方应当是具有民事权利能力和民事行为能力的社会组织，个人在法律允许的范围内也可以成为合同当事人。当然，委托人必须是有国家批准的建设工程项目的社会组织或个人，监理人必须是依法成立的具有法人资格和相应资质的监理单位。

6）监理合同的签订必须符合工程项目建设程序，遵守国家和地方的有关法律和地方行政法规等。

5.4.2 建设工程监理合同示范文本

为规范建设工程监理活动，维护建设工程监理合同当事人的合法权益，住房和城乡建设部、国家工商行政管理总局对《建设工程委托监理合同（示范文本）》（GF—2000—2002）进行了修订，制定了《建设工程监理合同（示范文本）》（GF—2012—0202），该示范文本由协议书、通用条件和专用条件三个部分组成。

1. 协议书

这一部分是监理合同的核心部分，也是总协议、纲领性文件，主要内容包括双方当事人确认的委托监理工程的概况（包括工程名称、地点、规模和投资额）、词语限定、组成本合同的文件、总监理工程师、签约酬金、期限、双方承诺、合同订立等。

小知识

监理合同的组成文件主要包括：

1）协议书。

2）中标通知书（适用于招标工程）或委托书（适用于非招标工程）。

3）投标文件（适用于招标工程）或监理与相关服务建议书（适用于非招标工程）。

4）专用条件。

5）通用条件。

6）附录。

附录A 相关服务的范围和内容

附录B 委托人派遣的人员和提供的房屋、资料、设备

2. 通用条件

这一部分是监理合同的共性条款或通用条款，适用于各类建设工程项目监理，其内容包括：合同中所用词语定义、适用范围和法规；签约双方的责任、权利和义务；合同的生效、变更和终止；监理报酬；争议的解决以及其他一些情况。对于这些内容，监理合同的双方当事人都应当遵守。

3. 专用条件

由于每个具体的工程项目都有其自身的特点和要求，标准条件虽然可以适用于各类建设工程基础上的监理，但却不能满足每个具体的工程项目监理的需要，所以还专门设置了专用条款，可以根据建设工程项目监理的需要对标准条件的某些条款进行补充、修正。专用条件是与标准条件相对应的，它不能单独使用，必须与标准条件结合在一起才能使用。

5.4.3　合同双方义务

1. 监理人义务

监理人应按合同约定履行合同义务。除合同约定的正常监理工作之外，还包括附加监理工作。

小知识

“正常监理工作”是指本合同订立时通用条件和专用条件中约定的监理人的工作。“附加监理工作”是指合同约定的正常工作以外的、在订立合同时未能或不能合理预见，而在合同履行过程中发生需要监理人完成的工作。

除专用条件另有约定外，监理工作内容包括：

1）收到工程设计文件后编制监理规划，并在第一次工地会议7天前报委托人。根据有关规定和监理工作需要，编制监理实施细则。

2）熟悉工程设计文件，并参加由委托人主持的图纸会审和设计交底会议。

3）参加由委托人主持的第一次工地会议；主持监理例会并根据工程需要主持或参加专题会议。

4）审查施工承包人提交的施工组织设计，重点审查其中的质量安全技术措施、专项施工方案与工程建设强制性标准的符合性。

5）检查施工承包人工程质量、安全生产管理制度及组织机构和人员资格。

6）检查施工承包人专职安全生产管理人员的配备情况。

7）审查施工承包人提交的施工进度计划，核查承包人对施工进度计划的调整。

8）检查施工承包人的试验室。

9）审核施工分包人资质条件。

10）查验施工承包人的施工测量放线成果。

11）审查工程开工条件，对具备条件的签发开工令。

12）审查施工承包人报送的工程材料、构配件、设备质量证明文件的有效性和符合性，并按规定对用于工程的材料采取平行检验或见证取样方式进行抽检。

13）审核施工承包人提交的工程款支付申请，签发或出具工程款支付证书，并报委托人审核、批准。

14）在巡视、旁站和检验过程中，发现工程质量、施工安全存在事故隐患的，要求施工承包人整改并报委托人。

15）经委托人同意，签发工程暂停令和复工令。

16）审查施工承包人提交的采用新材料、新工艺、新技术、新设备的论证材料及相关验收标准。

17）验收隐蔽工程、分部分项工程。

18）审查施工承包人提交的工程变更申请，协调处理施工进度调整、费用索赔、合同争议等事项。

19）审查施工承包人提交的竣工验收申请，编写工程质量评估报告。

20）参加工程竣工验收，签署竣工验收意见。

21）审查施工承包人提交的竣工结算申请并报委托人。

22）编制、整理工程监理归档文件并报委托人。

2. 委托人义务

（1）告知　委托人应在委托人与承包人签订的合同中明确监理人、总监理工程师和授予项目监理机构的权限。如有变更，应及时通知承包人。

（2）提供资料　委托人应按照附录约定，无偿向监理人提供工程有关的资料。在本合同履行过程中，委托人应及时向监理人提供最新的与工程有关的资料。

（3）提供工作条件　委托人应为监理人完成监理与相关服务提供必要的条件。

1）委托人应按照附录约定，派遣相应的人员，提供房屋、设备，供监理人无偿使用。

2）委托人应负责协调工程建设中所有外部关系，为监理人履行本合同提供必要的外部条件。

案例回顾

通过本节内容，想一想导入案例中建设方、施工方、监理方有不当之处吗？该监理合同有哪些不妥之处？

答：1）监理单位虽然受建设单位委托对项目施工进行全面的监督、管理，但就某些重大决策问题还必须由发包人做出决定。因此，监理单位不是也不可能是工程项目建设唯一的最高管理者。

2）监理单位应作为公正的第三方，以批准的项目建设文件的有关法律、法规以及监理合同和工程建设合同为依据进行监理。因此，监理单位应站在公正立场上行使自己的监理权，既要维护发包人的合法权益，也要维护被监理方的合法权益。

3）发包人一方参与监理的人，工作时不能作为发包人的代表，只能以监理单位的名义进行活动。

4）发包人代表不可以直接向承包人下达指令，必须通过监理工程师下达。

5）监理的三大控制目标是相互联系的，让监理单位只控制一个目标是不切实际的。

6）监理单位经努力使规定的建设工期提前，建设单位应按约定给予奖励，而不是利润分成。

练一练

5.4-1　建设工程委托监理合同是______________，它有__________法律特征。

5.4-2　监理合同的标的是____________。

5.4-3　《建设工程委托监理合同（示范文本）》由______________、______________、____________和____________组成。

5.4-4　因监理人与第三方的共同责任而给委托人造成了经济损失，计算监理人赔偿费的原则是（　　）。

A. 按工程实际受到的损害计算

B. 按委托人认为所受到的损害计算

C. 按实际损害计算一定比例的赔偿金

D. 监理人赔偿总额不应超过监理酬金总额

E. 监理人赔偿总额不应超过扣除税金后的监理酬金总额

5.4-5　在监理合同履行中，出现（　　）情况，委托人有权追究监理人的违约赔偿责任。

A. 工程总投资超过预期金额

B. 因承包人原因导致工期延长

C. 监理工程师没有进行合同内规定的检查而出现质量事故

D. 监理工程师指示承包人进行额外检查造成的费用增加

5.4-6　依据监理合同的规定，（　　）不属于委托人的责任。

A. 委托人选定的质量检测机构试验数据错误

B. 因非监理人原因的事由使监理人受到损失

C. 委托人向监理人提出的赔偿要求不能成立

D. 监理人的过失导致合同终止

5.4-7　依据委托监理合同的规定，属于委托人应履行的义务包括（　　）。

A. 开展监理业务前向监理人支付预付款

B. 负责工程建设所有外部关系的协调，为监理工作创造外部条件

C. 免费向监理人提供开展监理工作所需的工程资料

D. 与监理人协商一致，选定项目的勘察设计单位

E. 将授予监理人的监理权利在与第三方签订的合同中予以明确

5.4-8　监理单位需要调换监理机构的总监理工程师人选时，（　　）。

A. 通知发包人后即可调换

B. 无须通知发包人可自行调换

C. 取得发包人书面同意后才能调换

D. 合同签订后不允许调换

5.4-9　监理单位出现无正当理由而又未履行监理义务时，按照监理合同规定，发包人可（　　）。

A. 发出终止合同通知，监理合同即行停止

B. 发出未履行义务通知后在第21天单方终止合同

C. 发出未履行义务通知后21天内未能得到满意答复，在第一个通知发出后的42天内发出终止合同通知，监理合同即行终止

D. 发出未履行义务通知，21天内未能得到满意答复，可在第一个通知发出后35日内

发出终止合同通知，监理合同即行终止

5.4-10 工程建设过程中需要与当地政府有关部门协调的工作，应由（　　）办理。

A. 委托人　　B. 总监理工程师

C. 承包人　　D. 监理人

5.5 建设工程勘察、设计合同

导入案例

饮食服务S公司请T设计公司为其拟建的“四季香”酒楼进行设计，并签订了一份建设工程设计承包合同。合同约定设计方案包括全部工程建筑面积，造价为140万元，提交设计图纸的期限为3个月。T公司如期完成设计，将设计图交付S公司。S公司经董事会讨论后，决定将建筑面积增加近一倍，并提高酒楼的装饰标准，总造价提高到280万元，并请T公司在原设计图纸的基础上进行修改，但双方未就修改设计的费用等签订书面协议。在结算设计费时，S公司坚持按原合同约定的标准支付，T公司认为修改设计的费用标准应相应提高，因为装修规格提高，工作量增大，S公司认为T公司提交设计图延期也应承担违约责任。双方因设计费的标准及违约责任等纠纷诉至法院。

5.5.1 建设工程勘察、设计合同概述

建设工程勘察、设计合同（简称勘察、设计合同），是指建设人与勘察人、设计人为完成一定的勘察、设计任务，明确双方权利、义务的协议。建设单位或有关单位称发包人，勘察、设计单位称承包人。根据勘察、设计合同，承包人完成委托方委托的勘察、设计项目，发包人接受符合约定要求的勘察、设计成果，并给付报酬。建设工程勘察、设计合同有以下特点：

1. 勘察、设计合同的当事人双方一般应具有法人资格

勘察、设计合同的当事人双方应当是具有民事权利能力和民事行为能力，取得法人资格的组织或者其他组织及个人，在法律和法规允许的范围内均可以成为合同当事人。作为发包人，必须是有国家批准建设项目，落实投资计划的企事业单位、社会组织；作为承包人应当是具有国家批准的勘察、设计许可证，经有关部门核准的资质等级的勘察、设计单位。

2. 勘察、设计合同的订立必须符合工程项目建设程序

勘察、设计合同的订立必须符合国家规定的工程项目建设程序，应以国家批准的设计任务书或其他有关文件为基础。

3. 勘察、设计合同具有建设工程合同的基本特征

勘察、设计合同是建设工程合同中的类型之一，建设工程合同的基本特征，勘察、设计合同都具有。

5.5.2 建设工程勘察、设计合同的订立

1）建设工程勘察、设计合同的主体资格。建设工程勘察、设计合同的主体一般应是法人。承包人承揽建设工程勘察、设计任务必须具有相应的权利能力和行为能力，必须持有国家颁发的勘察、设计证书。国家对勘察设计市场实行从业单位资质、个人执业资格准入管理制度。

小知识

委托工程设计任务的建设工程项目应当符合国家有关规定：

① 建设工程项目可行性研究报告或项目建议书已获批准。

② 已经办理了建设用地规划许可证等手续。

③ 法律、法规规定的其他条件。

2）建设工程勘察、设计合同订立的形式与程序。建设工程勘察、设计任务通过招标或设计方案的竞投确定勘察、设计单位后，应遵循工程项目建设程序签订勘察、设计合同。勘察合同由建设单位、设计单位或有关单位提出委托，经双方协商同意，并具有上级机关批准的设计任务书即可签订。小型单项工程必须具有上级机关批准的设计文件。

建设工程勘察、设计合同必须采用书面形式，并参照国家推荐使用的合同文本签订。

5.5.3 勘察合同当事人的义务和违约责任

在勘察合同的履行过程中，双方当事人均应严格遵循合同的各项条款，以诚实守信的原则履行应尽的义务，并随时了解、核查对方的履约情况，发现问题或对方的违约行为应及时处理或协商解决。以下是双方主要的责任和义务：

1. 发包人的责任和义务

1）发包人应以书面形式向勘察人明确勘察任务及技术要求。

2）发包人应提供开展工程勘察工作所需要的图纸及技术资料，包括总平面图、地形图、已有水准点和坐标控制点等，若上述资料由勘察人负责搜集，则发包人应承担相关费用。

3）发包人应提供工程勘察作业所需的批准及许可文件，包括立项批复、占用和挖掘道路许可等。

4）发包人应为勘察人提供具备条件的作业场地及进场通道（包括土地征用、障碍物清除、场地平整、提供水电接口和青苗赔偿等）并承担相关费用。

5）发包人应为勘察人提供作业场地内地下埋藏物（包括地下管线、地下构筑物等）的资料、图纸，没有资料、图纸的地区，发包人应委托专业机构查清地下埋藏物。若因发包人未提供上述资料、图纸或提供的资料、图纸不实，致使勘察人在工程勘察工作过程中发生人身伤害或造成经济损失的，由发包人承担赔偿责任。

6）发包人应按照法律法规规定为勘察人安全生产提供条件并支付安全生产防护费用，发包人不得要求勘察人违反安全生产管理规定进行作业。

7）若勘察现场需要看守，特别是在有毒、有害等危险现场作业时，按国家有关规定，发包人应派人对从事危险作业的现场人员进行保健防护，并承担费用。发包人对安全文明施工有特殊要求时，应在专用合同条款中另行约定。

8）发包人应对勘察人满足质量标准的已完工作，按照合同约定及时支付相应的工程勘察合同价款及相关费用。

2. 勘察人的责任和义务

1）勘察人应按勘察任务书和技术要求并依据有关技术标准进行工程勘察工作。

2）勘察人应建立质量保证体系，按本合同约定的时间提交质量合格的成果资料，并对其质量负责。

3）勘察人在提交成果资料后，应为发包人继续提供后期服务。

4）勘察人在工程勘察期间遇到地下文物时，应及时向发包人和文物主管部门报告并妥善保护。

5）勘察人开展工程勘察活动时应遵守有关职业健康及安全生产方面的各项法律法规，采取安全防护措施，确保人员、设备和设施的安全。

6）勘察人在燃气管道、热力管道、动力设备、输水管道、输电线路、临街交通要道及地下通道（地下隧道）附近等风险性较大的地点以及在易燃易爆地段及放射、有毒环境中进行工程勘察作业时，应编制安全防护方案并制定应急预案。

7）勘察人应在勘察方案中列明环境保护的具体措施，并在合同履行期间采取合理措施保护作业现场环境。

3. 违约责任

（1）发包人违约

1）合同生效后，发包人无故要求终止或解除合同，勘察人未开始勘察工作的，不退还发包人已付的定金，或发包人按照专用合同条款约定向勘察人支付违约金；勘察人已开始勘察工作的，若完成计划工作量不足50%，发包人应支付勘察人合同价款的50%；若完成计划工作量超过50%，发包人应支付勘察人合同价款的100%。

2）发包人发生其他违约情形时，发包人应承担由此增加的费用和工期延误损失，并给予勘察人合理赔偿。双方可在专用合同条款内约定发包人赔偿勘察人损失的计算方法或者发包人应支付违约金的数额或计算方法。

（2）勘察人违约

1）合同生效后，勘察人因自身原因要求终止或解除合同，勘察人应双倍返还发包人已支付的定金，或勘察人按照专用合同条款约定向发包人支付违约金。

2）因勘察人原因造成工期延误的，应按专用合同条款约定向发包人支付违约金。

3）因勘察人原因造成成果资料质量达不到合同约定的质量标准的，勘察人应负责无偿给予补充、完善使其达到质量合格。因勘察人原因导致工程质量安全事故或其他事故时，勘察人除负责采取补救措施外，应通过所投工程勘察责任保险向发包人承担赔偿责任或根据直接经济损失程度按专用合同条款约定向发包人支付赔偿金。

4）勘察人发生其他违约情形时，勘察人应承担违约责任并赔偿因其违约给发包人造成的损失，双方可在专用合同条款内约定勘察人赔偿发包人损失的计算方法和赔偿金额。

5.5.4　设计合同的义务和违约责任

在设计合同的履行阶段，遵循平等、自愿、公平和诚实信用的原则。

1. 发包人的责任和义务

发包人和设计人都应严格履行合同规定的权利和义务，全面履行各项条款。以下是发包人应履行的主要责任和义务：

1）发包人应遵守法律，并办理法律规定由其办理的许可、核准或备案，包括但不限于建设用地规划许可证、建设工程规划许可证、建设工程方案设计批准、施工图设计审查等许可、核准或备案。

发包人负责本项目各阶段设计文件向规划设计管理部门的送审报批工作，并负责将报批结果书面通知设计人。因发包人原因未能及时办理完毕前述许可、核准或备案手续，导致设计工作量增加和（或）设计周期延长的，由发包人承担由此增加的设计费用和（或）延长的设计周期。

2）发包人应当负责工程设计的所有外部关系（包括但不限于当地政府主管部门等）的协调，为设计人履行合同提供必要的外部条件。

案例回顾

通过上面所学内容，想一想前面导入案例中双方产生纠纷的原因是什么？法院该作出什么判决呢？

答：本案中，S公司委托T公司进行酒楼设计，在T公司提交设计图纸后，S公司又要求对原设计图纸进行修改，并增加了设计面积、提高了装饰标准。但是，双方没有对修改和增加设计的费用作出约定，法院根据《民法典》第805条“因发包人变更计划，提供的资料不准确，或者未按照期限提供必需的勘察、设计工作条件而造成勘察、设计的返工、停工或者修改设计，发包人应当按照勘察人、设计人实际消耗的工作量增付费用”的规定，认定S公司应依设计人T公司实际消耗的工作量增付费用。至于S公司所提出的T公司的延期交付的违约责任，因为双方未就修改设计的提交日期进行约定，也就无所谓违约，因此T公司无须承担延期提交设计图纸的违约责任。

2. 设计人的责任和义务

1）设计人应遵守法律和有关技术标准的强制性规定，完成合同约定范围内的房屋建筑工程方案设计、初步设计、施工图设计，提供符合技术标准及合同要求的工程设计文件，提供施工配合服务。

设计人应当按照专用合同条款约定配合发包人办理有关许可、核准或备案手续的，因设计人原因造成发包人未能及时办理许可、核准或备案手续，导致设计工作量增加和（或）设计周期延长时，由设计人自行承担由此增加的设计费用和（或）设计周期延长的责任。

2）设计人应当完成合同约定的工程设计其他服务。

3. 违约责任

（1）发包人违约责任

1）合同生效后，发包人因非设计人原因要求终止或解除合同，设计人未开始设计工作的，不退还发包人已付的定金，或发包人按照专用合同条款的约定向设计人支付违约金；已开始设计工作的，发包人应按照设计人已完成的实际工作量计算设计费，完成工作量不足50%时，按该阶段设计费的50%支付设计费；完成工作量超过50%时，按该阶段设计费的100%支付设计费。

2）发包人未按专用合同条款约定的金额和期限向设计人支付设计费的，应按专用合同条款的约定向设计人支付违约金。逾期超过15天时，设计人有权书面通知发包人中止设计工作。自中止设计工作之日起15天内发包人支付相应费用的，设计人应及时根据发包人要求恢复设计工作；自中止设计工作之日起超过15天后发包人支付相应费用的，设计人有权确定重新恢复设计工作的时间，且设计周期相应延长。

3）发包人的上级或设计审批部门对设计文件不进行审批或本合同工程停建、缓建时，发包人应在事件发生之日起15天内按合同的约定向设计人结算并支付设计费。

4）发包人擅自将设计人的设计文件用于本工程以外的工程或交第三方使用的，应承担相应法律责任，并应赔偿设计人因此遭受的损失。

（2）设计人违约责任

1）合同生效后，设计人因自身原因要求终止或解除合同，设计人应按发包人已支付的定金金额双倍返还给发包人，或设计人按照专用合同条款约定向发包人支付违约金。

2）由于设计人原因，未按合同约定的时间交付工程设计文件的，应按约定向发包人支付违约金，违约金经双方确认后可在发包人应付设计费中扣减。

3）设计人对工程设计文件出现的遗漏或错误负责修改或补充。由于设计人原因产生的设计问题造成工程质量事故或其他事故的，设计人除负责采取补救措施外，应当通过所投建设工程设计责任保险向发包人承担赔偿责任或者根据直接经济损失程度按专用合同条款约定向发包人支付赔偿金。

4）由于设计人原因，工程设计文件超出发包人与设计人书面约定的主要技术指标控制值比例的，设计人应当按照专用合同条款的约定承担违约责任。

5）设计人未经发包人同意擅自对工程设计进行分包的，发包人有权要求设计人解除未经发包人同意的设计分包合同，设计人应当按照专用合同条款的约定承担违约责任。

试一试

请同学们课后到相关网站上查询《建设工程勘察设计合同示范文本》（GF—2016—0203）、《建设工程设计合同示范文本（房屋建筑工程）》（GF—2015—0209）、《建设工程设计合同示范文本（专业建设工程）》（GF—2015—0210）的相关知识，作为对本节内容的补充，并完成练一练中的题目。

练一练

5.5-1 建设工程勘察、设计合同的特征有__________，__________，__________。

5.5-2 建设工程设计合同履行时，（　　）是发包人的责任。

A. 提供有关设计的技术资料

B. 修改预算
C. 向有关部门办理各设计阶段设计文件的审批工作
D. 确定设计深度与范围

5.5-3　设计合同规定，设计人承担合同义务的期限至（　　）日止。

A. 交付设计文件　　B. 设计文件审查通过
C. 完成设计变更　　D. 工程竣工验收合格

5.5-4　依据设计合同的规定，（　　）是发包人的责任。

A. 对设计依据资料的正确性负责　　B. 保证设计质量
C. 提出技术设计方案　　D. 解决施工中出现的设计问题
E. 提供必要的现场工作条件

5.5-5　在设计合同的执行过程中，委托方因故要求中途停止设计时须（　　）。

A. 书面通知设计人　　B. 按实际完成工程量付设计费
C. 结束合同关系　　D. 请求仲裁
E. 支付违约金

5.5-6　设计人的设计工作进展不到委托设计任务的50%时，发包人由于项目建设资金的筹措发生问题而决定停建项目，单方发出解除合同的通知。设计人应（　　）。

A. 没收全部定金补偿损失
B. 要求发包人支付双倍的定金
C. 要求发包人补偿实际发生的损失
D. 要求发包人付给约定设计费用的50%

5.5-7　依据设计合同规定，办理各设计阶段设计文件的审批工作应由（　　）负责。

A. 发包人　　B. 承包人
C. 监理人　　D. 承包人的委托人

5.5-8　依据勘察合同的规定，发包人应为勘察人提供的现场工作条件包括（　　）。

A. 落实土地征用、青苗补偿　　B. 项目的可行性研究报告
C. 处理施工扰民问题　　D. 平整施工现场
E. 提供便利的交通与通信条件

5.5-9　在下列各项内容中，属于设计委托人（发包人）责任的有（　　）。

A. 负责设计文件的报批手续
B. 不得将勘察设计成果转让给第三方重复使用
C. 负责设计变更和修改概算
D. 解决施工过程中有关设计的问题
E. 为配合施工的勘察设计人员提供必要的生活条件

5.5-10　关于勘察设计合同定金的说法，不正确的是（　　）。

A. 合同生效后，委托人应向承包人付出定金
B. 勘察设计合同履行后，定金抵作勘察设计费
C. 设计任务的定金为估算设计费的30%
D. 委托人不履行合同，无权要求返还定金；承包人不履行，应当双倍返还定金

5.6 建设物资采购合同

导入案例

某大学（简称甲方）与某承包人（简称乙方）根据《合同法》和《建筑安装工程承包合同条例》有关规定，为明确双方在施工过程中的权利、义务和经济责任，双方协商同意签订物资采购合同。合同主要内容是除钢材、水泥另行处理外，所有材料均由承包单位自行采购，质量必须符合设计要求及国家有关技术规定。钢材、水泥指标由建设单位提供，承包单位负责采购，数量在定标时一次包死，规格、品种由承包单位负责调剂，其价格为政府牌价。本合同存在不足之处吗？

5.6.1 建设物资采购合同的概念和特征

建设物资采购合同，是指具有平等民事主体的法人进行建设物资买卖，明确相互权利义务关系的协议。依照协议，卖方将建设物资交付给买方，买方接受该项建设物资并支付价款。

建设物资采购合同属于购销合同，具有购销合同的一般特点，又具有独立的特征。

1. 建设物资采购合同应依据工程承包合同订立

工程承包合同中确立了关于物资供应的协商条款，无论是发包方供料和设备还是承包人供料和设备，都应依据工程承包合同的概预算来采购产品，根据工程承包合同的工程量来确定所需物资的数量，根据承包合同的类别来确定物资的质量要求。因此，工程承包合同是订立建设物资采购合同的前提。

2. 建设物资采购合同以转移财物和支付价款为基本内容

建设物资采购合同内容繁多、条款复杂，涉及物资的数量和质量条款、包装条款、运输方式、结算方式等，但最为根本的是双方应尽的义务，即：卖方按质、按量、按时地将建设物资的所有权转归买方；买方按时、按量地支付货款，这两项主要义务构成了建设物资采购合同的最主要内容。

3. 建设物资采购合同的标的品种繁多、供货条件复杂

建设物资采购合同的标的是建筑材料，它包括钢材、木材、水泥和其他辅助材料以及机电成套设备。这些建设物资的特点在于品种、质量、数量和价格差异较大，根据工程建设的需要，有的数量庞大，有的要求技术条件较高。因此，在合同中必须对各种所需物资逐一明细，以确保工程施工。

4. 建设物资采购合同应实际履行

由于物资采购合同是依据工程承包合同订立的，物资采购合同的履行直接影响工程承包合同的履行。因此，建设物资采购合同一旦订立，卖方义务一般不能解除，不允许卖方以支付违约金和赔偿金的方式代替合同的履行，除非合同的迟延履行对买方成为不必要。

5. 建设物资采购合同采用书面形式

根据《民法典》的规定，订立合同依照法律、行政法规或当事人约定采用书面形式的，应当采用书面形式。建设物资采购合同中的标的物用量大，质量要求复杂，且根据工程进度计划分期分批均匀履行，同时还涉及售后维修服务工作。因此，此合同履行周期长，应当采用书面形式。

5.6.2 建设物资采购合同的种类

1. 材料采购合同和设备采购合同

根据我国目前建设物资采购情况，可将建设物资采购合同分为材料采购合同和设备采购合同两种。

2. 建设物资国内采购合同和国际采购合同

根据建设物资采购是国内卖方还是国外卖方的不同，可将建设物资采购合同分为国内采购合同和国际采购合同两种。

3. 计划供应合同和市场采购合同

根据建设物资采购合同的订立是否纳入国家计划为标准，可将建设物资采购合同划分为计划供应合同和市场采购合同两类。

5.6.3 双方的违约责任

1. 供货方的违约责任

1）未能按合同约定交付货物，主要包括不能供货和不能按期供货两种情况。由于这两种错误行为给对方造成的损失不同，承担违约责任的形式也不完全一样。如果因供货方的原因导致不能全部或部分交货，应按合同约定的违约金比例乘以不能交货部分货款计算违约金。若违约金不足以偿付采购方所受到的实际损失，可以修改违约金的计算方法，使实际受到的损害能够得到合理的补偿。

供货方不能按期交货的行为，又可以进一步区分为逾期交货和提前交货两种情况。逾期交货的，不论由供货方将货物送达指定地点交接，还是采购方自购，均要按合同约定支付逾期交货部分的违约金。对约定由采购方自提货物而不能按期交付时，若发生采购方的其他额外损失，这笔实际开支的费用也应由供货方承担。发生逾期交货事件后，供货方还应在发货前与采购方就发货的有关事宜进行协商。采购方仍需要时，可继续发货，将合同规定的数额补齐，并承担逾期交货责任；如果采购方认为已不再需要，有权在接到发货协商通知后的15 天内，通知供货方办理解除合同手续，但逾期不予答复视为同意供货方继续发货。对提前交付货物，属于约定由采购方自提货物的合同，采购方接到对方发出的提前提货通知后，可以根据自己的实际情况拒绝提前提货；对于供货方提前发运或交付的货物，采购方仍可按合同规定的时间付款，而且对多交货部分以及品种、型号、规格、质量等不符合合同规定的产品，在代为保管期内实际支出的保管、保养等费用由供货方承担。代为保管期内，非因采购方保管不善而导致的损失，仍由供货方负责。

2）若交货数量与合同不符，存在多交或者少交的情况。交付的数量多于合同规定，采购方不同意接受时，可在承付期内拒付多交部分的货款和运杂费；当交付的数量少于合同规定时，采购方凭有关的合法证明在承付期内可以拒付少交部分的货款，还应在到货后的 10 天内将详情和处理意见通知对方。供货方接到通知后应在 10 天内答复，否则视为同意对方的处理意见。

3）产品的质量缺陷问题的处理。交付货物的品种、型号、规格、质量不符合合同规定，如果采购方同意使用，应当按质论价；当采购方不同意使用时，由供货方负责包换或包修，不能修理或调换的产品，按供货方不能交货对待。

4）供货方的运输责任。此种责任主要涉及包装责任和发运责任两个方面。一方面，合理的包装是安全运输的保障，供货方应按合同约定的标准对产品进行包装。凡因包装不符合规定而造成货物运输过程中损坏或灭失的，均由供货方负责赔偿。另一方面，供货方如果未将货物发运到运交合同规定的到货地点或接货人时，除应负责合同规定的费用外，还应承担对方因此多支付的一切实际费用和逾期交货的违约金。供货方应按合同约定的路线和运输工具发运货物，如果未经对方同意私自变更运输工具或路线，要承担由此增加的费用。

2. 采购方的违约责任

1）不按合同约定接收货物。合同签订以后或在履行过程中，采购方要求中途退货，应向供货方支付按退货部分货款总额计算的违约金。对于实行供货方送货或代运的物资，采购方违反合同规定拒绝接货，要承担由此造成的货物损失和运输部门的罚款。约定为自提的产品，采购方不能按期提货，除需支付按逾期提货部分货款总值计算延期付款的违约金之外，还应承担逾期提货时间内供货方实际发生的代为保管、保养的费用。

2）逾期付款。采购方逾期付款，应按照合同内约定的计算办法，支付逾期付款利息。按照中国人民银行有关延期付款的规定，延期付款利率一般按每天0.05%计算。

3）货物交接地点错误的责任问题。由于采购方在合同内约定到货地点、接货人，或者未在合同约定的时限内及时将变更的到货地点或接货人通知对方，导致供货方送货或代运过程中不能顺利交接货物所产生的后果，均由采购方承担。责任范围包括：自行运到所需地点或承担供货方及运输部门按采购方要求改变交货地点的一切额外支出。

5.6.4　物资采购合同的主要内容

按照《合同法》关于合同的分类，物资采购合同属于买卖合同。我国国内工矿产品购销合同、工矿产品订货合同的示范文本规定，合同条款应包括以下几方面内容：

1）产品名称、商标、型号、生产厂家、订购数量、合同金额、供货时间及每次供应数量。

2）质量要求的技术标准、供货方对质量负责的条件和期限。

3）交（提）货地点、方式。

4）运输方式及到站、港和费用的负担责任。

5）合理损耗及计算方法。

6）包装标准、包装物的供应与回收。

7）验收标准、方法及提出异议的期限。

8）随机备品、配件工具数量及供应办法。

9）结算方式及期限。

10）如需提供担保，另立合同担保书作为合同附件。

11）违约责任。

12）解决合同争议的方法。

13）其他约定事项。

案例回顾

现在想一想导入案例中的物资采购合同有何不足之处？

答：本案例中合同仅约定“钢材、水泥指标由建设单位提供，承包单位负责采购，数量在定标时一次包死”是不完整的，因为在合同履行过程中钢材、水泥的工程量可能发生变化，其指标也应相应调整，这时容易产生纠纷，合同中应对相应风险条款约定完整，明确责任。

练一练

5.6-1 发包人采购的建筑材料，按规定通知承包人共同验收，而届时承包人未派人参加，则（　　）。

A. 材料不需验收直接交给承包人保管

B. 工程师单独验收

C. 验收后交给承包人保管

D. 发生损坏或丢失由发包人负责

E. 发生损坏或丢失由承包人负责

5.6-2 某大宗水泥采购合同，进行交货检验清点数量时，发现交货数量少于订购的数量，但少交的数额没有超过合同约定的合理增减限度，采购方应（　　）。

A. 按订购数量支付

B. 按实际交货数量支付

C. 待供货方补足数量后再按订购数量支付

D. 按订购数量支付但扣除少交数量依据合同约定计算的违约金

5.6-3 材料采购合同在履行过程中，供货方提前 1 个月通过铁路运输部门将订购物资运抵项目所在地的车站，且交付数量多于合同约定的尾差，则（　　）。

A. 采购方不能拒绝提货，多交货的保管费用应由采购方承担

B. 采购方不能拒绝提货，多交货的保管费用应由供货方承担

C. 采购方可以拒绝提货，多交货的保管费用应由采购方承担

D. 采购方可以拒绝提货，多交货的保管费用应由供货方承担

5.6-4 根据材料采购合同的规定，材料在运输过程中发生的问题，由（　　）负责。

A. 运输部门　　B. 采购方　　C. 供货方　　D. 合同约定的责任方

5.6-5 在接到采购方的书面异议后，供货方在合同商定的时间内未进行处理，则（　　）。

A. 供货方按照采购方的处理意见处理

B. 采购方按照合同约定的程序处理

C. 采购方自行处理，责任由供货方承担

D. 供货方自行处理

5.6-6 属于约定由采购方自提货物的合同，如果供货方提前交付货物，采购方接到对

方发出的提前提货通知后，(　　)。

A. 不可以拒绝提前提货，但可要求其承担增加的保管费用

B. 不但可以拒绝提前提货，还可要求其承担增加的保管费用

C. 不可以根据自己的实际情况拒绝提前提货

D. 可以根据自己的实际情况拒绝提前提货

5.6-7 依据材料采购合同的规定，采购方要求中途退货，应向供货方按（　　）方式支付违约金。

A. 全部货款总额　　B. 合同约定的方法

C. 退货部分货款总额　　D. 当事人协商

综合案例　建设工程合同案例分析

【案例1】

知识要点：建筑工程施工合同中“黑白合同”的认定

背景：2018年9月7日，上海某房地产开发公司（以下简称甲公司）与江苏某建筑公司（以下简称乙公司）签订了一份《建设工程施工合同》，约定由乙公司完成某住宅工程内的土建、水暖、电路安装等工程，包工包料，一次包死，工程合同价款5 132 457元，调整因素为设计变更，该合同进行了备案。2018年9月11日，甲乙双方又签订了一份《建设工程施工合同》和《协议书》，将工程造价按每平方米657元一次性包死，地下室部分按照每平方米388元计算，工程合同价款调整为5 376 238元，该合同未进行备案。施工过程中，双方对合同外部分工程进行了变更，变更后合同价款为5 563 408元。2020年11月08日工程验收合格。2020年11月22日，乙公司将工程结算书送达甲公司，甲公司法定代表人进行了签收。甲公司向乙公司支付工程款4 854 357元。2020年12月13日，乙公司向甲公司发送《催收工程款通知》，该通知载明，应付工程款合计5 563 408元，甲公司已付款4 854 357元，垫付铝材款313 576元、钢材159 628余元。遂，乙公司起诉甲公司要求支付拖欠的工程款235 847元，支付利息15 330.55元。

案件审理：

一审法院审理后认为，双方于2018年9月11日签订的协议虽对备案合同条款作了调整，但甲公司对工程变更内容已经履行不持异议，故应认定2018年9月11日签订的合同是对9月7日所签备案合同的变更，且该合同及协议书并不违反法律、行政法规的强制性规定，系双方真实意思表示，应属有效，双方均应依据该合同及《协议书》履行各自义务。乙公司将工程结算书送达甲公司，甲公司法定代表人进行了签收，所以推定甲公司认可乙公司提交的竣工结算报告。遂判决：甲公司于判决生效后30日内给付乙公司工程款235 847元，支付利息15 330.55元 。

甲公司不服提起上诉，上诉理由如下：

1）本案涉及的两份合同系“黑白合同”，9月7日的备案合同是“白合同”，应当以“白合同”作为结算工程价款的依据，原审以9月11日的“黑合同”作为结算依据，系认定错误。

2）原审推定甲公司认可乙公司提交的竣工结算报告不正确，甲公司对结算报告提出了异议，该结算未生效，双方应当按照备案合同据实结算。

3）甲公司已经支付工程款，原审判决其支付乙公司工程款利息和损失不正确。

乙公司提出如下答辩意见：9 月 11 日的合同对 9 月 7 日的合同作出变更和补充且已实际履行。该工程已经进行了结算且甲公司未提出异议，结算书已经生效。甲公司以两份合同系“黑白合同”为由否定双方的结算于法不符，请求驳回上诉，维持原判。

二审法院认为，本案不存在“黑白合同”的事实。甲公司与乙公司于 9 月 11 日签订的协议是对 9 月 7 日合同的变更与补充，是双方真实意思的表示，合同内容不违反法律法规。双方当事人签订的两份《建设工程施工合同》，均将竣工验收与结算约定为执行合同通用条款第 32、33 条。其中第 33 条约定，发包人收到承包人递交的竣工结算文件后在 28 天内进行核实，给予确认或提出修改意见；28 天内不支付竣工结算价款，承包人可催告发包人支付结算价款。乙公司按照合同约定对工程进行结算并提交了结算文件，甲公司未在规定期限内予以答复或提出异议，该结算文件视为生效，甲公司应当按照结算文件支付工程款。遂维持一审判决。

该案最终经再审后判决如下：

前面两审人民法院虽然对本案界定“黑白合同”及确定结算依据的视点略有不同，但均落槌判定本案不存在法律意义上的“黑白合同”，且应当以乙公司提交的竣工结算文件为工程价款结算依据。再审法院认为，根据最高人民法院《关于审理建设工程施工合同纠纷案件适用法律问题的解释》（以下简称《建设工程施工合同司法解释》）的相关规定（第 21 条当事人就同一建设工程另行订立的建设工程施工合同与经过备案的中标合同实质性内容不一致的，应当以备案的中标合同作为结算工程价款的根据。），9 月 11 日的合同对 9 月 7 日的备案合同进行了实质性的修改，工程款的结算应按照备案合同的约定进行。再审法院的认定是认可了此案存在“黑白合同”。至此，甲方的合法权益得到了法律的维护和保障。

案例分析：

1. 关于“黑白合同”的界定及效力

目前立法中并无“黑白合同”的概念，建设工程领域中的“黑白合同”是指建设工程施工合同的当事人就同一建设工程签订的两份或两份以上实质性内容相异的合同。在实践中，通常把经过招标投标并经备案的正式合同称为“白合同”，把未经备案却实际履行的合同称为“黑合同”。根据《建设工程施工合同司法解释》第 21 条关于“黑白合同”的规定，完全可以归纳理解为“备案的中标合同如果被实质性变更，且未再次备案，则以备案的中标合同为结算工程价款的根据”。

2. 以“白合同”作为结算工程价款的根据

本案存在“黑白合同”的情形，且应当以“白合同”作为结算工程价款的根据。

本案中，甲乙公司经过招标投标签订了中标合同并备案。4 日后，双方就同一建设工程又签订了一份施工合同，后签合同对中标合同的价款等实质性内容进行了变更，且未行备案。“黑合同”虽然可能是当事人真实意思的表示，但由于合同形式不合法，不产生变更“白合同”的法律效力。当事人签订中标合同后，双方协商一致后可以变更合同；但合同变更的内容应当及时到有关部门备案，如果未到有关部门备案就不能成为结算的依据。这样，就能从根本上制止不法行为的发生，有利于维护建筑市场公平竞争的秩序，也有利于《招标投标法》的贯彻实施。

现实中大部分情况下是建设方利用自身的优势地位迫使施工者接受不合理要求，订立与备案合同实质性内容相背离的协议。也有施工者反过来处于优势地位，在千方百计中标取得项目后，利用建设方工期紧等不利情况，对中标结果和备案合同进行修改。上述情况都会导致“黑白合同”的出现，从而给双方埋下纠纷甚至对簿公堂的隐患。所以建设方和施工方要明确：

1）“黑白合同”签订在中标之前，“黑白合同均无效”。

2）“黑合同”签订在中标之后，“黑合同”对“白合同”的实质性内容进行变更且未备案的，变更的内容无效。

3）建设工程合同实质性内容的范围：工程项目、工程量、工程质量、安全生产要求、工程价款、工程款支付方式、工期、违约责任和解决争议方式。

【案例 2】

知识要点：工程合同管理

背景：某毛纺厂建设工程，甲方是由英国某纺织企业出资 85%、中国某省纺织工业总公司出资 15% 成立的合资企业（以下简称 A 方）。总投资约为 1 800 万美元，总建筑面积 22 610m^2，其中土建总投资为 3 000 多万元人民币。该厂位于丘陵地区，原有许多农田及藕塘，高低起伏不平，近旁有一条国道。土方工作量很大，厂房基础采用搅拌桩和振动桩约 8 000 多根，主厂房主体结构为钢结构，生产工艺设备和钢结构由英国进口，设计单位为某省纺织工业设计院。

1. 土建工程招标及合同签订过程

土建工程包括生活区 4 栋宿舍、生产厂房（不包括钢结构安装）、办公楼、污水处理站、油罐区、锅炉房等共 15 个单项工程。业主希望尽早投产并实现效益。土方工程先招标，土建工程第二次招标，限定总工期为半年，共 27 周，跨越一个夏季和冬季。

由于工期紧，招标图纸设计较粗，没有施工详图，钢筋混凝土结构没有配筋图。经招标投标，A 方最终决定我国某承包公司 B（以下简称 B 方）中标。

本工程采用固定总价合同，合同总价为 17 518 563 元（其中包括不可预见风险费 1 200 000 元）。

2. 合同条件分析

本工程合同条件选择是在投标报价之后，由 A 方与 B 方议定。A 方坚持用 ICE，即英国土木工程师学会和土木工程承包人联合会颁布的标准土木工程施工合同文本；而 B 方坚持使用我国的示范文本，A 方认为此示范文本不完备，不符合国际惯例，可执行性差。最后由 A 方起草合同文本，基本上采用 ICE 的内容，增加了示范文本的几个条款。2018 年 6 月 23 日 A 方提出合同条件，6 月 24 日双方签订合同。合同条件相关的内容如下：

1）合同在中国实施，以中华人民共和国的法律作为合同的法律基础。

2）合同文本用英文编写，并翻译成中文，双方同意两种文本具有相同的权威性。

3）A 方的责任和权力：

① A 方任命 A 方的现场经理和代表负责工程管理工作。

② B 方的设备一经进入施工现场即被认为是为本工程专用。没有 A 方代表的同意，B 方不得将它们移出工地。

③ A 方负责提供道路、场地，并将水电管路接到工地。A 方提供 2 个 75kV · A 发电机供 B 方在本工程中使用，提供方式由 B 方购买，A 方负责费用。发电机的运行费用由 B 方承担。施工用水电费用由 B 方承担，按照实际使用量和规定的单价在工程款中扣除。

④ 合同价格的调整必须在 A 方代表签字的书面变更指令做出后才有效。增加和减少工作量必须按照投标报价所确定的费率和价格计算。

如果变更指令会引起合同价格的增加或减少，或造成工程竣工期的拖延，则 B 方在接到变更指令后 7 天内书面通知 A 方代表，由 A 方代表做出确认，并且在双方商讨变更的价格和工期拖延量后才能实施变更，否则 A 方对变更不予付款。

⑤ 如果发现有由于 B 方负责的材料、设备、工艺所引起的质量缺陷，A 方发出指令后 B 方应尽快按合同修正这些缺陷，并承担费用。

⑥ 本工程执行英国规范，由 A 方提供一本相关的英国规范给 B 方。A 方及 A 方代表出于任何考虑都有权指令 B 方保证工程质量达到合同所规定的标准。

4）B 方的责任和权力：

① 若发现施工详图中的任何错误和异常应及时通知 A 方，但 B 方不能修改任何由 A 方提供的图纸和文件；否则将承担由此造成的全部费用损失。

② B 方负责现场以外的场地、道路的许可证及相关费用。(其他略)

5）合同价格。

① 本合同采用固定总价方式，总造价为 17 518 563 元，它已包括 B 方在工程施工中的所有花费和应由 B 方承担的不可预见的风险费用。

② 付款方式：

a. 签订合同时，A 方付给 B 方 4000 000 元备料款。

b. 每月按当月工程进度付款。在每月的最后一个星期五，B 方提交本月的已完成工程量的款额账单。在接到 B 方账单后，A 方代表 7 天内做出审查并支付。

c. A 方保留合同价的 3% 作为保留金。在工程竣工验收合格后 A 方将其中的一半支付给 B 方，待保修期结束且没有工程缺陷后，再支付另外的一半。

6）合同工期。

① 合同工期共 27 周，从 2018 年 7 月 17 日到 2019 年 1 月 20 日。

② 若工程在合同规定时间内竣工，A 方给予 B 方奖励 20 万元，另外每提前 1 天再奖励 1 万元。若不能在合同规定时间内竣工，拖延的第一周违约金为 20 万元，在合同规定竣工日期一周以后，每超过一天，B 方赔偿 5 000 元。

③ 若在施工期间发生超过 14 天的阴雨或冰冻天气，或由于 A 方责任引起的干扰，A 方给予 B 方延长工期的权力。若发生地震等 B 方不能控制的事件导致工期延误，B 方应立即通知 A 方代表，提出工期顺延要求，A 方应根据实际情况顺延工期。

7）违约责任和解除合同：

① 若 B 方未在合同规定时间内完成工程或违反合同有关规定，A 方有权指令 B 方在规定时间内完成合同责任。若 B 方未履行，A 方可以雇用另一承包人完成工程，全部费用由 B 方承担。

② 如果 B 方破产，不能支付到期的债务，发生财务危机，A 方有权解除合同。

③ A方认为B方不能安全、正确地履行合同责任，或已无力胜任本工程的合同任务或公然忽视履行合同，则可指令B方停工，并由B方承担停工责任。若B方拒不执行A方指令，则A方有权终止对B方的雇用。

8）争执的解决：对于本合同的争执应首先以友好协商的方式解决，若不能达成一致，任何一方都有权力提请仲裁。若A方提请仲裁，则仲裁地点在上海；若B方提请仲裁，则仲裁地点在新加坡。(其他略)

3. 合同实施状况

本工程土方工程从2018年5月11日开始，7月中旬结束，则土建施工队伍7月份就进场（比土建施工合同进场日期提前）。但在施工过程中由于下列原因，造成施工进度的拖延、工程质量问题和施工现场的混乱。

1）在当年8月份出现较长时间的阴雨天气。

2）A方发出许多工程变更指令。

3）B方施工组织失误、资金投入不够、工程难度超过预先的设想。

4）B方施工质量差，被A方代表指令停工、返工等。

原计划工程于2019年1月结束并投入使用，但实际上，到2019年2月下旬，即工程开工后的第31周，还有大量的合同工作量没有完成。此时A方以如下理由终止了和B方的原合同关系：B方施工质量太差，不符合合同规定，又无力整改；工期拖延而无力弥补；使用过多无资历的分包商，而且施工现场出现多级分包。

业主将原属于B方工程范围内的一些未开始的分项工程删除，并另发包给其他承包人，并催促B方尽快施工，完成剩余工程。

2019年5月，工程仍未竣工，A方仍以上面三个理由指令B方停止合同工作，终止合同工程，由其他承包人完成。

在施工过程中B方提出近1 200万元的索赔要求，但一直没有得到解决。双方经过几轮会谈，在10个月后，最终A方仅赔偿B方30万元。

案例分析：

本工程无论从A方或B方的角度都不算成功的工程，都有许多经验教训值得汲取。

1. B方的教训

在本工程中，B方受到很大损失，不仅经济上亏本很大，而且工期拖延，被A方逐出现场，对企业形象有很大的影响。这个工程的教训是深刻的。

1）从根本上说，本工程采用固定总价合同，招标图纸比较粗略，做标期短，地形和地质条件复杂，所使用的合同条件和规范是承包人所不熟悉的。对B方来说，几个重大风险集中起来，失败的可能性是很大的，损失是不可避免的。

2019年7月，工程结束时B方提出实际工程量的决算价格为1 882万元（不包括许多索赔）。经过长达近十个月的商谈，A方最终认可的实际工程量决算价格为1 416万元。双方结算的差异主要在于：

① 本工程招标图纸较粗略，而A方在招标文件中没给出工作量，由B方计算工程量，而B方计算的数字都很低。例如，图纸缺少钢筋配筋图，承包人报价时预算402t钢筋，但按后来颁发的详细的施工图核算应为约720t。在工程中，由于工程变更又增加了290t，即整个实际用量约1 010t。由于为固定总价合同，A方认为详细的施工图用量与B方报价之差为

318t（即 720t－402t），合计价格 100 多万元是 B 方报价的失误，或为获得工程而做出的让步，在任何情况下不予补偿。

② B 方在工程管理上的失误。例如：在工程施工中 B 方现场人员发现缺少住宅楼的基础图纸，再审查报价发现漏报了住宅楼的基础价格约 30 万元。分析责任时，B 方的预算员坚持认为，在招标文件中 A 方漏发了基础图，而 A 方代表坚持是 B 方的预算师把基础图弄丢了。由于采用了固定总价合同，B 方最终承担了这个损失。这个问题实质上是 B 方自己的责任，他应该：

a. 接到招标文件后对招标文件的完备性进行审查，将图纸和图纸目录进行校对，如果发现有缺少，应要求 A 方补充。

b. 在制订施工方案或作报价时仍能发现图纸的缺少，这时仍可以向招标人索要，或自己出资进行复印，这样可以避免损失。

2）报价的失误。B 方报价按照我国国内的定额和取费标准，没有考虑到合同的具体要求，合同条件对 B 方责任的规定是，符合英国规范对工程质量、安全的要求。例如：

① 开工后，A 方代表指令 B 方按照工程规范的要求为 A 方的现场管理人员建造临时设施。办公室地面要有防潮层和地砖，厕所按现场人数设位，要有高位水箱、化粪池，并贴瓷砖，这大大超出 B 方的预算。

② A 方要求 B 方有安全措施，包括设立急救室、医务设备，施工人员在工地上应配备专用防钉鞋、防灰镜、防雨具，这方面的花费都在报价中没有考虑到。

③ 由于施工工地在一个国道西侧，弃土须堆到国道东侧，这样必须切断该国道。在这个过程中发生了申请切断国道许可、设告示栏、运土过程中设立安全措施、施工后修复国道等各种费用，而 B 方报价中未考虑到这些费用。B 方向 A 方提出索赔，但被 A 方反驳，因为合同已规定这是 B 方责任，应由 B 方支付费用。

当然，在本工程中，A 方在招标文件中没有提出合同条件，而在确定承包人中标后才提出合同条件，这是不对的，违反惯例，也容易造成承包人报价的失误。

3）工程管理中合同管理过于薄弱，施工人员没有合同的概念，不了解国际工程的惯例和合同的要求，仍按照国内通常的方法施工，处理与发包人的关系。例如：

① 对 A 方代表的指令不积极执行，作“冷处理”，造成 A 方代表许多误解，导致双方关系紧张。

例如，B 方按图纸规定对内墙用纸筋灰粉刷，A 方代表（英国人）到现场查看，认为用草和石灰粉刷，质量不能保证，指令暂停工程。B 方代表及 A 方的其他中方管理人员向他说明纸筋灰在中国用得较多，质量能保证。A 方代表要求暂停粉刷，先粉刷一间，让他确认一下，如果确实可行，再继续施工。但 B 方对 A 方代表的指令没有贯彻，粉刷工程小组虽然已经听到 A 方代表的指令，但仍按原计划继续粉刷纸筋灰。几天后粉刷工程即将结束，A 方代表再到现场查看，发现自己指令未得到贯彻，非常生气，拒绝接收纸筋灰粉刷工程，要求全部铲除，重刷水泥砂浆。因为图纸规定使用纸筋灰，B 方就此提出费用索赔，包括：

a. 已粉好的纸筋灰工程的费用。

b. 返工清理。

c. 两种粉刷价差索赔。

但 A 方代表仅认可两种粉刷的价差索赔，而对返工造成的损失不予认可，因为他已下达停工指令，继续施工的损失应由B方承担。而且A方代表感到B方代表对他不尊重。所以导致后期在很多方面双方关系紧张。

② 施工现场几乎没有书面记录。本工程变更很多，由于缺少记录，造成许多工程款无法如数索赔。

例如，在施工现场有三个很大的水塘，设计前勘察人员未走到水塘处，地形图上有明显的等高线，但未注明是水塘。承包人现场考察时也未注意到水塘。开始施工后发现水塘，按工程要求必须清除淤泥，并要回填，B方提出淤泥外运量6 600m^3、费用133 000元的索赔要求，认为招标文件中未标明水塘，则应作为新增工程分项处理。A方工程师认为，对此合同双方都有责任：A方未在图上标明，提供了不详细的信息；而B方未认真考察现场。最终A方还是同意这项补偿。但B方在施工现场没有任何记录、照片，没有任何经A方代表认可的证明材料，如土方外运多少、运到何处、回填多少、从何处取土。最终A方仅承认60 000元的赔偿。

③ B方的工程报价及结算人员与施工现场脱节。现场没有估价师，每月B方派工作量统计员到现场与发包人结算，他只按图纸和原工程量清单结算，而忽视现场的记录和工程变更，与B方现场代表较少沟通。

④ 合同规定，A方的任何变更指令必须再次由A方代表书面确认，并经双方商谈价格后再执行，承包人才能获得付款。而在现场，承包人为发包人完成了许多额外工作和工程变更，但没有注意到发包人的书面确认，也没有和发包人商谈补偿费用，更没有现场的任何书面记录，导致许多附加工程款项无法获得补偿。

⑤ 发包人出于安全的考虑，要求承包人在工程四周增加围墙，当然这是合同内的附加工程。发包人提出了基本要求：围墙高2m，上部为压顶、花墙，下部为实心一砖墙，再下面为条型大放脚基础，再下面为道砟垫层。发包人要求承包人以延长米报价，所报单价包括所有材料、土方工程。承包人的估算师未到现场详细调查，仅按照正常的地平以上2m高、下为大放脚和道砟、正常土质的挖基槽计算费用，而忽视了当地为丘陵地带，而且有许多藕塘和稻田，淤泥很多，施工难度极大。结果实际土方量、道砟的用量和砌砖工程量大大超过预算。由于按延长米报价，发包人不予补偿。

⑥ 由于本工程仓促上马，所以变更很多。发包人代表为了控制投资，在开工后再次强调，承包人收到变更指令或变更图纸，必须在7天内报发包人批准（即为确认），并双方商定变更价格，达成一致后再进行变更，否则发包人对变更不予支付。这一条应该说对承包人是有利的。但施工中B方代表在收到书面指令后不去让发包人确认，不去谈价格（因为预算员不在施工现场），而本工程的变更又特别多，所以大量的工程变更费用都未能拿到。

4）承包人工程质量差，工作不努力、拖拉、缺少责任心，使A方代表对B方失去信任和信心。如开工后，施工现场出现了许多未经发包人代表批准的分包商以及多级分包现象。这些分包商分包关系复杂，甚至B方代表都难以控制，且工作没有热情，工地上协调困难，造成混乱。这在任何国际工程中都是不允许的。

在相当一部分墙体工程中，由于施工质量太差，高低不平，无法通过验收。A方代表指令加厚粉刷，为了保证质量，要求B方在墙面上加钢丝网，而不给B方以费用补偿。

投标前A方提供了一本适用于本工程的英国规范，但B方工程人员从未读过，施工后这本规范就找不到了，而B方人员根深蒂固的概念是按图施工，结果造成许多返工。

例如，在施工图上将消防管道与电线管道放于同一管道沟中，中间没有任何隔离，B 方按图施工，完成后，A 方代表拒绝验收。因为：

① 这样做极不安全，违反了 A 方所提供的工程规范。

② 既然施工图上的两管放在一起是错的，且合同规定，承包人若发现施工图中的任何错误和异常，应及时通知 A 方。作为一个有经验的承包人应能够发现这个常识性的错误。

所以 A 方代表指令 B 方返工，将两管隔离，而不给 B 方任何补偿。

2. A 方的教训

在本工程中 A 方也受到很大损失，表现在：

1）工期拖延。原合同工期 27 周，从 2018 年 7 月 17 日到 2019 年 1 月 20 日，但实际工程到 2019 年 9 月尚未完成，严重影响了投资计划的实现。双方就工程款的结算工作一直拖到 2020 年 4 月。

2）质量很差。如主厂房地坑防水砂浆粉刷后漏水；许多地方混凝土工程跑模；混凝土板浇捣不密实出现孔洞，柱子倾斜；由于内墙砌筑不平，造成粉刷太厚，表面开裂等。

3）由于承包人未能按质按量完成工程，发包人不得不终止与 B 方的合同，而将剩余的工程再发包，请另外的承包人来完成。这给发包人带来很大的麻烦，对工程施工现场造成很大的混乱。

4）当然，A 方的合同管理也有许多教训值得汲取：

① 本工程初期，A 方的总经理制订项目总目标，做合同总策划。但他是搞经营出身的，没有工程背景，仅按市场状况做计划，急切地想上马这个项目，想压缩工期，所以将计划期、做标期、设计期、施工准备期缩短，这是违反客观规律的，欲速则不达，不仅未提前，反而大大延长了工期。

② 项目仓促上马，设计和计划不完备，工程中由于发包人的指令所造成的变更太多，地质条件又十分复杂，不应该用固定总价合同。这个合同的选型出错，打倒了承包人，当然也损害了工程的整体目标。

③ 如果要尽快上马这个项目，应采用承包人所熟悉的合同条件。而本工程采用承包人不熟悉的英文合同文本、英国规范，对承包人风险太大，工程不可能顺利。

④ 采用固定总价合同，则发包人不仅应给承包人提供完备图纸、合同条件，而且应给承包人合理的做标期、施工准备期等，还应帮助承包人理解合同条件，双方及时沟通。但在本工程中发包人及发包人代表未能做好这些工作。

⑤ 发包人及发包人代表对承包人的施工力量、管理水平、工程习惯等了解太少，授标后也没有给承包人以帮助。

1. 民法，是国家根据统治阶级的意志，对一定范围的财产关系和一定范围的人身关系进行调整的法律规范的总称。

2. 民事法律关系的主体有自然人、法人及其他组织。

3. 民事法律行为成立的要件：行为主体具有相应的民事权利能力和行为能力；行为人意思表示真实；行为内容合法；行为形式合法。

4. 代理包括委托代理和法定代理。

5. 超过诉讼时效期间的法律后果：胜诉权消灭，但实体权不灭失。

6. 诉讼时效期间的种类：普通诉讼时效3年；特殊诉讼时效按特别法的相关规定；权利的最长保护期限是20年。

7. 合同的生效要件有：订立合同的当事人必须具有相应的民事权利能力和民事行为能力；意思表示真实；不违反法律、行政法规的强制性规定，不违背公序良俗；具备法律所要求的形式。

8. 无效合同是指虽经当事人协商订立，但因其不具备合同生效条件，不能产生法律约束力的合同。可撤销合同是指虽经当事人协商成立，但由于当事人的意思表示不真实，允许当事人向法院或仲裁机构请求消灭其效力的合同。

9. 债务人的履行抗辩权有：先履行抗辩权；同时履行抗辩权；不安抗辩权。

10. 建设工程合同是指承包人进行工程建设、发包人支付价款的合同。建设工程合同包括工程勘察、设计、施工合同。

11. 建设工程合同的特点是：建设工程合同的标的物一般仅限于基本建设工程；建设工程合同的主体应具备相应的条件；建设工程活动具有较强的国家管理性；建设工程合同的要式性。

12. 建设工程施工合同即建筑安装工程承包合同，是发包人与承包人之间为完成商定的建设工程项目，确定双方权利和义务的协议。施工合同的特点是：合同标的的特殊性；合同履行期限的长期性；合同内容的多样性和复杂性；合同管理的严格性。

13. 订立施工合同应具备的条件：初步设计已经批准；工程项目已经列入年度建设计划；有能够满足施工需要的设计文件和有关技术资料；建设资金和主要建筑材料设备来源已经落实；招标投标工程，中标通知书已经下达；除此之外，发承包双方签订施工合同，必须具备相应资质条件和履行施工合同的能力。承办人员签订合同，应取得法定代表人的授权委托书。订立施工合同应遵守国家的法律、法规以及平等互利、协商一致的原则；订立施工合同的程序：施工合同作为经济合同的一种，其订立也应经过要约和承诺两个阶段。如果没有特殊的情况，工程建设的施工都应通过招标、投标确定施工企业。中标通知书发出后，中标的施工企业应当与建设单位及时签订合同。

14. 施工合同从不同的角度可作不同的分类：按合同计价方式进行分类有单价合同、总价合同、成本加酬金合同；按建设工程种类的不同，施工合同可以分为土木工程施工合同、设备安装施工合同、管道线路敷设施工合同、装饰装修及房屋修缮施工合同等。根据承包单位数量的不同，可将施工合同分为总承包施工合同和分承包施工合同。

15. 施工合同的主体是发包人和承包人。《示范文本》具有较强的通用性，基本能适用于各类公用建筑、民用住宅、工业厂房、交通设施及线路管道的施工和设备安装。这个适用范围包括了全部建筑业的施工企业范围。

16. 建设工程监理合同简称监理合同，是指委托人与监理人就委托的建设工程项目的监督管理为内容而签订的双方当事人权利和义务的协议。建设单位又称委托人、监理单位又称受托人。监理合同是委托合同的一种，不仅具备委托合同的特征，而且具有自身的一些特征：监理合同的标的是劳务，监理合同是诺成合同，监理合同是双务合同，监理合同是有偿合同，监理合同的当事人双方应当是具有民事权利能力和民事行为能力的社会组织，个人在

法律允许的范围内也可以成为合同当事人。委托人必须是有国家批准的建设工程项目的社会组织或个人，监理人必须是依法成立的具有法人资格和相应资质的监理单位。

17. 监理合同的签订必须符合工程项目建设程序，遵守国家和地方的有关法律和地方行政法规等。《建设工程委托监理合同（示范文本)》由以下三个部分组成：第一部分是协议书；第二部分是通用条件；第三部分是专用条件。建设工程委托监理合同适用的法律是指国家的法律、行政法规以及专用条件中议定的部门规章或工程所在地的地方法规、地方规章等。

18. 建设工程勘察、设计合同是指建设人与勘察人、设计人为完成一定的勘察、设计任务，明确双方权利、义务的协议。建设工程勘察、设计合同有以下特点：勘察、设计合同的当事人双方一般应具有法人资格；勘察、设计合同的订立必须符合工程项目建设程序；勘察、设计合同是建设工程合同中的类型之一，建设工程合同的基本特征勘察、设计合同都具有。

19. 建设物资采购合同是指具有平等民事主体的法人进行建设物资买卖，明确相互权利义务关系的协议。建设物资采购合同属于购销合同，具有购销合同的一般特点，又具有一些独立的特征：建设物资采购合同应依据工程承包合同订立；以转移财物和支付价款为基本内容；物资采购合同的标的品种繁多，供货条件复杂；合同应实际履行；合同采用书面形式。

实训练习题

利用所学知识分析下面案例：

【案例1】

背景：某施工企业通过投标获得了某住宅楼的施工任务，地上18层、地下3层，钢筋混凝土剪力墙结构，发包人与施工单位、监理单位分别签订了施工合同、监理合同。施工单位（总包单位）将土方开挖、外墙涂料与防水工程分别分包给专业性公司，并签订分包合同。

施工合同中说明：建筑面积23 420m^2，建设工期450天，2006年8月1日开工，2007年11月25日竣工，工程造价3 165万元。

合同约定结算方法是：合同价款调整范围为发包人认定的工程量增减、设计变更和洽商；外墙涂料、防水工程的材料费调整依据为本地区工程造价管理部门公布的价格调整文件。

问题：合同履行过程中发生下述几种情况，请按要求回答问题。

1. 总包单位于7月24日进场，进行开工前的准备工作。原定8月1日开工，因发包人办理伐树手续而延误至8月5日才开工，总包单位要求工期顺延4天。此项要求是否成立？根据是什么？

2. 土方公司在基础开挖中发现地下文物，采取了必要的保护措施。为此，总包单位请其向发包人要求索赔。此种做法对否？为什么？

3. 在基础回填过程中，总包单位已按规定取土样，试验合格。监理工程师对填土质量表示异议，责令总包单位再次取样复验，结果合格。总包单位要求监理单位支付试验费。此种做法对否？为什么？

4. 总包单位对混凝土搅拌设备的加水计量器进行改进研究，在本公司试验室内进行实验，改进成功用于本工程，总包单位要求此项试验费用由发包人支付。监理工程师是否应批准？为什么？

5. 结构施工期间，总包单位经总监理工程师同意更换了原项目经理，组织管理一度失调，导致封顶时间延误8天。总包单位以总监理工程师同意为由，要求给予适当工期补偿。总监理工程师是否应批准？为什么？

6. 监理工程师检查厕浴间防水工程，发现有漏水房间，逐一记录并要求防水公司整改。防水公司整改后向监理工程师进行了口头汇报，监理工程师当即签证认可。事后发现仍有部分房间漏水，需进行返工。返修的经济损失由谁承担？监理工程师有什么错误？

7. 在做屋面防水时，经中间检查发现施工不符合设计要求，防水公司也自认为难以达到合同规定的质量要求，就向监理工程师提出终止合同的书面申请，监理工程师应如何协调处理？

8. 在进行结算时，总包单位根据投标书，要求外墙涂料费用按发票价计取，发包人认为应按合同条件中的约定计取，为此发生争议。监理工程师应支持哪种意见？为什么？

【案例2】

背景：某施工单位根据领取的某2 000m^2两层厂房工程项目招标文件和全套施工图纸，采用低报价策略编制了投标文件，并获得中标。该施工单位（乙方）于某年某月某日与建设单位（甲方）签订了该工程项目的固定价格施工合同。合同工期为8个月。甲方在乙方进入施工现场后，因资金紧缺，口头要求乙方暂停施工1个月，乙方亦口头答应。工程按合同规定期限验收时，甲方发现工程质量有问题，要求返工。两个月后，返工完毕。结算时甲方认为乙方迟延交付工程，应按合同约定偿付逾期违约金。乙方认为临时停工是甲方要求的，乙方为抢工期，加快施工进度才出现了质量问题，因此迟延交付的责任不在乙方。甲方则认为临时停工和不顺延工期是当时乙方答应的，乙方应履行承诺，承担违约责任。

问题：

1. 该工程采用固定价格合同是否合适？

2. 该施工合同的变更形式是否妥当？此合同争议依据合同法律规范应如何处理？

【案例3】

背景：某工程，建设单位委托监理单位承担施工阶段的监理任务，总承包单位按照施工合同约定选择了设备安装分包单位。在合同履行过程中发生如下事件：

事件1　工程开工前，总承包单位在编制施工组织设计时认为修改部分施工图设计可以使施工更方便、质量和安全更易保证，遂向项目监理机构提出了设计变更的要求。

事件2　专业监理工程师检查主体结构施工时，发现总承包单位在未向项目监理机构报审危险性较大的预制构件起重吊装专项方案的情况下已自行施工，且现场没有管理人员。于是，总监理工程师下达了《监理工程师通知单》。

事件3　专业监理工程师在现场巡视时，发现设备安装分包单位违章作业，有可能导致发生重大质量事故。总监理工程师口头要求总承包单位暂停分包单位施工，但总承包单位未予执行。总监理工程师随即向总承包单位下达了《工程暂停令》，总承包单位在向设备安装分包单位转发《工程暂停令》前，发生了设备安装质量事故。

问题：

1. 针对事件1中总承包单位提出的设计变更要求，写出项目监理机构的处理程序。

2. 事件2中总监理工程师的做法是否妥当？说明理由。

3. 事件3中总监理工程师是否可以口头要求暂停施工？为什么？

4. 就事件3中所发生的质量事故，指出建设单位、监理单位、总承包单位和设备安装分包单位各自应承担的责任，说明理由。

模块六　建设工程索赔

学习目标

掌握工程索赔的程序与计算；熟悉工程索赔成立的条件与证据；了解违约责任的形成以及违约责任的免除。

6.1　违约责任

导入案例

在施工过程中，建设单位、施工单位及监理单位都要按合同约定来履行合同，如果没有全面地履行合同，是否一定要受到处罚呢？为何某些工程延期交工没有被处罚反而奖励呢？

6.1.1　违约责任的概念和承担违约责任的形式

违约责任，是指合同当事人任何一方违反合同的约定后，依照法律规定或者合同约定必须承担的法律制裁。关于承担违约责任的方式，《民法典》第577条规定了下面三种主要的方式。

1. 继续履行合同

继续履行合同是要求违约债务人按照合同的约定，切实履行所承担的合同义务。具体来讲包括两种情况：一是债权人要求债务人按合同的约定履行合同；二是债权人向法院提起诉讼，由法院判决强迫违约一方具体履行其合同义务。当事人违反金钱债务，一般不能免除其继续履行的义务，《民法典》规定："当事人一方未支付价款、报酬、租金、利息，或者不履行其他金钱债务的，对方可以请求其支付。"当事人违反非金钱债务的，除法律规定不适用继续履行的情形外，也不能免除其继续履行的义务。非金钱债务，是指以物、行为和智力成果为标的的债务。《民法典》规定："当事人一方不履行非金钱债务或者履行非金钱债务不符合约定的，对方可以请求履行，但有下列情形之一的除外：法律上或者事实上不能履行；债务的标的不适于强制履行或者履行费用过高；债权人在合理期限内未请求履行。"

2. 采取补救措施

采取补救措施，是指在当事人违反合同后，为防止损失发生或者扩大，由其依照法律或者合同约定而采取的修理、重做、更换、退货、减少价款或者报酬等措施。《民法典》规定："履行不符合约定的，应当按照当事人的约定承担违约责任。对违约责任没有约定或者约定不明确的，依照本法第510条的规定：合同生效后，当事人就质量、价款或者报酬、履行地点等内容没有约定或者约定不明确的，可以协议补充；不能达成协议补充的，按照合同有关条款或者交易习惯确定。如仍不能确定的，受损害方根据标的性质以及损失的大小，可以合理选择请求对方承担修理、重做、更换、退货、减少价款或者报酬等违约责任。"

3. 赔偿损失

赔偿损失，是指合同当事人就其违约而给对方造成的损失给予补偿的一种方法。《民法典》第583条规定："当事人一方不履行合同义务或者履行合同义务不符合约定的，在履行义务或者采取补救措施后，对方还有其他损失的，应当赔偿损失。"采取赔偿损失的方式时，涉及赔偿损失的范围和方法等问题。关于赔偿损失的范围，《民法典》第584条规定："当事人一方不履行合同义务或者履行合同义务不符合约定，给对方造成损失的，损失赔偿额应当相当于因违约所造成的损失，包括合同履行后可以获得的利益，但是，不得超过违约一方订立合同时预见到或者应当预见到的因违约可能造成的损失。"关于赔偿损失的方法，《民法典》第585条规定："当事人可以约定一方违约时应当根据违约情况向对方支付一定数额的违约金，也可以约定因违约产生的损失赔偿额的计算方法。约定的违约金低于造成的损失的，当事人可以请求人民法院或者仲裁机构予以增加；约定的违约金过分高于造成的损失的，当事人可以请求人民法院或者仲裁机构予以适当减少。"此外，当事人在合同中约定定金担保的，通过定金法则，也可达到弥补损失的目的。因此，《民法典》规定："当事人可以约定一方向对方给付定金作为债权的担保。债务人履行债务的，定金应当抵作价款或者收回。给付定金的一方不履行债务或者履行债务不符合约定，致使不能实现合同目的的，无权请求返还定金；收受定金的一方不履行债务或者履行债务不符合约定，致使不能实现合同目的的，应当双倍返还定金。当事人既约定违约金，又约定定金的，一方违约时，双方可以选择适用违约金或者定金条款。"

小知识

定金的数额由当事人约定；但是，不得超过主合同标的额的20%，超过部分不产生定金的效力。实际交付的定金数额多于或者少于约定数额的，视为变更约定的定金数额。

6.1.2 违约责任的免除

合同生效后，当事人不履行合同或者履行合同不符合合同约定，都应承担违约责任。但是，如果是由于发生了某种非常情况或者意外事件，使合同不能按约定履行时，就应当作为例外来处理。《民法典》规定，只有发生不可抗力才能部分或全部免除当事人的违约责任。

1. 不可抗力的概念

《民法典》第180条规定："不可抗力，是指不能预见、不能避免且不能克服的客观情况。”根据这一规定，不可抗力的构成条件是：

（1）不可预见性 法律要求构成一个合同的不可抗力事件必须是有关当事人在订立合同时，对这个事件是否发生不能预见到。在正常情况下，对于一般合同当事人能否预见到某一事件的发生，可以从两个方面来考察：一是客观方面，即凡正常人能预见到的或具有专业知识的一般水平的人能预见到的，合同当事人就应该预见到，如每年的雨季给施工带来的影响；二是主观方面，即根据合同当事人的主观条件来判断对事件的预见性，如出现了飓风或特大的暴雨等。

（2）不可避免性 即合同生效后，当事人对可能出现的意外情况尽管采取了合理措施，但是客观上并不能阻止这一意外情况的发生，这就是事件发生的不可避免性。

（3）不可克服性 不可克服性是指合同的当事人对于意外情况发生导致合同不能履行这一后果克服不了。如果某一意外情况发生而对合同履行产生不利影响，但只要通过当事人努力能够将不利影响克服，则这一意外情况就不能构成不可抗力。

（4）履行期间性 不可抗力作为免责理由时，其发生必须是在合同订立后、履行期限届满前。当事人迟延履行后发生不可抗力的，不能免除其违约责任。

2. 不可抗力的法律后果

一个不可抗力事件发生后，可能引起三种法律后果：一是合同全部不能履行，当事人可以解除合同，并免除全部责任；二是合同部分不能履行，当事人可部分履行合同，并免除其不履行部分的责任；三是合同不能按期履行，当事人可延期履行合同，并免除其迟延履行的责任。

3. 遭遇不可抗力一方当事人的义务

根据《民法典》第590条的规定，一方当事人因不可抗力不能履行合同义务时，应承担如下义务：第一，应当及时采取一切可能采取的有效措施避免或者减少损失；第二，应当及时通知对方；第三，应当在合理期限内提供证明。

4. 不可抗力条款

合同中关于不可抗力的约定称为不可抗力条款，其作用是补充法律对不可抗力的免责事由所规定的不足，便于当事人在发生不可抗力时及时处理合同。一般来说，不可抗力条款应包括下述内容：

1）不可抗力的范围。由于不可抗力情况非常复杂，往往在不同环境下不可抗力事件对合同的影响是不同的，因此在合同中约定不可抗力的范围是有必要的。

2）不可抗力发生后，当事人一方通知另一方的期限、出具不可抗力证明的机构及证明的内容。

3）不可抗力发生后对合同的处置。不可抗力发生后，发包人和承包人均应采取措施尽量避免和减少损失的扩大，任何一方没有采取有效措施导致损失扩大的，应对扩大的损失承担责任。合同一方当事人因不可抗力不能履行合同的，应当及时通知对方解除合同。

案例回顾

分析下面的案例，施工方的责任能免除吗？再想一想在本节的导入案例里面为何违约却可能不承担责任呢？

某承包人承揽某建筑工程项目，合同价500万元，工期18个月，承包人包工包全部材料。

在施工过程中该地发生了百年不遇的飓风，造成现场停电停工8天，为此承包人提出要延长工期8天。如果承包人延迟交工时间在8天之内，应不受惩罚，这个要求成立吗？

答案当然是成立的。飓风就是不可抗力，出现不可抗力是可以部分或全部免除违约方的责任的。

小知识

哪些属于不可抗力呢？常见的有：第一类是指由于自然现象所引起的客观事实，如地震、水灾、台风、虫灾等破坏性自然现象；第二类是指由于社会上发生了不以个人意志为转移的，难以预料的重大事件所形成的客观事实，如战争、暴乱、政府禁令、动乱、罢工等。

[思政引导]　不可抗力不可预料、不可避免且不可克服，所以一旦发生，考验的是当事人的随机应变和合同管理能力；引导学生培养沉着冷静、处事不惊和随机应变的工作能力。

6.1.3　非违约一方的义务

当一方当事人违约后，另一方当事人应当及时采取措施，防止损失的扩大，否则无权就扩大的损失请求赔偿。《民法典》第591条对此明确规定："当事人一方违约后，对方应当采取适当措施防止损失的扩大；没有采取适当措施致使损失扩大的，不得就扩大的损失请求赔偿；当事人因防止损失扩大而支出的合理费用，由违约方承担。"

练一练

6.1-1　合同当事人应完全履行合同，如一方没履行合同约定称为____________行为。

6.1-2　合同法规定，承担违约责任的三种主要方式为__________________、________________、________________。

6.1-3　不可抗力是一种____________、______________和______________的客观存在。

6.1-4　当合同当事人既约定违约金，又约定定金的，一方违约时，双方可以选择适用______________，或者________________。

6.1-5　《民法典》规定如果发生不可抗力是可以__________或__________的免除责任。

6.1-6　当事人既约定违约金又约定定金的，一方违约时，对方（　　）。

A. 只能适用两者中数额较小的　　B. 只能适用两者中数额较多的

C. 可以选择使用两者之一　　D. 只能使用违约金

6.1-7　当事人一方违约后，对方未采取适当措施致使损失扩大的（　　）。

A. 所有损失要求赔偿　　B. 所有损失均不能获得赔偿

C. 只可就未扩大的损失要求赔偿　　D. 只可就扩大的损失要求赔偿

6.1-8　以下哪些现象属于不可抗力（　　）。

A. 雨季下雨 B. 施工中停电

C. 挖土发现流沙层 D. 地震

6.1-9 对定金的表述错误的是（ ）。

A. 定金是合同的一种担保形式

B. 定金不具有惩罚性

C. 接受定金一方违约时，应双倍返还定金

D. 给付定金一方违约时，无权要求对方返还

6.2 工程索赔概述

导入案例

黄河小浪底水利枢纽工程总投资逾347亿元，1991年开始建设，2001年底完工。利用世界银行贷款10亿美元，按照要求，工程施工实行国际招标，最后中标的大多是低价投标的国际承包人。当时很多专家估计，由于报价低，该工程可能只能保本，但事实是到2001年底完工时这些国际承包人大都赚得盆满钵满、满载而归，为什么呢？

6.2.1 施工索赔的概念及特征

1. 施工索赔的概念

索赔是当事人在合同实施过程中，根据法律、合同规定及惯例，对不应由自己承担责任的情况造成的损失，向合同的另一方当事人提出给予赔偿或补偿要求的行为。在工程建设的各个阶段，都有可能发生索赔，但在施工阶段索赔发生较多。根据提起人不同可分为施工索赔和反索赔两类，其中由承包人提起的索赔称为“施工索赔”，而由发包人提起的索赔常称为“反索赔”。施工索赔是指在工程项目的施工过程中，承包人根据合同和法律的规定，对非自身原因造成的工程延期、费用增加而要求发包人给予补偿损失的一种权力要求。

对施工合同的双方来说，都有通过索赔维护自己合法利益的权利，依据双方约定的合同责任，构成正确履行合同义务的制约关系。

2. 索赔的特征

从索赔的基本含义可以看出索赔具有以下基本特征：

1）索赔是双向的。不仅承包人可以向发包人索赔，发包人同样也可以向承包人索赔。由于实践中发包人向承包人索赔发生的频率相对较低，而且在索赔处理中，发包人始终处于主动和有利地位，对承包人的违约行为其可以直接从应付工程款中扣抵、扣留保留金或通过履约保函向银行索赔来实现自己的索赔要求。因此，在工程实践中大量发生的、处理比较困难的是承包人向发包人的索赔，也是工程师进行合同管理的重点内容之一。承包人的索赔范围非常广泛，一般只要因非承包人自身责任造成其工期延长或成本增加，都有可能向发包人提出索赔。有时发包人违反合同，如未及时交付施工图纸和合格的施工现场、决策错误等造成工程修改、停工、返工、窝工，及未按合同规定支付工程款等，承包人可向发包人提出赔偿要求；也可能由于发包人应承担风险的原因，如恶劣气候条件影响、国家法规修改等，造

成承包人损失或损害时，承包人也会向发包人提出补偿要求。

2）只有实际发生了经济损失或权利损害，一方才能向对方索赔。经济损失是指因对方因素造成合同外的额外支出，如人工费、材料费、机械费、管理费等额外开支；权利损害是指虽然没有经济上的损失，但造成了一方权利上的损害，如由于恶劣气候条件对工程进度产生不利影响，承包人有权要求工期延长等。因此，发生了实际的经济损失或权利损害，应是一方提出索赔的一个基本前提条件。有时上述两者同时存在，如发包人未及时交付合格的施工现场，既造成承包人的经济损失，又侵犯了承包人的工期权利。因此，承包人既要求经济赔偿，又要求工期延长；有时两者则可单独存在，如恶劣气候条件影响、不可抗力事件等，承包人根据合同规定或惯例则只能要求工期延长，不应要求经济补偿。

3）索赔是一种未经对方确认的单方行为。它与我们通常所说的工程签证不同。在施工过程中签证是承发包双方就额外费用补偿或工期延长等达成一致的书面证明材料和补充协议，它可以直接作为工程款结算或最终增减工程造价的依据，而索赔则是单方面行为，对对方尚未形成约束力，这种索赔要求能否得到最终实现，必须要通过确认（如双方协商、谈判、调解或仲裁、诉讼）后才能实现。

许多人一听到“索赔”两字，很容易联想到争议的仲裁、诉讼或双方激烈的对抗，因此往往认为应当尽可能避免索赔，担心因索赔而影响双方的合作或感情。实质上索赔是一种正当的权利或要求，是合情、合理、合法的行为，它是在正确履行合同的基础上争取合理的偿付，不是无中生有，无理争利。索赔同守约、合作并不矛盾、对立，索赔本身就是市场经济中合作的一部分，只要是符合有关规定的、合法的或者符合有关惯例的，就应该理直气壮地、主动地向对方索赔。大部分索赔都可以通过协商谈判和调解等方式获得解决，只有在双方坚持己见而无法达成一致时，才会提交仲裁或诉诸法院求得解决。即使诉诸法律程序，也应当被看成是遵法守约的正当行为。

小知识

索赔与违约是两个不同的概念，主要区别如下：

1）索赔事件的发生，不一定在合同文件中有约定；而工程合同的违约责任一般是合同中所约定的。

2）索赔事件的发生，可以是一定行为造成的，也可以是不可抗力事件引起的；而追究违约责任，必须要有合同不能履行或不能完全履行的违约事实的存在；发生不可抗力可以免除或部分免除当事人的违约责任。

3）一定要有造成损失的后果才能提出索赔，索赔具有补偿性；而合同的违约不一定要造成损害后果。

4）索赔的损失与被索赔人的行为不一定存在法律上的因果关系，如物价上涨造成承包人损失的，承包人可以向发包人索赔等；而违约行为与违约事实之间存在因果关系。

6.2.2 索赔的起因

由于现场参与单位多，工程涉及的因素多，所以引起工程索赔的原因非常多并且复杂，主要有以下四方面。

1. 工程项目的特殊性

现代工程规模大、技术性强、投资额大、工期长、材料设备价格变化快。工程项目的差异性大、综合性强、风险大，使得工程项目在实施过程中存在许多不确定变化因素，而合同则必须在工程开始前签订，它不可能对工程项目所有的问题都能做出合理的预见和规定，而且发包人在实施过程中还会有许多新的决策，这一切使得合同变更极为频繁，而合同变更必然会导致项目工期和成本的变化。

2. 工程项目内外部环境的复杂性和多变性

工程项目的技术环境、经济环境、社会环境、法律环境的变化，诸如地质条件变化、材料价格上涨、货币贬值、国家政策法规的变化等，会在工程实施过程中经常发生，使得工程的计划实施过程与实际情况不一致，这些因素同样会导致工程工期和费用的变化。

3. 参与工程建设主体的多元性

由于工程参与单位多，一个工程项目往往会有发包人、总包人、工程师、分包人、指定分包人、材料设备供应商等众多参与单位。各方面的技术、经济关系错综复杂，既相互联系又相互影响，只要一方失误，不仅会造成自己的损失，而且会影响其他合作者，造成他人损失，从而导致索赔。

4. 工程合同的复杂性及易出错性

建设工程合同文件多且复杂，经常会出现措辞不当、缺陷、图纸错误以及合同文件前后矛盾或者可作不同解释等问题，容易造成合同双方对合同文件理解不一致，从而出现索赔。

以上这些问题会随着工程的逐步开展而不断暴露出来，必然使工程项目受到影响，导致工程项目成本和工期的变化，这就是索赔形成的根源。因此，索赔的发生，不仅是一个索赔意识或合同观念的问题，从本质上讲，索赔也是一种客观存在，是一门艺术。

6.2.3 施工索赔分类

1. 按索赔的合同依据分类

（1）合同中明示的索赔　合同中明示的索赔是指承包人所提出的索赔要求在该工程项目的合同文件中有文字依据，承包人可以据此提出索赔要求，并取得经济补偿。这些在合同文件中有文字规定的合同条款，称为明示条款。

（2）合同中默示的索赔　合同中默示的索赔，即承包人的该项索赔要求，虽然在工程项目的合同条款中没有专门的文字叙述，但可以根据该合同的某些条款的含义，推论出承包人有索赔权。这种索赔要求，同样有法律效力，有权得到相应的经济补偿。这种有经济补偿含义的条款，在合同管理工作中被称为“默示条款”或称为“隐含条款”。

默示条款是一个广泛的合同概念，它包含合同明示条款中没有写入但符合双方签订合同时设想的愿望和当时环境条件的一切条款。这些默示条款，或者从明示条款所表述的设想愿望中引申出来，或者从合同双方在法律上的合同关系中引申出来，经合同双方协商一致，或被法律和法规所指明，都成为合同文件的有效条款，要求合同双方遵照执行。

2. 按索赔目的分类

（1）工期索赔　由于非承包人责任的原因而导致施工进度延误，要求批准顺延合同工期的索赔，称为工期索赔。工期索赔形式上是对权利的要求，以避免在原定合同竣工日不能

完工时，被发包人追究拖期违约责任。一旦获得批准合同工期顺延，承包人不仅免除了承担拖期违约赔偿费的严重风险，而且可能因提前工期得到奖励，最终仍反映在经济收益上。

（2）费用索赔　费用索赔的目的是要求经济补偿。施工的客观条件改变导致承包人增加开支，要求对超出计划成本的附加开支给予补偿，以挽回不应由其承担的经济损失。

3. 按索赔事件的性质分类

（1）工程延误索赔　因发包人未按合同要求提供施工条件，如未及时交付设计图纸、合格的施工现场、道路等，或因发包人指令工程暂停或不可抗力事件等原因造成工期拖延的，承包人对此提出索赔。这是工程中常见的一类索赔。

（2）工程变更索赔　由于发包人或监理工程师指令增加或减少工程量或增加附加工程、修改设计、变更工程顺序等，造成工期延长和费用增加，承包人对此提出的一类索赔。

（3）合同被迫终止的索赔　由于发包人或承包人违约以及不可抗力事件等原因造成合同非正常终止，无责任的受害方因其蒙受经济损失而向对方提出的一类索赔。

（4）工程加速索赔　由于发包人或工程师指令承包人加快施工速度、缩短工期，引起承包人的人、财、物的额外开支而提出的索赔。

（5）意外风险和不可预见因素索赔　在工程实施过程中，因人力不可抗拒的自然灾害、特殊风险以及一个有经验的承包人通常不能合理预见的不利施工条件或外界障碍，如地下水、地质断层、溶洞、地下障碍物等引起的索赔。

（6）其他索赔　如因货币贬值、汇率变化、物价变动、工资上涨、政策法令变化等原因引起的索赔。

6.2.4　索赔成立的条件

要取得索赔的成功，索赔要求必须满足以下基本条件：

（1）客观性　必须确实存在并提供确凿的证据。

（2）合法性　索赔要求应符合承包合同及相关法规。

（3）合理性　索赔要求应合情合理，真实反映实际情况。

小知识

从另一个方面说判断索赔成立的条件为：①非己方的责任，非己方的风险；②给己方带来了实质性损失；③在索赔时限内提起索赔。

具备以上三个条件索赔就成立。

案例回顾

到2001年底完工时，小浪底的国际承包人大都赚得盆满钵满、满载而归，其原因是在开工第一个月承包人就发出上千封索赔信，索赔金额达亿元。

练一练

6.2-1　索赔的基本特征有__________、__________和__________。

6.2-2 按照索赔的目的分类，索赔可分为__________和__________索赔。

6.2-3 索赔是一种______________存在。

6.2-4 索赔的起因很多，其中最常见的有________________、______________、______________、____________________等几种。

6.2-5 判断下面案例索赔是否成立，并说明理由。

在一房地产开发项目中，发包人提供了地质勘察报告，证明地下土质很好。承包人做施工方案，用挖方的余土作为住宅区道路基础的填方。由于基础开挖施工时正值雨季，开挖后土方潮湿，且易碎，不符合道路填筑要求。承包人不得不将余土外运，另外取土作道路填方材料。对此承包人提出索赔要求。

6.2-6 某建筑公司（乙方）与某建设单位（甲方）签订了施工合同。乙方编制的施工方案和进度计划已获监理工程师批准。在实际施工中发生如下几项事件：

1）因施工方租赁的挖掘机大修，晚开工2天。

2）基坑开挖后，因遇软土层，接到监理工程师停工的指令，进行地质复查，用了3天。

3）接到监理工程师的复工令时，因下罕见的大雨迫使基坑开挖暂停，又停了2天。

思考：建筑公司对上述哪些事件可以向甲方要求索赔，哪些事件不可以要求索赔?

6.3 施工索赔

导入案例

在施工过程中发生一事件：由于发包人没有及时提供图纸，使施工方挖土方的工程在雨季开工了，施工方增加了雨季施工费，此事件给施工方带来了实质的损失，但施工方在竣工验收前进行索赔时，监理工程师却没有签字，为什么?

如前所述，工程索赔根据提起人不同可分为索赔和反索赔两类，其中由发包人提起的索赔常称为反索赔。由于施工条件的复杂性和很多客观条件的不可预见性，建筑工程中经常发生由施工承包人发起索赔的情况，常称为施工索赔。下面着重对施工索赔的程序和依据进行介绍。

6.3.1 施工索赔的程序

承包人的施工索赔程序通常可分为以下几个步骤。

1. 承包人提出索赔要求

（1）发出索赔意向通知　索赔事件发生后，承包人应在索赔事件发生后的28天内向监理工程师递交索赔意向通知，声明将对此事件提出索赔。该意向通知是承包人就具体的索赔事件向监理工程师和发包人表示的索赔愿望和要求。如果超过这个期限，监理工程师和发包人有权拒绝承包人的索赔要求。索赔事件发生后，承包人有义务做好现场施工的同期记录，监理工程师有权随时检查和调阅，以判断索赔事件造成的实际损害。

（2）递交索赔报告　索赔意向通知提交后的28天内，或监理工程师可能同意的其他合理时间，承包人应递送正式的索赔报告。索赔报告的内容应包括：事件发生的原因，对其权

益影响的证据资料，索赔的依据，此项索赔要求补偿的款项和工期展延天数的详细计算等有关材料。如果索赔事件的影响持续存在，28 天内还不能算出索赔额和工期展延天数时，承包人应按工程师合理要求的时间间隔（一般为 28 天），定期陆续报出每一个时间段内的索赔证据资料和索赔要求。在该项索赔事件的影响结束后的 28 天内，报出最终详细报告，提出索赔论证资料和累计索赔额。

承包人发出索赔意向通知后，可以在监理工程师指示的其他合理时间内再报送正式索赔报告，即工程师在索赔事件发生后有权不马上处理该项索赔。如果事件发生时，现场施工非常紧张，工程师不希望立即处理索赔而分散各方抓施工管理的精力，可通知承包人将索赔的处理留待施工不太紧张时再去解决。但承包人的索赔意向通知必须在事件发生后的 28 天内提出，包括因对变更估价双方不能取得一致意见，而先按工程师单方面决定的单价或价格执行时，承包人提出的保留索赔权利的意向通知。如果承包人未能按时间规定提出索赔意向和索赔报告，则其就失去了就该项事件请求补偿的索赔权利。此时其所受到损害的补偿，将不超过监理工程师认为应主动给予的补偿额。

2. 监理工程师审核索赔报告

（1）监理工程师审核承包人的索赔申请　接到承包人的索赔意向通知后，监理工程师应建立自己的索赔档案，密切关注事件的影响，检查承包人的同期记录时，随时就记录内容提出其不同意见或其希望应予以增加的记录项目。

在接到正式索赔报告以后，认真研究承包人报送的索赔资料。首先，在不确认责任归属的情况下，客观分析事件发生的原因，重温合同的有关条款，研究承包人的索赔证据，并检查其同期记录；其次，通过对事件的分析，监理工程师再依据合同条款划清责任界限，必要时还可以要求承包人进一步提供补充资料。尤其是对承包人与发包人或监理工程师都负有一定责任的影响事件，更应划出各方应该承担合同责任的比例，最后再审查承包人指出的索赔补偿要求，剔除其中的不合理部分，拟定自己计算的合理索赔款额和工期顺延天数。

（2）判定索赔成立的原则　监理工程师判定承包人索赔成立的条件为：

1）与合同相对照，事件已造成了承包人施工成本的额外支出，或总工期延误。

2）造成费用增加或工期延误的原因，按合同约定不属于承包人应承担的责任，包括行为责任或风险责任。

3）承包人按合同规定的程序提交了索赔意向通知和索赔报告。

上述三个条件没有先后主次之分，应当同时具备。只有工程师认定索赔成立后，才处理应给予承包人的补偿额。

（3）对索赔报告的审查　索赔报告的审查包括以下几个方面：

1）事态调查。通过对合同实施的跟踪、分析，了解事件经过、前因后果，掌握事件详细情况。

2）损害事件原因分析。即分析索赔事件是由何种原因引起，责任应由谁来承担。在实际工作中，损害事件的责任有时是多方面原因造成的，故必须进行责任分解，划分责任范围，按责任大小承担损失。

3）分析索赔理由。主要依据合同文件判明索赔事件是否属于未履行合同规定义务或未正确履行合同义务导致，是否在合同规定的赔偿范围之内。只有符合合同规定的索赔要求才有合法性，才能成立。例如，某合同规定，在工程总价 10% 范围内的工程变更属于承包人承担的风险，则发包人指令增加工程量在这个范围内，承包人不能提出索赔。

4）实际损失分析。即分析索赔事件的影响，主要表现为工期的延长和费用的增加。如果索赔事件不造成损失，则无索赔可言。损失调查的重点是分析、对比实际和计划的施工进度，工程成本和费用方面的资料，在此基础上核算索赔值。

5）证据资料分析。主要分析证据资料的有效性、合理性、正确性，这也是索赔要求有效的前提条件。如果在索赔报告中提不出证明其索赔理由、索赔事件的影响、索赔值的计算等方面的详细资料，索赔要求是不能成立的。如果监理工程师认为承包人提出的证据不能足以说明其要求的合理性时，可以要求承包人进一步提交索赔的证据资料。

3. 确定合理的补偿

（1）监理工程师与承包人协商补偿　监理工程师核查后初步确定应予以补偿的额度往往与承包人在索赔报告中要求的额度不一致，甚至差额较大。主要原因大多为对承担事件损害责任的界限划分不一致，索赔证据不充分，索赔计算的依据和方法分歧较大等，因此双方应就索赔的处理进行协商。

对于持续影响时间超过28天以上的工期延误事件，当工期索赔条件成立时，对承包人每隔28天报送的阶段索赔临时报告审查后，每次均应做出批准临时延长工期的决定，并于事件影响结束后28天内承包人提出最终的索赔报告后，批准顺延工期总天数。应当注意的是，最终批准的总顺延天数，不应少于以前各阶段已同意顺延天数之和。

规定承包人在事件影响期间必须每隔28天提出一次阶段索赔报告，可以使监理工程师能及时根据同期记录批准该阶段应予顺延工期的天数，避免事件影响时间太长而不能准确确定索赔值。

（2）监理工程师索赔处理决定　在经过认真分析研究，与承包人、发包人广泛讨论后，监理工程师应该向发包人和承包人提出索赔处理的初步意见，并参加建设单位和承包人的索赔谈判，通过谈判做出索赔的最后决定。

小知识

索赔事件发生后一定要注意索赔的上述程序和时限性，如图6-1所示。

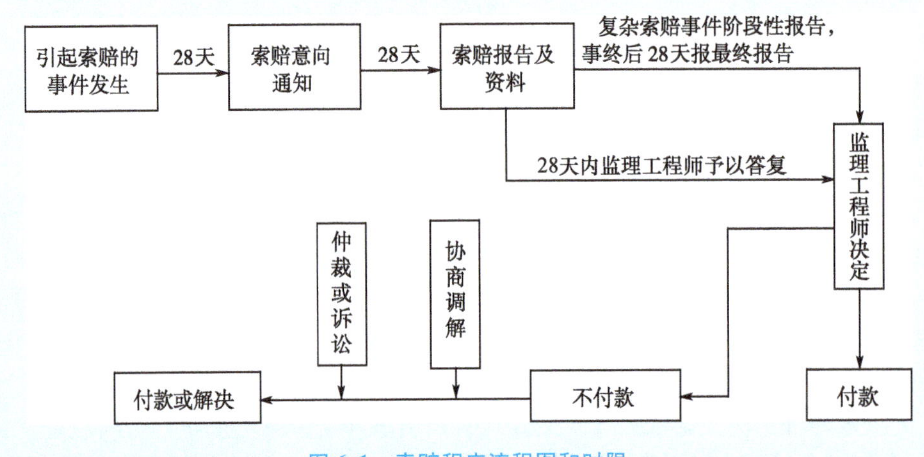

图6-1　索赔程序流程图和时限

案例回顾

在导入案例里面为何索赔没有成功呢?

原因：监理工程师是在要竣工验收时收到索赔意向书的，已经超过了事件发生后的28天这个时限，所以监理工程师没有签字，也就是说索赔事件发生后的28天内施工方要提起索赔，超过时限监理工程师是可以不处理的。索赔的关键在于“索”，承包人不积极地“索”，建设单位和监理单位没有义务去提请承包人注意，建设单位也没有义务去“赔”。即不索不赔。

6.3.2　索赔的依据和方法

1. 索赔的依据

索赔成功的关键在于是否有充分的、正当的索赔依据，承包人必须用大量的证据证明自己拥有索赔的权利，索赔的进行主要是靠证据说话，没有证据或证据不足，索赔就难以成功。

（1）招标文件、合同文本及附件　招标文件中所包括的合同文本如FIDIC中的通用条件和专用条件、我国施工合同示范文本中的通用条款和专用条款，施工技术规范、工程范围说明、现场水文地质资料和工程量表以及标前会议和澄清会议资料等，不仅是承包人投标报价的依据和构成工程合同文件的基础，而且是施工索赔时计算索赔费用的依据。

（2）施工合同协议书及附属文件　施工合同协议书是双方在签约各种合同前就中标价格、施工计划、合同条件等问题进行的讨论纪要文件，以及其他各种签约的备忘录和修正案等资料，这些都可以作为承包人索赔计价的依据。例如，在我国现行的《建设工程施工合同（示范文本）》中，协议书中主要包括工程概况、工程承包范围、合同工期、质量标准、合同价款、组成合同的文件，以及承包人向发包人承诺按照合同约定进行施工竣工并在质量保修期内承担工程质量保修责任，发包人向承包人承诺按照合同约定的期限和方式支付合同价款及其他应当支付的款项和合同生效条款等。如果实际工期超出合同工期，根据造成原因的不同，就会发生承包人索赔或业主索赔。如果承包人的施工质量没有达到协议书中规定的质量标准，就会发生质量缺陷索赔等。由此可见，施工合同协议书是索赔的重要依据。

（3）投标文件和中标通知书　在投标文件中，承包人提出主要分部分项工程的施工方案，按照工程量清单进行施工单价分析计算，对施工效率和施工进度进行分析，对施工所需的材料与设备列出数量和单价，从而成为承包人编标报价的成果文件，最终以此中标。因此，投标文件就成为合同文件的组成部分，也就成为施工索赔的依据之一。

（4）往来的书面文件　在合同实施过程中，会有大量的发包人、承包人、工程师之间的来往书面文件，如发包人的各种认可信与通知，工程师或发包人发出的各种指令。常见的有工程变更令、加速施工令以及对承包人提出问题的书面回答和口头指令的确认信等，这些信函（包括电子邮件、传真资料等）都将成为索赔的证据。由于索赔成立的条件之一就是要有证据证明索赔事项确实发生，并且确实造成损失，而且其产生的原因是应由对方负责的。因此，双方来往的信件、信函、通知、答复等一定要存档。同时，承包人要注意对工程师的口头指令及时书面确认，从而在索赔事项发生时，可以提供这些书面资料作为证据。

(5) 会议记录　会议记录指在标前会议和决标前的澄清会议记录，以及在合同实施过程中，发包人、工程师和承包人定期和不定期的工地会议，如施工协调会议、施工进度变更会议、施工技术讨论会议等，在这些会议上研究实际情况做出决议或决定。这些会议记录均构成索赔的依据，但应注意这些记录若想成为证据，必须经各方签署才有法律效力。因此，对于会议应建立审阅制度，即由做记录的一方写好记录稿，送交参会各方传阅核签，如果有不同意见须在规定期限内提出或直接修改，若不提出意见则视为同意（这个程序需要由参会各方在项目开始前商定）。

(6) 批准的施工进度计划、调整计划、实际进度记录　经过发包人或监理工程师批准的施工进度计划和修改计划、实际进度记录和月进度报表是进行索赔的重要证据。进度计划中不仅指明工作期间施工顺序和工作计划持续时间，而且还直接影响到劳动力、材料、施工机械和设备的计划安排，如果由于非承包人原因或风险使承包人的实际进度落后于计划进度或发生工程变更，则这类资料对承包人索赔能否成功起到极其重要的作用。因为在计算工期延长的索赔时，必须依据批准的施工进度计划进行工期影响分析，判断总工期的变化幅度。同时，应注意在实际施工中，施工进度计划不是一成不变的，它是随着工程的进展不断进行调整和修订的。每次工期影响分析，都是在经监理工程师批准的最新调整后的施工进度计划基础上进行的。因此，批准的施工进度计划和调整计划是工期分析的基础，也是工期索赔的主要依据。

(7) 施工现场工程文件　施工现场工程文件包括现场施工记录、施工备忘录、各种施工台账、工时记录、质量检查记录、施工设备使用记录、建筑材料进场和使用记录、工长或检查员以及技术人员的工作日记、监理工程师填写的施工记录和各种签证，各种工程统计资料如周报、月报，工地的各种交接记录，如图纸交接记录、施工场地交接记录、工程中停电记录等资料，这些资料构成工程实际状态的证据，是工程索赔时必不可少的依据。但需要注意，各种记录应由负责人签字，对于工作日志等资料不得缺页，不得补写。

(8) 工程照片、录像资料　工程照片和录像作为索赔证据最为直观，并且在照片上最好注明日期。其内容可以包括：工程进度照片和录像、隐蔽工程覆盖前的照片和录像、发包人责任或风险造成的返工或工程损坏的照片和录像等。这些资料反映损失真实可信，因此对于重大的索赔事项一定要有照片或录像。

(9) 检查验收报告和技术鉴定报告　在工程中涉及各种检查验收报告，如隐蔽工程验收报告、材料试验报告、试桩报告、材料设备开箱验收报告、工程验收报告以及事故鉴定报告等。这些报告构成对承包人工程质量的证明文件，因此成为工程索赔的重要依据。

(10) 工程财务记录文件　工程财务记录文件包括工人劳动计时卡和工资单、工资报表、工程款账单、各种收付款原始凭证、总分类账、管理费用报表、工程成本报表、材料和零配件采购单等。它是对工程成本的开支和工程款的历次收入所做的详细记录，是工程索赔中必不可少的索赔款额计算的依据。

(11) 现场气象记录　工程水文气象条件变化，经常引起工程施工的中断或工效降低，甚至造成在建工程的破损，从而引起工期索赔或费用索赔。尤其是遇到恶劣的天气，一定要做好记录，并且请监理工程师签字。这方面的记录内容通常包括：每月降水量、风力、气温、水位、施工基坑地下水状况等，对地震、海啸和台风等特殊自然灾害更要随时做好记录。

（12）市场行情资料　市场行情资料包括市场价格、官方公布的物价指数、工资指数、中央银行的外汇比率等资料。它们可以作为计算人工费、计算物价上涨的损失、计算汇兑损失的重要基础数据，是索赔费用计算的重要依据。

（13）政策法规文件　政策法规文件是指工程所在国的政府或立法机关公布的有关国家法律、法令或政府文件，如货币汇兑限制指令、外汇兑换率的决定、调整工资的决定、税收变更指令、工程仲裁规则等。这些文件直接影响承包人的收益，因此这些文件对工程结算和索赔具有重要的影响，承包人必须高度重视。例如，我国施工合同签订时，往往在合同中规定，物价变动的影响按当地工程造价管理部门颁布的工程造价结算文件规定的方式执行。一旦这些规定发生变化，就会带来工程造价的变动，由此变动带来的索赔依据主要就是这些政策法规文件。

（14）案例和国际惯例　在国际工程承包市场上所采用的标准合同条件，如 FIDIC 施工合同条件、英国的 ICE 或 JCT 合同条件，美国的 AIA 合同条件等均属于普通法体系。其特点是以案例为基础判案，即“按例裁决”。因此，对于某些在合同文件中没有索赔依据的事项，由于有可靠的先例为证，仍然有可能索赔成功。

国际惯例是指国际工程承包界公认的一些原则和习惯做法，如斯匹林学说、同类规则、摩考克原则、可推定学说等。这些规则经常被咨询工程师或仲裁员所引用来解决承包人和发包人之间的索赔争议。

［思政引导］　索赔证据作为索赔文件的重要组成部分，在很大程度上关系到索赔的成功与否，证据不全或不足，是很难索赔成功的。引导学生深刻认识细节决定成败的道理，教育学生在日常工作中及时收集整理相关资料，不拖沓不延误，以备不时之需。

2. 索赔的方法

（1）单项索赔　单项索赔是指当事人针对某一干扰事件的发生而及时地进行索赔，也就是采取一事一索赔的方式，即索赔事件发生一件就处理一件。单项索赔原因单一、责任清楚，证据好整理，容易处理，并且涉及金额一般比较小，发包人较易接受。例如，监理工程师指令将某分项工程素混凝土改为钢筋混凝土，对此只需提出与钢筋有关的费用索赔即可（如果该项变更没有其他影响的话）。一般情况下承包人应采用单项索赔的方式。

（2）总索赔（一揽子索赔）　总索赔是指在工程竣工前，承包人将施工过程中已经提出但尚未解决的索赔问题汇总，向发包人提出总索赔。总索赔中，索赔事件多，牵涉的因素多，佐证资料要求多，责任不好界定，补充额度计算较困难，而且补偿金额大，索赔谈判和处理比较难，成功率低，一般情况下不宜用此种方法。

通常在如下几种情况下采用总索赔：

1）有些单项索赔原因和影响都很复杂，不能立即解决，或双方对合同解释有争议，但合同双方都要忙于合同实施，可协商将单项索赔留到工程后期解决。

2）业主拖延答复单项索赔，使工程过程中的单项索赔得不到及时解决，最终不得已提出一揽子索赔。在国际工程中，许多业主就以拖的办法对待承包人的索赔要求，常常使索赔和索赔谈判旷日持久，致使许多单项索赔要求集中起来。

3）在一些复杂的工程中，当干扰事件多，几个干扰事件一起发生，或有一定的连贯性、互相影响大，难以一一分清时，则可以综合在一起提出索赔。

4）工期索赔一般都在工程后期一揽子解决。

6.3.3 不可抗力事件的索赔

1. 不可抗力的确认

不可抗力发生后，发包人和承包人应收集证明不可抗力发生及不可抗力造成损失的证据，并及时认真统计所造成的损失。合同当事人对是否属于不可抗力或其损失的意见不一致的，由监理人按商定或确定的约定处理。发生争议时，按争议解决的约定处理。

2. 不可抗力的通知

合同一方当事人遇到不可抗力事件，使其履行合同义务受到阻碍时，应立即通知合同另一方当事人和监理人，书面说明不可抗力和受阻碍的详细情况，并提供必要的证明。

不可抗力持续发生的，合同一方当事人应及时向合同另一方当事人和监理人提交中间报告，说明不可抗力和履行合同受阻的情况，并于不可抗力事件结束后28天内提交最终报告及有关资料。

3. 不可抗力后果的承担

不可抗力引起的后果及造成的损失由合同当事人按照法律规定及合同约定各自承担。不可抗力发生前已完成的工程应当按照合同约定进行计量支付。

不可抗力导致的人员伤亡、财产损失、费用增加和（或）工期延误等后果，由合同当事人按以下原则承担：

1）永久工程、已运至施工现场的材料和工程设备的损坏，以及因工程损坏造成的第三人人员伤亡和财产损失由发包人承担。

2）承包人施工设备的损坏由承包人承担。

3）发包人和承包人承担各自人员伤亡和财产的损失。

4）因不可抗力影响承包人履行合同约定的义务，已经引起或将引起工期延误的，应当顺延工期，由此导致承包人停工的费用损失由发包人和承包人合理分担，停工期间必须支付的工人工资由发包人承担。

5）因不可抗力引起或将引起工期延误，发包人要求赶工的，由此增加的赶工费用由发包人承担。

6）承包人在停工期间按照发包人要求照管、清理和修复工程的费用由发包人承担。

不可抗力发生后，合同当事人均应采取措施尽量避免和减少损失的扩大，任何一方当事人没有采取有效措施导致损失扩大的，应对扩大的损失承担责任。

因合同一方迟延履行合同义务，在迟延履行期间遭遇不可抗力的，不免除其违约责任。

6.3.4 索赔值的计算

1. 索赔值计算原则

（1）实际损失原则　索赔都是以补偿实际损失为原则，承包人不能通过索赔事件来获得额外的收益。在施工过程中，出现干扰事件时，承包人的实际损失包括两个方面。

1）直接损失。该损失主要表现为承包人财产的减少，通常为工程的直接成本增加或者实际费用的超支。

2）间接损失。即可能获得的利益的减少。如在发包人拖欠工程款的情况下，使承包人失去这笔款项的存款利息收入等。当然，所有这些损失都必须有具体且可信的证据，这些证据通常有：各种费用支出的账单，工资表，现场用工、用料、用机的证明，财务报表，工程成本核算资料，有时还包括承包人同期企业经营和成本核算资料等。

（2）合同原则 发承包合同是双方对自己行为的承诺，在合同履行过程中，双方都必须遵循合同的约定。上述的赔偿实际损失原则，并不能理解为赔偿承包人的全部实际费用超支和成本的增加，而是根据合同约定以及合同文件，由于干扰事件的发生而导致承包人的成本增加和费用超支。承包人投标时所应该包含的风险而导致的费用增加或成本增加是不能够获得补偿的。在实际工程中，许多承包人往往会以自己的实际生产值、实际施工效率、工资水平和费用开支来计算索赔值，这种做法是对以实际损失为原则的误解。在计算索赔值时，必须考虑以下三个因素的影响。

1）应该考虑由于管理不善、组织失误等承包人自身责任造成的损失，对于该部分损失，承包人应该自己承担。

2）应该考虑合同中约定的由承包人自己承担的风险。任何一份合同，发承包双方对于工程的各种风险是分担的，属于承包人风险范围内的，承包人必须自己承担。

3）合同是索赔的依据，也就是说索赔值计算必须根据合同文件来确定，如果合同约定了索赔值的计算方法、计算公式等，都必须执行。

（3）合理性原则 该原则包括两个方面，一是指索赔值的计算应符合工程的惯例，能够被发包人、监理工程师、调解人、仲裁人认可；二是指符合规定的会计核算原则。索赔值的计算是在计划成本和成本核算基础上，通过计划成本与实际成本对比进行的。实际成本的核算必须与计划成本的核算有一致性，而且符合通用的会计核算原则。

2. 工期索赔的计算

（1）工期索赔的分析 工期索赔的分析流程包括工期延误原因分析、网络计划分析、业主责任分析和索赔结果分析等步骤。

1）工期延误原因分析。分析引起工期延误是哪一方的原因，如果某一干扰事件是由于承包人自身原因造成的或是承包人应承担的风险，则不能索赔，反之则可索赔。

2）网络计划分析。运用网络计划方法分析延误事件是否发生在关键线路上，以决定此延误是否可索赔。在施工索赔中，一般考虑关键线路上的延误，或者一条非关键线路因延误已变成关键线路。

3）业主责任分析。结合网络计划分析结果，进行业主责任分析。若发生在关键线路上的延误是由于业主原因造成的，则这种延误不仅可索赔工期，还可索赔因延误而发生的费用。若由于业主原因造成的延误发生在非关键线路上，且非关键线路未转变为关键线路，则只可能索赔费用。

4）索赔结果分析。在承包人索赔已经成立的情况下，根据业主是否对工期有特殊要求，分析工期索赔的可能结果。如果由于某种特殊原因，工程竣工日期客观上不能改变，即对索赔工期的延误，业主也可以不给予工期延长。这时，业主的行为已实质上构成隐含指令加速施工。因而，业主应当支付承包人采取加速施工措施而额外增加的费用，即加速费用补偿。此处费用补偿是指因业主原因引起的延误时间因素造成承包人负担了额外的费用而得到的合理补偿。

小知识

关键线路并不是固定不变的，随着工程进展，关键线路也在变化，而且是动态变化。关键线路的确定，必须是依据最新批准的合同进度计划。

（2）工期索赔计算方法

1）网络分析法。承包人提出工期索赔，必须确定干扰事件对工期的影响值，即工期索赔值。工期索赔分析的一般思路是：假设工程一直按原网络计划确定的施工顺序和时间施工，当一个或一些业主原因导致的或应由业主承担风险的干扰事件发生后，使网络中的某个或某些活动受到干扰而延长施工持续时间。将这些活动受干扰后的新的持续时间代入网络中，重新进行网络分析和计算，即会得到一个新工期。新工期与原工期之差即为干扰事件对总工期的影响，即为承包人的工期索赔值。

应用案例

已知某工程网络计划如图6-2所示，总工期16天，关键工作为A、B、E、F。

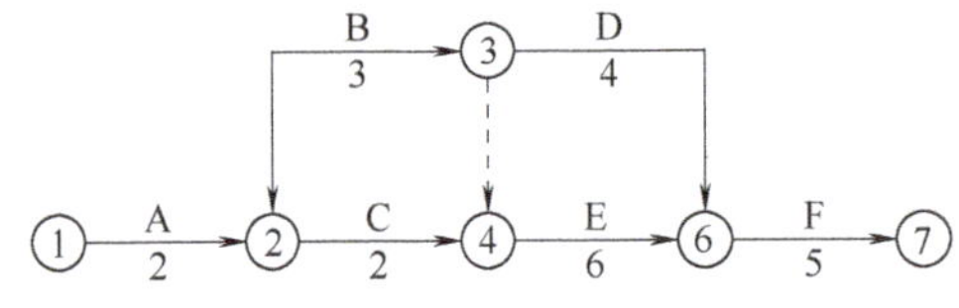

图6-2 某工程网络图

现由于业主原因造成工作B延误2天，因B为关键工作，所以对总工期造成延误2天，故向业主索赔2天。若因业主原因造成工作C延误1天，承包商是否可以向业主提出1天的工期补偿？

案例分析：

工作C总时差为1天，有1天的机动时间，业主原因造成的1天延误对总工期不会有影响。实际上，将1天的延误代入原网络图，即C工作变为3天，计算结果工期仍为16天。

若由于业主原因造成工作C延误3天，由于C本身有1天的机动时间，对总工期造成延误的天数为3－1＝2天，故向业主索赔2天。或将工作C延误的3天代入网络图中，即C为2＋3＝5天，计算可以发现网络图中的关键线路发生了变化，工作C由非关键工作变成了关键工作，总工期为18天，索赔18－16＝2天。

2）比例分析法。

① 按工程量进行比例计算。当计算出某一分部分项工程的工期延长后，还要把局部工期转变为整体工期，这可以用局部工程的工作量占整个工程工作量的比例来折算。

应用案例

某工程基础施工中，出现了不利的地质障碍，业主指令承包人进行处理，土方工程量由原来的2 760m^3增至3 280m^3，原定工期为45天。承包商可以提出工期索赔吗？索赔的工期

应为多少天？

案例分析：

由于出现了不利的地质障碍，业主指令承包人进行处理，因此承包人可提出工期索赔，索赔的值为：

$$工期索赔值=原工期\times\frac{额外或新增工程量}{原工程量}$$

$$=45\times\frac{3\ 280-2\ 760}{2\ 760}=8.48\approx8.5\ （天）$$

② 按造价进行比例计算。若施工中出现了很多大小不等的工期索赔事由，较难准确地单独计算且又麻烦时，可经双方协商，采用造价比例法确定工期补偿天数。

应用案例

某工程合同总价为1 000万元，总工期为24个月，现业主指令增加额外工程90万元，则承包商可以提出工期索赔吗？索赔的工期应为多少？

案例分析：

由于业主指令增加额外工程，属于业主的责任，所以可以提出索赔。

承包人提出工期索赔值为：

$$工期索赔值=原合同工期\times\frac{附加或新增工程量价格}{原合同总价}$$

$$=24\times\frac{90}{1\ 000}=2.16\ （月）$$

3. 费用索赔的计算

（1）索赔费用的构成　按照我国现行规定，建筑安装工程合同价一般包括直接费、间接费、利润和税金。索赔费用的主要组成部分同建设工程施工合同价的组成部分相似。从原则上说，承包人有索赔权利的工程成本的增加，都是可索赔的费用。但是，对于不同原因引起的索赔，承包人可索赔的具体费用是不一样的，应根据具体情况分析。

施工索赔中，索赔费用主要包括如下内容。

1）人工费。人工费主要包括生产工人的工资、津贴、加班费、奖金等。对于索赔费用中的人工费部分来说，主要是指完成合同之外的额外工作所花费的人工费用；由于非承包人责任的工效降低所增加的人工费用；超过法定工作时间的加班费用；法定的人工费增长以及非承包人责任造成的工程延误导致的人员窝工费；相应增加的人身保险和各种社会保险支出等。

小知识

一般来说，新增工程的人工费，应根据增加工作的性质，按投标书中的人工费单价或按计日工单价，根据实际完成增加工作的工日数计算。而停工损失费和工作效率降低的损失费可按窝工费用计算。

2）材料费。材料费在直接费中占有很大比重，是费用索赔的一项重要内容。在工程施工中，材料费索赔一般包括由于索赔事项导致材料的实际用量大大超过计划用量；由于客观原因材料价格大幅度上涨；由于非承包人责任工程拖延导致的材料价格上涨和材料超期存储的费用等。

3）机械设备使用费。可索赔的机械设备使用费主要包括完成额外工作增加的机械设备使用费；非承包人责任致使的工效降低而增加的机械设备闲置、折旧和修理费分摊、租赁费用；由于业主或监理工程师原因造成的机械设备停工的窝工费；非承包人原因增加的设备保险费、运费及进口关税等。

4）管理费。管理费应按现场管理费和企业管理费分别计算索赔费用。现场管理费包括因承包人完成额外工程、索赔事项工作以及工期拖延期间而造成的管理人员工资、办公费、交通费等费用的额外增加。企业管理费主要是指在工程延误期间为整个企业的经营运作提供支持和服务所增加的管理费用，一般包括企业管理人员费、企业经营活动费、差旅交通费、办公费、通信费、固定资产折旧、修理费、职工教育培训费、保险费、税金等。

5）利润。一般来说，由于工程承包范围的变化、技术文件的缺陷、发包人未能及时提供现场等引起的索赔，承包人可以列入利润损失。但对于工程暂停的索赔，由于项目利润未受到影响，所以一般监理工程师不会同意在工程暂停时的费用索赔中加入利润损失。

6）利息。只要因业主违约（如业主拖延或拒绝支付各种工程款、预付款或拖延退还扣留的保证金）或其他合法索赔事项直接引起了额外贷款，承包人有权向业主就相关的利息支出提出索赔。利息的索赔通常发生于下列情况：拖期付款利息，索赔款的利息，错误扣款的利息等。

（2）费用索赔计算方法　对于索赔事件的费用计算，一般是先计算与索赔事件有关的直接费，如人工费、材料费、机械费等，然后计算应分摊在此事件上的管理费、利润等间接费。每一项费用的具体计算方法应与工程项目计价方法相似。从总体思路上讲，综合费用索赔主要有以下计算方法。

1）总费用法。总费用法的基本思路是将固定总价合同转化为成本加酬金合同，或索赔值按成本加酬金的方法来计算，它是以承包人的额外增加成本为基础，再加上管理费、利息和利润的计算方法。

2）修正的总费用法。修正的总费用法是对总费用法的改进，即在总费用计算的原则上，去掉一些不合理的因素，使其更合理。按修正后的总费用计算索赔金额的公式如下：

索赔金额 = 某项工作调整后的实际总费用 − 该项工作的报价费用（含变更款）

修正的总费用法与总费用法相比，有了实质性的改进，已相当准确地反映出实际增加的费用。

3）分项法。分项法是在明确责任的前提下，对每个引起损失的干扰事件和各费用项目单独分析计算索赔值，并提供相应的工程记录、收据、发票等证据资料，最终求和。这样可以在较短时间内给以分析、核实，确定索赔费用，顺利解决索赔事宜。该方法虽比总费用法复杂、困难，但比较合理、清晰，能反映实际情况，且可为索赔文件的分析、评价及其最终索赔谈判和解决提供方便，是承包人广泛采用的方法。

练一练

6.3-1　索赔事件发生后，承包人应在索赔事件发生后的__________天内向监理工程师递交索赔意向通知。

6.3-2 索赔意向通知提交后的________天内，或监理工程师可能同意的其他合理时间，承包人应递送正式的____________。

6.3-3 索赔报告的内容应包括：______________，______________，______________，__________________等有关材料。

6.3-4 索赔的方法有：________________和________________。

6.3-5 索赔的依据很多，请举例说明。

6.3-6 下列关于建设工程索赔的说法，正确的是（　　）。

A. 承包人可以向发包人索赔，发包人不可以向承包人索赔

B. 索赔意向书发出后14天内，承包人应向工程师提交索赔报告及有关资料

C. 索赔是双向的，承包人可以向发包人索赔，发包人也可以向承包人索赔

D. 只能发包人向承包人索赔

6.3-7 下列关于索赔和反索赔的说法，正确的是（　　）。

A. 索赔实际是一种经济惩罚行为

B. 索赔和反索赔具有同时性

C. 索赔就是承包人对发包人的索赔

D. 反索赔只能是针对承包人的索赔提出的反索赔

6.3-8 索赔是指在合同履行过程中，（　　）因对方不履行或不正确履行合同所规定的义务而遭受损失后，向对方提出的补偿要求。

A. 发包人　　B. 第三方　　C. 承包人　　D. 合同中的一方

6.3-9 下列（　　）事件承包人不可以向发包人提出索赔。

A. 施工中遇到地下文物被迫停工

B. 施工机械大修，误工5天

C. 发包人要求提前竣工，导致工程成本增加

D. 设计图纸错误，造成返工

6.3-10 在施工过程中，由于发包人或监理工程师指令设计、修改实施计划、变更施工顺序，造成工期延长和费用损失，承包人可提出索赔。这种索赔属于（　　）引起的索赔。

A. 地质条件的变化　　B. 不可抗力

C. 工程变更　　D. 发包人风险

6.4 工程反索赔

导入案例

某工程建设单位与承包人签订了一高层建筑的施工合同，30层的框架剪力墙结构，在合同中规定了工期和金额等。合同中关于工期延误的条款内容为：承包人从监理工程师发布开工令起，在规定的天数内完成各项单位工程的施工，如果承包人不能按规定完成，则应承担延误损害赔偿费，赔偿费率在合同中约定。这能称之为索赔吗？

6.4.1 反索赔的概念

反索赔是业主根据合同规定，对由于承包人原因或合同规定应由其承担责任的情况对业主所遭受的损失，向承包人提出的补偿要求。在国际工程中，常常把承包人向业主提出的索赔称为索赔，将业主向承包人提出的索赔称为反索赔，实质上都是索赔。反索赔也就是业主的索赔。

6.4.2 反索赔的特点

1. 反索赔程序比索赔程序简单

我国《建设工程施工合同（示范文本）》中规定业主应在反索赔事件发生后28天内发出索赔通知，但程序没有承包人的索赔复杂和严格。

2. 索赔处理是监理工程师的一项工作

业主索赔通常是监理工程师办理的，承包人索赔需要承包人向监理工程师提交报告，而发包人索赔直接交监理工程师处理，比承包人索赔更方便。

3. 业主索赔更具有主动性和好操作性

业主的索赔可直接从应付工程款中扣回，工程款不足时，还有权利从承包人提交的担保和保函中扣回。

6.4.3 反索赔的程序

1. 索赔通知

在项目实施过程中，反索赔事件发生时，监理工程师应及时进行业主的索赔，尽快向承包人发出索赔通知。索赔通知的内容一般包括：索赔的依据、索赔的要求、索赔的证据。

2. 监理工程师与承包人协商或确定

索赔通知发出后，监理工程师应按合同规定，及时与业主和承包人协商，如果协商达不成一致意见，则监理工程师根据合同和相关的法规，确定一个公正的解决结论。

3. 监理工程师将处理的结论向业主和承包人发出通知

监理工程师经与业主和承包人协商后，根据协商的结果，及时向业主和承包人发出通知，并写明索赔处理的详细依据。

4. 执行通知中协商的或监理工程师确定的处理结论

业主索赔的款额，直接从合同价格和支付证书中扣回，或者按照批准的索赔额以承包人的应付款等方式直接支付给业主。

案例回顾

本节导入案例里面所述能称为索赔吗？

答：能。这就是业主向承包人的索赔。建设单位按照索赔程序向承包人提出索赔，索赔费用从支付给承包人的进度款中扣回。

练一练

6.4-1 建设工程施工合同中所称的反索赔是指__________对__________的索赔。

6.4-2　根据合同的对等原则，业主应当在反索赔事件发生后________天内发出索赔通知。

6.4-3　请大家思考一下，为什么说业主的反索赔更具有主动性和可操作性？

综合案例　工程索赔案例

【案例1】

知识要点：一个有经验的承包人可以合理预见的事件，承包人索赔是不成立的

背景：在一房地产开发项目中，发包人提供了地质勘察报告，证明地下土质很好。承包人做施工方案，用挖方的余土作通往住宅区道路基础的填方。由于基础开挖施工时正值雨季，开挖后土方潮湿，且易碎，不符合道路填筑要求。承包人不得不将余土外运，另外取土作道路填方材料，对此承包人提出索赔要求。监理工程师否定了该索赔要求，理由是，填方的取土作为承包人的施工方案，它因受到气候条件的影响而改变，不能提出索赔要求。在本案例中即使没有下雨，而因发包人提供的地质报告有误，地下土质过差不能用于填方，承包人也不能因为另外取土而提出索赔要求。

案例分析：

1）合同规定承包人对发包人提供的水文地质资料的理解负责。而地下土质可用于填方，这是承包人对地质报告的理解，应由其自己负责。

2）取土填方作为承包人的施工方案，也应由其负责（索赔的同时也是反索赔的过程，这也可以称为反索赔的成功）。

【案例2】

知识要点：索赔成立条件是非己方的责任或非己方的风险，事件给己方带来了实质性的损失

背景：甲方和乙方签订了某工程施工合同。乙方的承包范围为包括土方、基础、主体结构在内的全部建筑安装工程，合同工期为350天，开工日期为2019年11月12日，本工程在冬期不停止施工。甲方在合同内约定：乙方采用措施保证冬期施工，措施费为150万元，包干使用，不再增减。在开工前，乙方向甲方提交施工组织方案及进度计划，甲方同意按此方案实施。

在实际施工过程中发生了以下事件：

事件1　在土方开挖施工时，由于乙方自身没有土方施工专业队伍和机械，遂将土方开挖分包给另一家土方施工专业公司A，由于乙方和A单位就土方开挖的价格未能及时谈拢，土方施工单位未在甲乙双方约定的时间进场开挖，致使土方开挖延期开工20天。

事件2　在土方开挖后，开始施工地下室部分，因甲方提供的图纸设计有误，乙方发现此错误后及时通知甲方，甲方通过和设计单位联系，随后以图纸变更洽商的形式，下指令给乙方，因此地下室部分比原计划时间推迟30天。经乙方现场统计，在图纸变更前，乙方配料和人工及窝工已经发生60万元的费用。

事件3　乙方根据合同工期要求，冬期继续施工。在施工过程中，乙方为保证施工质量，采取了多项技术措施，由此造成的额外费用共200万元。

在上述事情发生后，乙方及时向甲方通报，并恳请甲方以事实为依据，给予工期顺延，同时给予损失补偿。

案例分析：对事件1不可以索赔。土方开挖拖期开工20天是由于乙方自身的原因造成的，甲方不应给予工期顺延。

对事件2甲方应给予工期顺延，同时对所发生的费用给予补偿。

对事件3因为合同中约定冬期施工措施费是包干使用的，所以甲方不考虑乙方的要求。

【案例3】

知识要点：索赔成立的条件

背景：某高层商务楼工程，计划开工日期为2018年6月5日，竣工日期为2020年10月20日，合同内约定按月进度支付工程款，在统计报告递交后14天内甲方审定并支付工程进度款的90%。工程按期开工，工程进展顺利，在工程进行到主体结构施工时，出现了下述问题：

事件1　二层结构部分完成时，承包人按合同约定，及时向甲方提交了已完工作量统计报告，但是甲方未按合同约定的付款方式和期限支付工程进度款，乙方在此情况下开始停工，直到甲方支付工程进度款和违约赔偿金后才复工，工期耽误了180天。

事件2　甲方按合同约定支付了工程进度款，乙方按正常管理方式恢复施工。在工程施工到12层时，发生了不幸的事故，某一脚手架工人在施工时因未按规定使用安全设施，不慎从脚手架上坠落，造成死亡，施工单位及时向甲方和国家安全生产管理部门通报，因此工期耽误了20天。

问题：

在事件1中承包人是否可以向甲方提出工人窝工索赔和施工单位在停工期间保护管理施工现场所发生的费用索赔？

在事情2中承包人是否可以向甲方提出工期索赔，为什么？

如果本工程合同工期为300天，甲方批准工期可以延长180天，本工期实际完工工期为多少天？因事件2造成工期延长20天，甲方是否可以向承包人提出因工期延长20天所增加的现场管理费的索赔要求？

案例分析：对事件1承包人可以提出索赔。发包人未能按合同约定如期支付工程款，应对停工承担责任，故应当赔偿承包人停工期间的实际经济损失和保护施工现场所发生的费用。

对事件2不可提出工期索赔。是由于承包人自身管理不善造成的，不属于发包人应承担的责任范围。

对问题3，本工程实际完工工期为500天，由于承包人原因使工期延误20天，根据索赔和反索赔的成立条件，甲方可以向承包人提出延长工期所增加的甲方的现场管理费的索赔要求。

【案例4】

知识要点：一个有经验的承包人应具备相应的能力，在能力要求的范畴内承包人有义务发现存在的问题，并提出建议

背景：在某一国际工程中，监理工程师向承包人颁发了一份图纸，图纸上有监理工程师的批准及签字。但这份图纸的部分内容违反本工程的专用规范（即工程说明），待实施到一半后监理工程师发现这个问题，要求承包人返工并按规范施工。承包人就返工问题向监理工程师提出索赔要求，但被监理工程师否定。承包人提出了问题：监理工程师批准颁布的图纸，如果与合同专用规范内容不同，它能否作为监理工程师已批准的有约束力的工程变更？

案例分析：

1）在国际工程中通常专用规范是优先于图纸的，承包人有责任遵守合同规范。

2）如果双方一致同意，工程变更的图纸是有约束力的。但这不仅包括图纸上的批准意见，而且监理工程师应有变更的意图，即监理工程师在签发图纸时必须明确知道已经变更，而且承包人也清楚知道。如果监理工程师不知道已经变更（仅发布了图纸），则不论出于何种理由，他没有修改的意向，这个对图纸的批准没有合同变更的效力。

3）承包人在收到一个与规范不同或有明显错误的图纸后，有责任在施工前将问题呈交给监理工程师。如果监理工程师书面肯定图纸变更，则形成有约束力的工程变更。而在本例中承包人没有向监理工程师核实，则不能构成有约束力的工程变更。

鉴于以上理由，承包人没有索赔理由。

【案例 5】

知识要点：索赔值的计算

背景：某施工单位与某建设单位签订施工合同，合同工期 38 天。合同中约定，工期每提前（或拖后）1 天奖励（或惩罚）5 000 元，乙方得到监理工程师同意的施工网络计划如图 6-3 所示。

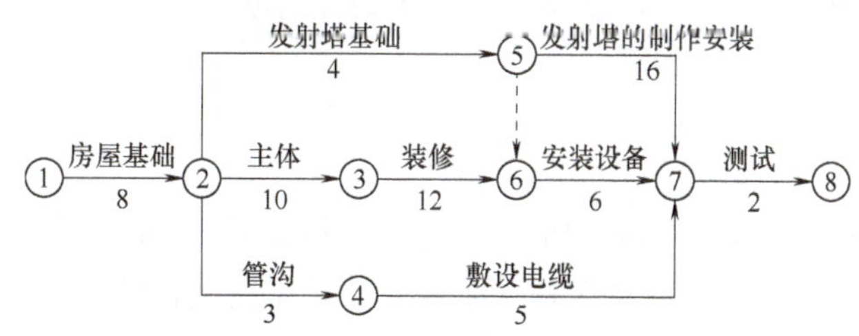

图 6-3　某工程网络计划图

实际施工中发生了如下事件：

事件 1　在房屋基槽开挖后，发现局部有软弱下卧层，按甲方代表指示，乙方配合地质复查，配合用工 10 工日。地质复查后，根据经甲方代表批准的地基处理方案增加工程费用 4 万元，因地基复查和处理使房屋基础施工延长 3 天，人工窝工 15 工日。

事件 2　在发射塔基础施工时，因发射塔坐落位置的设计尺寸不当，甲方代表要求修改设计，拆除已施工的基础、重新定位施工。由此造成工程费用增加 1.5 万元，发射塔基础施工延长 2 天。

事件 3　在房屋主体施工中，因施工机械故障，造成工人窝工 8 工日，房屋主体施工延长 2 天。

事件 4　在敷设电缆时，因乙方购买的电缆质量不合格，甲方代表令乙方重新购买合格电缆，由此造成敷设电缆施工延长4天，材料损失费1.2万元。

事件5 鉴于该工程工期较紧，乙方在房屋装修过程中采取了加快施工技术措施，使房屋装修施工缩短3天，该项技术措施费为0.9万元。

其余各项工作持续时间和费用与原计划相符。假设工程所在地人工费标准为30元/工日，应由甲方给予补偿的窝工人工补偿标准为18元/工日，间接费、利润等均不予补偿。

问题：

1. 在上述事件中，乙方可以就哪些事件向甲方提出工期补偿和费用补偿？
2. 该工程实际工期为多少？乙方可否得到工期提前奖励？
3. 在该工程中，乙方可得到的合理费用补偿为多少？

案例分析：

1）各事件处理如下。

事件1：可以提出工期索赔和费用索赔。因为地质条件的变化属于有经验的承包商无法合理预见的，该工作位于关键线路上。

事件2：可提出费用补偿要求，不能提出工期补偿要求。因为设计变更属于甲方应承担的责任，甲方应给予经济补偿，但该工序为非关键工序且延误时间2天未超过总时差8天，故没有工期补偿。

事件3：不能提出费用和工期补偿。施工机械故障属于乙方自身应承担的责任。

事件4：不能提出费用和工期补偿。乙方购买的电缆质量问题是乙方自己的责任。

事件5：不能提出费用和工期补偿。因为双方在合同中约定采用奖励方法解决乙方加速施工的费用补偿，故赶工措施费由乙方自行承担。

2）从网络图中可以看出原网络进度计划的关键线路为：①→②→③→⑥→⑦→⑧，则按原网络计划计算的合同工期为关键线路上各关键工作的持续时间之和，即8+10+12+6+2=38天。

实际施工中，关键线路上的工作时间发生了以下变化：

事件1：因地基复查和处理使房屋基础施工延长3天。

事件3：因施工机械故障，造成房屋主体施工延长2天。

事件5：乙方在房屋装修过程中采取了加快施工技术措施，使房屋装修施工缩短3天。

由于以上3个事件都发生在关键线路上，对总工期均有影响，所以实际工期为：38+3+2−3=40天。

由于业主原因导致处于关键线路上的房屋基础工作延误3天，应在原合同工期38天的基础上补偿3天，即实际合同工期为：38+3=41天。而实际工期为40天，与合同工期相比提前了1天，按照合同约定，乙方可得到工期提前1天的奖励5 000元。

3）在该工程中，乙方可得到的合理补偿费用如下。

事件1：

增加人工费：10×30=300（元）

窝工费：15×18=270（元）

增加工程费：40 000（元）

事件2：

增加人工费：15 000（元）

合计补偿：300 + 270 + 40 000 + 15 000 + 5 000 = 60 570（元）

练一练

6.5-1 反索赔事件发生后，__________应在索赔事件发生后的__________天内向__________发出索赔通知。

6.5-2 反索赔指的是__________向__________的索赔。

6.5-3 反索赔的特点有：__________，__________，__________。

6.5-4 当监理工程师提出对已经隐蔽的工程进行重新检验时，承包人应按要求进行剥露，如检验不合格，（　　）承担所发生的全部费用，工期（　　）。

A. 承包人，顺延　　B. 承包人，不顺延

C. 发包人，顺延　　D. 发包人，不顺延

6.5-5 在下列情况下，承包人工期不予顺延的是（　　）。

A. 发包人未按时提供施工条件

B. 设计变更造成工期延长，但有时差可利用

C. 不可抗力事件

D. 一周内非承包人原因停水、停电、停气造成停工累计超过8h

6.5-6 下列事项中，承包人要求的费用索赔不成立的是（　　）。

A. 建设单位未及时提供施工图纸　　B. 施工单位施工机械损坏

C. 发包人原因要求暂停全部施工项目　　D. 因设计变更而导致的工程内容增加

6.5-7 在工程施工中由于（　　）原因导致工期延误，承包人应该承担违约责任。

A. 承包人的设备损坏　　B. 不可抗力

C. 工程量变化　　D. 设计变更

6.5-8 某住宅在保修期内及保修范围内，由于洪水造成了该住宅的质量问题，其保修费用应由（　　）承担。

A. 施工单位　　B. 设计单位

C. 使用单位　　D. 建设单位

模块回顾

1. 违反合同约定就是违约，承担违约责任的方式有三种：继续履行合同、采取补救措施、赔偿损失。

2. 发生不可抗力才能部分或全部免除当事人的违约责任。不可抗力，是指不能预见、不能避免并不能克服的客观情况。它具有不可预见性、不可避免性、不可克服性、履行期间性。

3. 索赔是当事人在合同实施过程中，根据法律、合同规定及惯例，对不应由自己承担责任的情况造成的损失，向合同的另一方当事人提出给予赔偿或补偿要求的行为。它的基本特征为：索赔是双向的，只有实际发生了经济损失或权利损害，一方才能向对方索赔，是一种未经对方确认的单方行为。按照索赔的目的分为工期索赔和费用索赔。

4. 造成索赔的主要因素有：工程项目的特殊性；工程项目内外部环境的复杂性和多变性；参与工程建设主体的多元性；工程合同的复杂性及易出错性。索赔成立要求客观、合法、合理。

5. 索赔的程序：承包人提出索赔要求，工程师审核索赔报告，确定合理的补偿。索赔的方法主要有单项索赔和一揽子索赔。常见的索赔依据有：招标文件、合同文本及附件、施工合同协议书及附属文件、投标文件和中标通知书、往来的书面文件、会议记录、批准的施工进度计划和调整计划以及实际进度记录、施工现场工程文件、工程照片、录像资料、检查验收报告和技术鉴定报告、工程财务记录文件、现场气象记录、市场行情资料等。

6. 反索赔就是业主根据合同规定，就由于承包人原因或合同规定应由其承担责任的情况对业主所遭受的损失，向承包人提出的补偿要求。反索赔的特点：简单、方便、主动性强。

实训练习题

利用所学知识分析下面案例：

【案例1】

某承包人通过竞争性投标中标承建一写字楼工程。合同中标价为980万元。采用住房和城乡建设部颁发的《建设工程施工合同（示范文本）》签订合同。在工程施工过程中，由于地基出现问题，而被迫修改设计，造成多项变更，并且修改的图纸总是延误，甚至多次发生已施工完毕的部分又发生变更，被发包人指令拆除的情况。因此，承包人提出工期索赔和经济索赔的要求，并提供索赔证据以证明索赔的合理性。

承包人提供的索赔证据应有哪些？提供证据的目的是什么？

【案例2】

某建设单位与施工单位按我国《建设工程施工合同（示范文本）》签订了某高层建筑的合同。在施工过程中，监理工程师发现已施工完毕的楼板出现严重裂缝，于是书面指示施工方报处理方案进行处理。3天后，监理工程师发现裂缝被水泥抹上，监理工程师指出此处理无法满足质量要求，必须进行补强处理，但施工单位没有执行。后监理工程师和发包人协商，邀请质量检测部门进行检测，结论是楼板需要补强处理。对于此缺陷带来的鉴定费和补强处理费，应怎样处理？这是哪类索赔？此案例应怎样处理索赔？

模块七　建设工程担保

学习目标

了解担保的概念；熟悉担保的方式；掌握建设工程担保中常见的种类，比如投标保证金、履约保证金、工程质量保证金等的相关知识。

7.1　建设工程担保制度

导入案例

A 房地产开发公司与 B 银行订立了一个借款合同，借款额为 100 万元人民币，期限为 1 年，利息 5 万元。该借款合同由 C 公司作为担保人，C 公司将其一处评估价为 120 万元的土地使用权抵押给了 B 银行。后 A 公司在经营中亏损，借款到期后无力还款。请问：B 银行能否要求 C 公司承担还款责任？为什么？

7.1.1　担保与担保合同的规定

担保是指承担保证义务的一方，即保证人（担保人），应债务人（被保证人或称为被担保人）的要求，就债务人应对债权人（权利人）的某种义务向债权人作出的书面承诺，保证债务人按照合同规定条款履行义务和责任，或及时支付有关款项，保障债权人实现债权的信用工具。

担保制度在国际上已有很长的历史，已经形成了比较完善的法规体系和成熟的运作方式。中国的担保制度的建设是以 1995 年颁布的《中华人民共和国担保法》（以下简称《担保法》）为标志的，随着 2021 年 1 月 1 日《民法典》的施行，作为单行法的《担保法》同时废止。

我国法律规定，在借贷、买卖、货物运输、加工承揽等经济活动中，债权人需要以担保方式保障其债权实现的，可以依法设定担保。担保方式为保证、抵押、质押、留置和定金。

担保合同是主合同的从合同，主合同无效，担保合同无效。担保合同另有约定的，按照约定。担保合同被确认无效后，债务人、担保人、债权人有过错的，应当根据其过错各自承担相应的民事责任。

7.1.2　保证

在建设工程活动中，保证是最为常用的一种担保方式。所谓保证，是指保证人和债权人约定，当债务人不履行债务时，保证人按照约定履行债务或者承担责任的行为。具有代为清偿债务能力的法人、其他组织或者公民，可以作保证人。但在建设工程活动中，由于担保的标的额较大，保证人往往是银行，也有信用较高的其他担保人，如担保公司。银行出具的保证通常称为保函，其他保证人出具的书面保证一般称为保证书。

1. 保证合同

保证人与债权人应当以书面形式订立保证合同，保证合同既可以是单独订立的书面合同，也可以是主债权债务合同中的保证条款。保证合同应当包括以下内容：

1）被保证的主债权种类、数额；

2）债务人履行债务的期限；

3）保证的方式；

4）保证范围；

5）保证期间；

6）其他条款。

2. 保证方式

保证方式有两种：

（1）一般保证　当事人在保证合同中约定，债务人不能履行债务时，由保证人承担保证责任的，为一般保证。

（2）连带责任保证　当事人在保证合同中约定，保证人与债务人对债务承担连带责任的，为连带责任保证。连带责任保证的债务人在主合同规定的债务履行期届满没有履行债务的，债权人可以要求债务人履行债务，也可以要求保证人在其保证范围内承担保证责任。

当事人对保证方式没有约定或者约定不明确的，一般按照连带责任保证承担保证责任。

小知识

先诉抗辩权

一般保证和连带责任保证两种保证之间最大的区别在于保证人是否享有先诉抗辩权。在一般保证的情况下，保证人享有先诉抗辩权，即一般保证的保证人在就债务人的财产依法强制执行仍不能履行债务前，对债权人可以拒绝承担保证责任。而在连带责任保证的情况下，保证人不享有先诉抗辩权，即连带责任保证的债务人在主合同规定的债务履行期届满没有履行债务的，债权人可以要求债务人履行债务，也可以要求保证人在其保证范围内承担保证责任。

3. 保证人资格

具有代为清偿债务能力的法人、其他组织或者公民，可以作为保证人。但是，以下组织

不能作为保证人：

1）国家机关不得作为保证人，但经国务院批准为使用外国政府或者国际经济组织贷款进行转贷的除外。

2）学校、幼儿园、医院等以公益为目的的事业单位、社会团体不得作为保证人。

3）企业法人的分支机构、职能部门不得作为保证人。企业法人的分支机构有法人书面授权的，可以在授权范围内提供保证。

任何单位和个人不得强令银行等金融机构或者企业为他人提供保证；银行等金融机构或者企业，对强令其为他人提供保证的保证行为有权拒绝。

小知识

哪些主体不能作为保证人？

市场化主体才能成为保证人。机关法人等非以营利为目的的法人以及以公益为目的的非营利法人并不是市场上的主体，不适合作为保证人。《民法典》第683条规定，机关法人不得为保证人，但是经国务院批准为使用外国政府或者国际经济组织贷款进行转贷的除外。以公益为目的的非营利法人、非法人组织不得为保证人。

4. 保证责任

保证合同生效后，保证人就应当在合同约定的保证范围和保证期间承担保证责任。

保证担保的范围包括主债权及利息、违约金、损害赔偿金和实现债权的费用。保证合同另有约定的，按照约定。当事人对保证担保的范围没有约定或者约定不明确的，保证人应当对全部债务承担责任。

7.1.3 抵押、质押、留置和定金

1. 抵押

（1）抵押的概念　按照法律规定，抵押是指债务人或者第三人不转移对财产的占有，将该财产抵押给债权人作为债权的担保。债务人不履行到期债务或者发生当事人约定的实现抵押权的情形，债权人有权依照法律规定以该财产折价或者以拍卖、变卖该财产的价款优先受偿。其中，债务人或者第三人称为抵押人，债权人称为抵押权人，提供担保的财产为抵押财产。

（2）抵押物　债务人或者第三人提供担保的财产为抵押物。由于抵押物是不转移其占有的，因此能够成为抵押物的财产必须具备一定的条件。这类财产轻易不会灭失，其所有权的转移应当经过一定的程序。

债务人或者第三人有权处分的下列财产可以抵押：

1）建筑物和其他土地附着物；

2）建设用地使用权；

3）海域使用权；

4）生产设备、原材料、半成品、产品；

5）正在建造的建筑物、船舶、航空器；

6）交通运输工具。

7）法律、行政法规未禁止抵押的其他财产。

需要注意的是，以建筑物抵押的，该建筑物占用范围内的建设用地使用权一并抵押。以建设用地使用权抵押的，该土地上的建筑物一并抵押。

小知识

哪些财产不能抵押？

下列财产不得抵押：①土地所有权；②宅基地、自留地、自留山等集体所有的土地使用权，但法律规定可以抵押的除外；③学校、幼儿园、医疗机构等为公益目的成立的非营利法人的教育设施、医疗卫生设施和其他公益设施；④所有权、使用权不明或者有争议的财产；⑤依法被查封、扣押、监管的财产；⑥法律、行政法规规定不得抵押的其他财产。

（3）抵押权的实现　债务人不履行到期债务或者发生当事人约定的实现抵押权的情形，抵押权人可以与抵押人协议以抵押财产折价或者以拍卖、变卖该抵押财产所得的价款优先受偿；协议不成的，抵押权人可以向人民法院提起诉讼，请求人民法院拍卖、变卖抵押财产。抵押物折价或者拍卖、变卖后，其价款超过债权数额的部分归抵押人所有，不足部分由债务人清偿。

案例回顾

本节导入案例中B银行能否要求C公司承担还款责任？

答：B银行不能要求C公司承担还款责任。因为C公司作为抵押人而不是债务人，B银行只能要求处分抵押物，而无权要求C公司承担连带责任。因为《民法典》第394条规定："债务人不履行到期债务或者发生当事人约定的实现抵押权的情形，债权人有权就该财产优先受偿。"第413条规定："抵押财产折价或者拍卖、变卖后，其价款超过债权数额的部分归抵押人所有，不足部分由债务人清偿。"因此，当抵押物价款低于担保的数额时，债权人也只能向债务人主张债权。

2. 质押

（1）质押的概念　按照法律规定，质押是指债务人或者第三人将其动产或权利出质给债权人占有，将该动产或权利作为债权的担保。债务人不履行到期债务或者发生当事人约定的实现质权的情形，债权人有权就该动产或权利优先受偿。

质押是一种约定的担保物权，以转移占有为特征。债务人或者第三人为出质人，债权人为质权人，移交的动产或权利为质物。

（2）质押的分类　质押分为动产质押和权利质押。

动产质押是指债务人或者第三人将其动产移交债权人占有，将该动产作为债权的担保。法律、行政法规禁止转让的动产不得出质。

权利质押一般是将权利凭证出质给质押人的担保。可以出质的权利包括：①汇票、支票、本票、债券、存款单、仓单、提单；②可以转让的基金份额股权；③可以转让的注册商

标专用权、专利权、著作权等知识产权中的财产权；④现有的以及将有的应收账款；⑤法律、行政法规规定可以出质的其他财产权利。

 相关链接

甲与乙系大学同学，乙因急需用钱向甲借款2000元并保证三个月后肯定还。甲表示，要借钱可以，但是需将乙的手提电脑质押给自己，如乙三个月后无法清偿借款，该电脑就归自己所有。因急需借钱，乙只能同意，并与甲订立了合同。请问该合同中乙无法按期清偿借款，质押的手提电脑就归甲所有的约定有效吗？

该约定是无效的。因为《民法典》第428条规定："质权人在债务履行期限届满前，与出质人约定债务人不履行到期债务时质押财产归债权人所有的，只能依法就质押财产优先受偿。"由此可见，法律明确规定债务人不履行到期债务的，债权人并不享有该抵押物的所有权。所以，三个月后，即使乙还不出2 000元，甲也不得将该电脑据为己有，但可以待乙卖掉电脑后优先受偿2 000元。

3. 留置

按照法律规定，留置是指债权人已经按照合同约定合法占有债务人的动产，债务人不履行到期债务的，债权人有权依照法律规定留置该财产，以该财产折价或者以拍卖、变卖该财产的价款优先受偿。其中，债权人为留置权人，占用的动产为留置财产。

留置权人负有妥善保管留置财产的义务；因保管不善致使留置财产灭失或者毁损的，留置权人应当承担赔偿责任。

4. 定金

法律规定，当事人可以约定一方向对方给付定金作为债权的担保。债务人履行债务后，定金应当抵作价款或者收回。给付定金的一方不履行债务或者履行债务不符合约定，致使不能实现合同目的的，无权请求返还定金；收受定金的一方不履行债务或者履行债务不符合约定，致使不能实现合同目的的，应当双倍返还定金。

定金应当以书面形式约定。当事人在定金合同中应当约定交付定金的期限。定金合同从实际交付定金之日起生效。定金的数额由当事人约定，但不得超过主合同标的额的20%，超过部分不产生定金的效力。

 小知识

定金与订金的区别

1）二者产生的基础法律关系不同：定金合同相对于主合同而言是从合同，除非当事人有特殊约定，主合同无效则定金合同亦无效；订金合同中当事人关于订金的约定是属于主合同的。

2）二者的功能不同：定金一经给付，就发挥制裁违约方、补偿守约方的功能；订金给付后，如果发生一方违约，导致需要解除合同时，收受订金的一方必须如数退还订金。

3）二者的适用范围不同：定金的担保方式可适用于各种合同，而订金只适用于金钱的给付为一方履行债务的合同，多见于买卖合同、租赁合同、承揽合同等。

练一练

7.1-1 常见的担保方式有（　　）。

A. 保证　　B. 抵押　　C. 质押

D. 留置　　E. 订金

7.1-2 下列财产不得抵押的有（　　）。

A. 土地所有权

B. 学校、幼儿园、医疗机构等为公益为目的成立的非营利法人的教育设施、医疗卫生设施和其他公益设施

C. 所有权、使用权不明或者有争议的财产

D. 建筑物和其他土地附着物

E. 交通运输工具

7.1-3 下列可以质押的权利有（　　）。

A. 汇票　　B. 依法可以转让的股份、股权；

C. 存货　　D. 支票

E. 依法可以转让的商标专用权、专利权、著作权中的财产权

7.1-4 下列关于定金的说法正确的是（　　）。

A. 定金不得超过主合同标的额的10%

B. 定金合同相对于主合同而言是从合同，但主合同无效不会影响定金合同的效力

C. 如果发生合同解除，收受定金的一方必须如数退还定金

D. 定金一经给付，就发挥制裁违约方、补偿守约方的功能

E. 收受定金的一方不履行约定的债务，应当双倍返还定金

7.2 建设工程担保的种类

导入案例

乌鲁木齐某银行办公楼装修工程进行施工招标，2019年8月16日经评标委员会评审，推荐前三名中标候选人依次为：1. 南京惠工建设工程有限公司；2. 利民集团有限公司；3. 深圳南方装饰有限公司。2019年8月28日，南京惠工建设工程有限公司提交“弃标函”，给出的弃标理由是“建造师已有在建项目不能履约；公司人员紧张，不能满足贵公司招标文件中要求的工期节点和部分条款要求”。最终，招标人决定，没收该公司投标保证金50万元，第二中标候选人顺位中标。

请问，招标人有没收投标保证金的权力吗？

7.2.1 建设工程担保的概念

担保以信用为本。所谓信用，是指一种建立在授信人对受信人偿付承诺的信任的基础

上，使后者无须付现即可获取商品、服务或货币的能力。授信人以自身的财产为依据授予对方信用，受信人则以自身财产承担偿债责任为保证取得信用。

对信用提供物质担保主要有两种形式：一是用受信人自身的财产提供担保，如贷款的抵押、赊购的定金；二是由第三方提供担保，如银行或担保机构提供的履约担保。前者受自身财产的限制，而后者却利用了社会信用资源，增加了担保资源，可以有效改善信用管理，降低交易费用。所以，在工程担保中大量采用的是第三方担保，也就是保证担保。

建设工程担保，是指在工程建设活动中，根据法律法规规定或合同约定，由担保人向债权人提供的，保证债务人不履行债务时，由担保人代为履行或承担责任的法律行为。

建设部（现住房和城乡建设部）于2004年8月6日颁布了《关于在房地产开发项目中推行工程建设合同担保的若干规定（试行）》（以下简称《规定》），首次将工程建设合同担保以部门规章的形式予以规范。在该《规定》中，工程建设合同担保分为投标担保、业主工程款支付担保、承包商履约担保和承包商付款担保四种，其概念如下：

1. 投标担保

投标担保是指由担保人为投标人向招标人提供的、保证投标人按照招标文件的规定参加招标活动的担保。投标人在投标有效期内撤回投标文件，或中标后不签署工程建设合同的，由担保人按照约定履行担保责任。

2. 业主工程款支付担保

业主工程款支付担保是指为保证业主履行工程合同约定的工程款支付义务，由担保人为业主向承包商提供的、保证业主支付工程款的担保。业主支付担保的担保金额应当与承包商履约担保的担保金额相等。

3. 承包商履约担保

承包商履约担保是指由保证人为承包商向业主提供的、保证承包商履行工程建设合同约定义务的担保。

4. 承包商付款担保

承包商付款担保是指担保人为承包商向分包商、材料设备供应商、建设工人提供的，保证承包商履行工程建设合同约定向分包商、材料设备供应商、建设工人支付各项费用和价款以及工资等款项的担保。

7.2.2　建设工程担保的常见种类

《国务院办公厅关于清理规范工程建设领域保证金的通知》（国办发［2016］49号）中规定，对建筑业企业在工程建设中需缴纳的保证金，除依法依规设立的投标保证金、履约保证金、工程质量保证金、农民工工资保证金外，其他保证金一律取消。对保留的投标保证金、履约保证金、工程质量保证金、农民工工资保证金，推行银行保函制度，建筑业企业可以银行保函方式缴纳。对保留的保证金，要严格执行相关规定，确保按时返还。未按规定或合同约定返还保证金的，保证金收取方应向建筑业企业支付逾期返还违约金。

1. 投标保证金

投标保证金是指为了避免因投标人投标后随意撤回、撤销投标或随意变更其应承担相应的义务而给招标人和招标代理机构造成损失，要求投标人提交的担保。

（1）投标保证金的提交　投标人在提交投标文件的同时，应按招标文件规定的金额、形式、时间向招标人提交投标保证金，并作为其投标文件的一部分。

1）投标保证金是投标文件的必须要件，是招标文件的实质性要求，投标保证金不足、无效、迟交、有效期不足或者形式不符合招标文件要求等情形，均将构成实质性不响应而被拒绝。

2）对于联合体形式投标的，其投标保证金由牵头人提交。

3）投标保证金作为投标文件的有效组成部分，其递交的时间要求应与投标文件的提交时间要求一致，即在投标文件提交截止时间之前送达。

4）依法必须进行招标的项目，境内投标单位以现金或支票形式提交的投标保证金应当从其基本账户转出。

小知识

投标保证金的形式一般有：①银行保函或不可撤销的信用证；②保兑支票；③银行汇票；④现金支票；⑤现金；⑥招标文件中规定的其他形式。

（2）投标保证金的额度　为避免招标人设置过高的投标保证金额度，《招标投标法实施条例》规定："招标人在招标文件中要求投标人提交投标保证金的，投标保证金不得超过招标项目估算价的2%"，且"招标人不得挪用投标保证金"。

（3）投标保证金的没收　有下列情形之一的，招标人将不予退还投标人的投标保证金。

1）投标人在规定的投标有效期内撤销或修改其投标文件的。

2）投标人在收到中标通知书后无正当理由拒绝签订合同协议书或未按招标文件规定提交履约担保的。

（4）投标保证金的退还　《招标投标法实施条例》规定，招标人最迟应当在书面合同签订后5日内向中标人和未中标的投标人退还投标保证金及银行同期存款利息。

（5）投标保证金的有效期　投标保证金的有效期应当与投标有效期一致。

案例回顾

想一想，在前面导入案例里面招标人有权没收投标人的投标保证金吗？

七部委30号令《工程建设项目施工招标投标办法》第81条规定："中标通知发出后，中标人放弃中标项目的，无正当理由不与招标人签订合同的，在签订合同时向招标人提出附加条件或者更改合同实质性内容的，或者拒不提交所要求的履约保证金的，招标人可取消其中标资格，并没收其投标保证金；给招标人造成的损失超过投标保证金数额的，中标人应当对超过部分予以赔偿；没有提交投标保证金的，应当对招标人的损失承担赔偿责任。"

依据上述规定，南京惠工建设工程有限公司因"人员紧张"弃标，不仅被没收了50万元投标保证金，还因此次弃标被当地归为不良行为，纳入"乌鲁木齐市建筑业企业诚信评价"。

［思政引导］ 诚实守信是中华民族的优良传统，针对目前学生出现的抄袭作业、考试作弊等不诚信现象，引导学生培养知法守礼、诚实守信的良好品格。

2. 履约保证金

履约保证金是为了保证施工合同的顺利履行而要求承包人提供的担保。施工合同履约保证金多为提供第三人的信用担保（保证）。一般是由银行或者担保公司向招标人出具履约保函或者保证书。

《招标投标法》第46条规定："招标文件要求中标人提交履约保证金的，中标人应当提供。"第60条规定："中标人不履行与招标人订立的合同的，履约保证金不予退还，给招标人造成的损失超过履约保证金额的，还应当对超过部分予以赔偿。"

《招标投标法实施条例》进一步规定："履约保证金不得超过中标合同金额的10%。"中标人应当按照合同约定履行义务，完成中标项目。

发包人需要承包人提供履约担保的，由合同当事人在专用合同条款中约定履约担保的方式、金额及期限等。履约担保可以采用银行保函或担保公司担保等形式，具体由合同当事人在专用合同条款中约定。

因承包人原因导致工期延长的，继续提供履约担保所增加的费用由承包人承担；相反，非因承包人原因导致工期延长的，继续提供履约担保所增加的费用由发包人承担。

3. 工程质量保证金

在《建筑法》和《建设工程质量管理条例》中，对工程质量保修制度做了明确规定。为了保证保修责任的落实，应建立工程质量的保修担保制度。工程质量保证金本质上也属于履约担保。

（1）工程质量保证金的概念　2017年6月，住房和城乡建设部、财政部发布的《建设工程质量保证金管理办法》中规定，建设工程质量保证金是指发包人与承包人在建设工程承包合同中约定，从应付的工程款中预留，用以保证承包人在缺陷责任期内对建设工程出现的缺陷进行维修的资金。

小知识

缺陷责任期的确定

缺陷是指建设工程质量不符合工程建设强制性标准、设计文件以及承包合同的约定。缺陷责任期一般为1年，最长不超过2年，由发承包双方在合同中约定。

缺陷责任期从工程通过竣工验收之日起计，由于承包人原因导致工程无法按规定期限进行竣工验收的，缺陷责任期从实际通过竣工验收之日起计；由于发包人原因导致工程无法按规定期限进行竣工验收的，在承包人提交竣工验收报告90天后，工程自动进入缺陷责任期。

（2）工程质量保证金的预留　发包人应按照合同约定方式预留保证金，保证金总预留比例不得高于工程价款结算总额的3%。

我国推行银行保函制度，承包人可以银行保函替代预留保证金。在工程项目竣工前，已经缴纳履约保证金的，发包人不得同时预留工程质量保证金。采用工程质量保证担保、工程质量保险等其他保证方式的，发包人不得再预留保证金。

缺陷责任期内，由承包人原因造成的缺陷，承包人应负责维修，并承担鉴定及维修费用。如承包人不维修也不承担费用，发包人可按合同约定从质量保证金或银行保函中扣除。

(3) 工程质量保证金的返还 缺陷责任期内，承包人认真履行合同约定的责任，到期后，承包人可按合同约定向发包人申请返还保证金。

发包人在接到承包人的返还保证金申请后，应于14天内会同承包人按照合同约定的内容进行核实。如无异议，发包人应当按照约定将保证金返还给承包人。对返还期限没有约定或者约定不明确的，发包人应当在核实后14天内将保证金返还承包人，逾期未返还的，依法承担违约责任。发包人在接到承包人的返还保证金申请后14天内不予答复的，经催告后14天内仍不予答复，视同认可承包人的返还保证金申请。

4. 发包人支付担保

《国务院办公厅关于切实解决建设领域拖欠工程款问题的通知》中提出："对项目积极推行发包人工程款支付担保等风险管理方式"。

发包人支付担保是保证人依据《中华人民共和国担保法》为发包人提供的、保证发包人按照合同规定的支付条件如期将工程款支付给承包人的信用担保，如果发包人不能按合同要求支付工程款，将由保证人负责向承包人履行支付责任。

《工程建设项目施工招标投标办法》规定："招标人要求中标人提供履约保证金或其他形式履约担保的，招标人应当同时向中标人提供工程款支付担保。"

《建设工程施工合同（示范文本）》（GF—2017—0201）通用合同条款中第2.5条也规定："除专用合同条款另有约定外，发包人要求承包人提供履约担保的，发包人应当向承包人提供支付担保。支付担保可以采用银行保函或担保公司担保等形式，具体由合同当事人在专用合同条款中约定。"可见，发包人支付担保其实质是发包人的履约担保，须同承包人履约担保对等实行。

相关链接

2016年，《国务院办公厅关于全面治理拖欠农民工工资问题的意见》中规定，明确工资支付各方主体责任。在工程建设领域，施工总承包企业（包括直接承包建设单位发包工程的专业承包企业）对所承包工程项目的农民工工资支付负总责，分包企业（包括承包施工总承包企业发包工程的专业企业）对所招用农民工的工资支付负直接责任，不得以工程款未到位等为由克扣或拖欠农民工工资，不得将合同应收工程款等经营风险转嫁给农民工。

推动各类企业委托银行代发农民工工资，完善工资保证金制度。在建筑市政、交通、水利等工程建设领域全面实行工资保证金制度，逐步将实施范围扩大到其他易发生拖欠工资的行业。建立工资保证金差异化缴存办法，对一定时期内未发生工资拖欠的企业实行减免措施、发生工资拖欠的企业适当提高缴存比例。严格规范工资保证金动用和退还办法。探索推行业主担保、银行保函等第三方担保制度，积极引入商业保险机制，保障农民工工资支付。

[思政引导] 《国务院办公厅关于全面治理拖欠农民工工资问题的意见》的实施，充分体现了中国共产党立党为公、执政为民的执政理念，引导、激发学生爱党爱国的热情。

5. 预付款担保

预付款担保是指承包人与发包人签订合同后，承包人正确、合理使用发包人支付的预付款的担保。建设工程合同签订以后，发包人给承包人一定比例的预付款，一般为合同金额的

10%，但需由承包人的开户银行向发包人出具预付款担保。

预付款担保是为了保证承包人因经营状况不良或某些原因挪用、转移预付款致使无法按合同规定完成相应工程内容而采取的措施。预付款担保在发包人支付预付款之日至发包人按合同规定向承包人收回全部工程预付款之日有效，担保额可根据预付款扣回情况而递减。

预付款担保的主要作用在于保证承包人能够按合同规定进行施工，偿还发包人已支付的全部预付金额。如果承包人中途毁约，中止工程，使发包人不能在规定期限内从应付工程款中扣除全部预付款，则发包人作为保函的受益人有权凭预付款担保向银行索赔该保函的担保金额作为补偿。

练一练

7.2-1 依法必须进行招标的项目，境内投标单位以现金或支票形式提交的投标保证金应当从其______账户转出。

7.2-2 投标保证金的额度不得超过招标项目估算价的________。

7.2-3 招标人最迟应当在书面合同签订后____日内向中标人和未中标的投标人退还投标保证金及银行同期存款利息。

7.2-4 投标保证金的有效期应当与____________一致。

7.2-5 履约保证金的金额不得超过中标合同金额的______。

7.2-6 发包人应按照合同约定方式预留保证金，保证金总预留比例不得高于工程价款结算总额的______。

7.2-7 其实质是发包人的履约担保，须同承包人履约担保对等实行的是____________。

7.2-8《国务院办公厅关于清理规范工程建设领域保证金的通知》中规定，对建筑业企业在工程建设中需缴纳的保证金，除依法依规设立的（　　）外，其他保证金一律取消。

A. 投标保证金　　B. 预付款保证金　　C. 履约保证金

D. 工程质量保证金　　E. 农民工工资保证金

综合案例　建设工程担保案例分析

案例1

背景：2017年8月20日王××与第六建筑工程公司北方公司（以下简称北方公司）签订《建筑安装工程承包合同》，工程内容为："工程名称：××花都住宅工程；工程地点：沈阳市××街36号；工程项目：住宅；分包方式：劳务分包；分包内容：B5#、B6#标段甲方与业主签订的施工范围（除水暖电、防水部分）；工程面积：暂估10，000平方米；层数/结构形式：5-7层砖混、9层框架。工程质量：合格。"

为确保工程质量和工程进度，乙方在签订合同前向甲方交纳10万元质量保证金。主体封顶经沈阳市质量监督部门检查达到优良标准后七日内返还5万元，工程竣工达到合同规定的质量等级后再返还5万元。合同签订后，王××于2019年8月28日向北方公司交纳10万元保证金，北方公司给王××出具收工程质量保证金10万元收据，遂即王××向工地派驻工程队进行施工。

2020年3月26日，北方公司以××花都项目部名义，向王××下达处罚通知单：B5#、B6#施工队在今年开春二月二十五日以后的施工中，人员组织不力，工程进度缓慢，工程质量差，存在一定的质量隐患。严重影响了我公司××花都项目B5#、B6#的工程进度和施工质量，为了保证××花都项目B区工程顺利进行，公司××花都项目部经认真研究，作出以下决定：1. 王××施工队不再担任××花都项目部B5#、B6#的施工任务，公司项目部解除与王××施工队的经济合同。2. 项目部不再与王××施工队进行工程结算。王××所欠工人工资由项目部直接支付（共计工程款叁拾二万伍仟元）。3. 王××施工队不再对B5#、B6#3月15日以后的施工安全和施工质量承担责任。4. 项目部不再支付王××施工队的任何工程款。5. 王××施工队所交质保金不再退还。

王××接到通知单后，退出对工程队的管理，但不同意北方公司对其的处罚，要求退还工程质保金，于2020年5月21日诉至法院。

原审另查，第六建筑工程公司给北方公司出具授权委托书：本授权委托书声明，第六建筑工程公司现授权委托北方公司以本公司的名义负责沈阳地区的经营开拓、财务资金结算等工作，为此北方公司所签署的一切文件和处理与之有关的一切事务，我公司均予以承认。北方公司没有营业执照。

原审法院认为，公司、法人的合法权益受法律保护。第六建筑工程公司授权给北方公司以第六建筑工程公司沈阳地区开展经营业务，现北方公司与王××签订《建筑安装工程承包合同》合法有效。北方公司处罚通知单通知王××不退工程质量保证金，北方公司现已勒令王××退出施工场地，并已实施，双方合同的权利义务终止，且诉讼中第六建筑工程公司未向法庭提供王××所施工工程质量不合格的合法证据。现双方合同已经解除，北方公司不退还王××所交工程质量保证金没有法律依据，工程费结算和王××拖欠工人工资与工程保证金不是同一法律关系，故王××要求退还工程质量保证金的请求应予以支持。北方公司是第六建筑工程公司授权单位，没有法人执照，故此第六建筑工程公司应承担民事责任。

原审法院判决：一、被告第六建筑工程公司退还原告王××工程保证金10万元，于判决书生效后十日内付清。二、驳回原、被告其他诉讼请求。诉讼费3510元，由被告第六建筑工程公司承担。

宣判后，第六建筑工程公司不服，向本院提起上诉，请求二审法院依法撤销该判决，驳回被上诉人的诉讼请求。其上诉理由是：1. 原审法院在被上诉人无建筑工程资质的情况下，作出其以承包人身份签订的建设安装工程承包合同有效的判决，违反了合同法的规定。2. 因被上诉人履行合同过程中施工进程缓慢，已经影响到上诉人作为总承包人的权益，即便认定承包合同有效，被上诉人也无权主张返还质保金。3. 被上诉人返还质保金的主张违背案件事实。

被上诉人王××辩称，原审判决认定事实清楚，适用法律正确，请求驳回上诉，维持原判。其理由是：1. 被上诉人与上诉人签订的承包合同完全符合合同成立的有效要件，依法应认定合同有效。2. 上诉人提出被上诉人履行过程中，施工进度缓慢，已经影响到上诉人作为总承包人的权益，这与事实不符。在原审中，上诉人没有提供合法有效的证据证明被上诉人违约，故上诉人的上诉理由不成立。3. 工程结算和拖欠工人工资与工程质保金不是同一法律关系，代付劳务费的行为不能改变保证金的性质，不能转化为代为履行，也不能抵免

保证金。

二审法院查明的事实与原审认定的事实基本一致，并无差异。上述事实，有双方当事人的陈述及建筑安装工程承包合同、收款收据、辽宁××监理公司的情况说明、王××出具的欠条、北方公司B5#、B6#工程预算书、北方公司B5#工程决算书等证据，经庭审质证，本院予以确认，在卷佐证。

案例分析：本案中二审法院驳回上诉，维持原判的理由如下：

1）关于第六建筑工程公司与王××所签订的建筑安装工程承包合同的效力问题。我国《建筑法》第28条规定："禁止承包单位将其承包的全部建筑工程转包给他人，禁止承包单位将其承包的全部建筑工程肢解以后以分包的名义分别转包给他人。"第29条规定："禁止总承包单位将工程分包给不具备相应资质条件的单位。禁止分包单位将其承包的工程再分包。"第六建筑工程公司将其承包的建设工程以劳务分包的方式转包给无建筑资质的王××自然人，其行为违反了我国法律、行政法规的强制性规定，故双方所签订的工程承包合同无效。

2）关于上诉人应否返还王××质保金的问题。在上诉人与被上诉人之间所签订的承包合同中约定："为确保工程质量和工程进度，乙方在签订合同前向甲方交纳10万元保证金。主体封顶经沈阳市质量监督部门检查达到优良标准后七日内返还5万元，工程竣工达到合同规定的质量等级后再返还5万元。"自2020年3月26日王××撤离施工现场后，无证据证明王××所施工工程存在质量问题，且目前工程已经竣工交付使用，王××所交付给上诉人的质保金应予以返还。

3）关于上诉人上诉称其已代替王××偿还了王××施工队工人工资，不应再返还质保金的主张，因王××与上诉人之间的施工合同并未实际结算。没有证据证明王××本人同意由上诉人从质保金中偿还王××的工人工资，且上诉人至今并未完全按照王××欠条的内容将工人工资支付完毕，故上诉人的此项上诉理由不能成立。

综上，依据《中华人民共和国民事诉讼法》第一百五十三条第一款（一）项之规定，判决如下：驳回上诉，维持原判。二审案件受理费3510元，由上诉人第六建筑工程公司承担。

【案例2】

背景：

1. 2018年10月20日，德润公司与银行签订借款合同，德润公司向银行借款2 770万元。为此，德润公司需寻求第三方为该次借款提供担保措施并签订担保合同；这些担保合同的签订并获得银行的认可是借款合同生效的条件之一。

2. 集团公司与德润公司的全体股东研究院、宏大公司、炼油厂、工贸公司（以下也合称"德润公司全体股东"）于2018年10月23日签订股权质押协议。协议约定：德润公司向银行申请2 770万元贷款，由集团公司向银行提供担保；研究院、宏大公司、炼油厂、工贸公司向集团公司提供反担保，包括以其各自持有的德润公司全部股权为集团公司设定股权质押；若因任何原因导致集团公司向银行承担了对德润公司借款的担保赔偿责任，集团公司有与其承担赔偿责任相应的向研究院、宏大公司、炼油厂、工贸公司所质押股权的经济追索权或处置权，即向股东要求按其所占股份比例承担经济赔偿责任或者若有关股东无承担经济赔偿责任能力，其质押股权可由集团公司处置；研究院、宏大公司、炼油厂、工贸公司承担担保责任的时间为集团公司向银行承担责任后的五年内。

3. 集团公司于2018年11月4日向银行出示担保书。担保书承诺：集团公司同意为德润公司向银行申请的2 770万元贷款提供担保；如德润公司违约，未按借款合同偿还贷款本息，由集团公司承担连带保证责任，一次性代为偿还，或按借款期限按期代为偿还。

4. 集团公司的子公司（以下称“子公司”）与银行、德润公司于2018年11月16日签订保证合同。合同约定：德润公司向银行贷款2 770万元；子公司对上笔贷款之本金、利息和有关费用向银行承担连带保证清偿责任；子公司的保证期限自主合同生效开始至主合同失效时止。

5. 集团公司、子公司、研究院和德润公司于2018年11月23日签订关于履行德润公司与银行2 770万元借款保证合同的协议。协议约定：研究院作为德润公司全体股东的全权代表签订本协议；子公司以由集团公司承担保证责任为条件签订了保证合同，子公司承担了担保的全部风险；集团公司是银行与德润公司借款合同的实际担保人；研究院、德润公司、子公司确认，集团公司是德润公司与银行借款合同的实际担保人，当德润公司无能力履行该借款合同约定的还款义务时，经银行同意，由集团公司向银行承担还款的保证义务。集团公司承担保证责任的方式包括：直接向银行还款、以自己的名义与银行重新签订借款合同、以自己公司所有的资产偿还贷款；子公司声明，基于研究院、德润公司和集团公司的要求，自己充当了德润公司与银行借款合同的共同担保人，实际连带保证人应为集团公司；集团公司、德润公司和研究院对这一声明予以确认。

6. 集团公司与银行于2019年8月21日签订人民币资金借款合同。该合同约定：德润公司与银行签订的借款合同由子公司提供担保；由于德润公司到期没能偿还贷款，集团公司承担了到期贷款的还款责任；截至2019年6月20日，该笔贷款余额为1 470万元。为了更好地履行担保责任，由集团公司承接债务并负责偿还；集团公司于2020年11月16日前分三次向银行偿还本金。

7. 银行于2019年8月23日向德润公司发出公文，其内容是：银行已收悉德润公司关于由集团公司偿还银行借款的申请函；集团公司已经承担了德润公司与银行借款合同项下的全部还款义务，履行了担保责任；银行与德润公司的借款合同终止。

8. 银行于2020年9月10日做出的文件《关于德润公司原贷款项目担保情况的说明》指出：在德润公司向银行申请贷款项目的评审过程中，银行曾收到集团公司的担保书；因该项目风险较大，银行要求增加子公司提供担保；贷款到期后，德润公司无力偿还，银行多次与集团公司协商，要求集团公司根据曾出具的担保书履行实际的担保责任；集团公司向银行偿还了德润公司逾期未还的贷款本息。为使集团公司切实履行保证责任，集团公司以保证人的身份与银行签订人民币资金借款合同，约定“为更好地履行保证责任，保证银行贷款的偿还，由集团公司承接债务并负责偿还”。

9. 集团公司按照担保书和人民币资金借款合同的约定向银行承担了到期还款的责任后，发函要求宏大公司、工贸公司等德润公司全体股东按照股权质押协议的约定，按其所占德润公司股份比例承担经济赔偿责任或者若其无承担经济赔偿责任能力，则其质押股权由集团公司处置。但德润公司全体股东认为，借款合同的担保人是子公司，集团公司与银行之间因人民币资金借款合同形成的是借贷关系，集团公司并未向银行承担担保责任。因此，德润公司全体股东没有义务履行股权质押协议约定的经济赔偿责任或质押担保责任。

案例分析：本案中的法律关系的性质及其法律效力

1. 德润公司、银行、子公司之间法律关系的性质及其法律效力

1）德润公司与银行之间因借款合同形成的借贷法律关系合法有效。根据我国法律规定，一般企业法人与经营贷款业务的金融机构之间可以进行资金借贷。因此，德润公司与银行之间因借款合同而形成了借贷法律关系，且该借贷法律关系合法有效。

2）子公司、银行和德润公司之间因借款合同和保证合同形成的保证担保法律关系合法有效。根据我国法律规定，进行资金借贷可以由第三方提供连带责任的保证；当借款人不能按期还款时，贷款人有权直接要求保证人向贷款人承担保证责任，履行相应的还款责任。因此，子公司、银行和德润公司之间形成了保证担保法律关系，且该保证担保法律关系合法有效。

2. 集团公司与银行之间法律关系的性质及其法律效力

根据我国法律规定，进行资金借贷可以由第三方提供连带责任的保证；当借款人不能按期还款时，保证人可以直接向贷款人（被保证人）承担保证责任，履行相应的还款责任。集团公司向银行出具担保书，承诺为德润公司向银行的 2 770 万元借款承担连带保证责任。集团公司的这一承诺虽未立即得到银行的同意，但银行也未提出异议，且担保实现后，银行在《关于德润公司原贷款项目担保情况的说明》中明确说明集团公司履行连带保证责任。

1）集团公司与银行之间虽未签订正式的保证合同，但集团公司单方以书面担保书的形式向债权人（银行）提供了连带责任的保证，银行予以接受且未提出异议，事后集团公司也实际履行了担保书规定的连带保证责任。因此，集团公司与银行之间的保证合同成立，集团公司与银行之间形成了担保法律关系，这一法律关系根据我国法律的规定是合法有效的。

2）集团公司与银行之间因人民币资金借款合同形成的法律关系的性质及其法律效力。首先，从该合同的前言部分来看，合同双方集团公司、银行均未规定子公司是德润公司向银行 2 770 万元贷款的唯一担保人。也就是说，就这一贷款而言，完全可能存在着除子公司提供保证担保之外的其他担保人和其他担保方式的可能性。

其次，该合同前言部分明确指出："原保证人控股公司集团公司承担了到期贷款的还款责任。截至 2019 年 6 月 20 日，该项目贷款余额 1 470 万元。为更好地履行担保责任，保证银行贷款的偿还，由集团公司承接债务并负责偿还。"由此可见，这份合同名为"借款合同"，实际上是对集团公司承担保证担保责任的细化和具体描述。合同双方之所以通过这一形式约定保证责任的承担，是因为双方之间的担保法律关系在此以前只书面体现在集团公司单方面出具的担保书上，因此双方有必要另行签订详细的合同来明确和细化双方的保证担保法律关系。

综上所述，集团公司与银行之间因人民币资金借款合同形成的法律关系并不是形式意义上的借款关系和债务承接关系，而是实质意义上的保证担保关系；人民币资金借款合同是对保证担保法律关系的进一步确认和具体化。前述保证担保法律关系符合我国法律的相关规定，其法律效力是合法有效的。

3. 关于集团公司与宏大公司、工贸公司、炼油厂、研究院之间因股权质押协议形成的法律关系的性质及其法律效力

我国法律规定："第三人为债务人向债权人提供担保时，可以要求债务人提供反担保。"

因此，集团公司为德润公司向银行提供连带责任的保证担保，可以要求德润公司的全体股东提供类似于“反担保”的担保。

根据我国法律的相关规定，有限责任公司的股东可以以其持有的公司股权为他人履行债务提供股权质押担保。因此，在有关各方按照股权质押协议的约定和法律的规定履行了在德润公司股东名册上注明股权质押情况的前提下，集团公司与宏大公司、工贸公司、炼油厂、研究院之间因股权质押协议形成了股权质押形式的类似于“反担保”的担保法律关系。同时，股权质押协议还约定，因任何原因导致集团公司向银行承担了对德润公司借款的担保赔偿责任，集团公司有权向研究院、宏大公司、炼油厂、工贸公司要求按其所占德润公司股权比例承担经济赔偿责任。这样，集团公司和研究院、宏大公司、炼油厂、工贸公司之间就形成了保证形式的类似于“反担保”的担保法律关系。

上述股权质押形式和保证形式的类似于“反担保”的担保法律关系符合我国法律的相关规定，其法律效力也是合法有效的。

4. 本案中形成的法律关系的性质及其法律效力的总结

综合上文的三点分析，在本案中，主要形成了四种法律关系：银行与德润公司的借贷法律关系、银行与子公司的保证担保法律关系、银行与集团公司形成的连带责任保证担保法律关系、集团公司与德润公司全部股东的股权质押担保形式和保证形式的类似于“反担保”的担保法律关系。

上述四种法律关系符合我国法律的相关规定，其法律效力应当依法得到确认。

5. 集团公司、子公司、德润公司全体股东履行相关协议的情况

1）集团公司履行担保书和人民币资金借款合同的情况。在德润公司未按照借款合同的约定按时向银行偿还全部借款的情况下，集团公司按照担保书和人民币资金借款合同的约定向银行履行了全部还款义务。这表明集团公司已经按照担保书和人民币资金借款合同的约定履行了连带保证担保责任。

2）子公司履行保证合同的情况。在德润公司未按照借款合同的约定按时向银行偿还全部借款的情况下，银行并没有按照保证合同的约定向子公司主张其承担连带保证担保责任，子公司也并未按保证合同的约定履行连带保证担保责任。这表明，子公司未按照保证合同向银行承担连带保证担保责任。

3）德润公司全体股东履行股权质押协议的情况。根据股权质押协议的规定，若因任何原因导致集团公司向银行承担了对德润公司贷款的担保赔偿责任，集团公司有权向德润公司全体股东要求按其所占德润公司股权比例（各25%）承担经济赔偿责任，或者当其无承担经济赔偿能力时，由集团公司处置其质押股权。

集团公司向银行承担了对德润公司贷款的担保赔偿责任后，集团公司即要求宏大公司、工贸公司等德润公司全体股东履行其在股权质押协议中承诺的担保责任，按其所占德润公司股权比例（各25%）承担经济赔偿责任，或者当其无承担经济赔偿能力时，由集团公司处置其质押股权。但是，宏大公司、工贸公司等德润公司全体股东并未按照上述规定履行义务。

6. 关于德润公司全体股东应当承担的法律责任

1）德润公司全体股东应当承担担保法律责任。股权质押协议约定，若因任何原因导致集团公司向银行承担了对德润公司贷款的担保赔偿责任，集团公司有权要求宏大公司、工贸

公司等德润公司全体股东按其所占德润公司股权比例（各25%）承担经济赔偿责任，或者当其无承担经济赔偿能力时，由集团公司处置其质押股权。因此，鉴于集团公司已经根据担保书和人民币资金借款合同的约定向银行承担了对德润公司贷款的担保赔偿责任，宏大公司和工贸公司等德润公司全体股东应当按照股权质押协议的规定，按其所占德润公司股权比例向集团公司承担经济赔偿责任；当其无承担经济赔偿能力时，集团公司有权行使担保权，处置德润公司全体股东向集团公司质押的德润公司的股权。

2）宏大公司、工贸公司等德润公司全体股东的行为已构成违约。我国法律规定："当事人应当按照约定全面履行自己的义务。"因此，当集团公司向银行承担了对德润公司2 770万元借款的连带保证担保赔偿责任后，宏大公司、工贸公司等德润公司全体股东即应当按照股权质押协议的规定，按其所占德润公司股权比例向集团公司承担经济赔偿责任；当其无承担经济赔偿能力时，德润公司全体股东应配合集团公司行使担保权，处置其向集团公司质押的德润公司的股权。由于宏大公司、工贸公司等德润公司全体股东未按照上述规定履行自己的义务，因此已经构成了违约。

我国法律规定："当事人一方不履行合同义务或者履行合同义务不符合约定的，应当承担继续履行、采取补救措施或者赔偿损失等违约责任。"已如上文所述，宏大公司、工贸公司等德润公司全体股东未能按照股权转让协议的约定履行承担经济赔偿责任或质押担保责任的义务，因而应当承担继续履行、采取补救措施或者赔偿损失的违约责任。

7. 对本案法律关系和法律责任的总结

本案有意思之处在于存在三个担保法律关系。在前两个担保法律关系中，作为母子公司关系的两个担保人（集团公司、子公司）分别为主债权人（银行）提供了担保；在第三个担保法律关系中，主债务人的全体股东（宏大公司、工贸公司等）为前两个担保人中作为母公司的担保人（集团公司）提供了类似于"反担保"的担保。这三个担保法律关系的联系在于：前两个担保人（集团公司、子公司）均独立向主债权人（银行）提供担保，其中作为母公司的担保人向主债权人（银行）承担了担保责任，构成了主债务人全体股东向前两个担保人中作为母公司的担保人（集团公司）承担担保责任的成就条件。在本案中，前述成就条件恰恰发生，结果使得主债务人全体股东（宏大公司、工贸公司等）应向前两个担保人中作为母公司的担保人（集团公司）承担担保责任。

模块回顾

1. 担保是指承担保证义务的一方，即保证人（担保人）应债务人（被保证人或称被担保人）的要求，就债务人应对债权人（权利人）的某种义务向债权人作出的书面承诺，保证债务人按照合同规定条款履行义务和责任，或及时支付有关款项，以保障债权人实现债权的信用工具。

2. 法律规定的担保方式有保证、抵押、质押、留置和定金。

3. 建设工程担保是指在工程建设活动中，根据法律法规规定或合同约定，由担保人向债权人提供的，保证债务人不履行债务时，由担保人代为履行或承担责任的法律行为。工程建设合同担保分为投标担保、业主工程款支付担保、承包商履约担保和承包商付款担保四种。

4. 投标保证金是指为了避免因投标人投标后随意撤回、撤销投标或随意变更其应承担的义务给招标人和招标代理机构造成损失，要求投标人提交的担保。

5. 履约保证金是为了保证施工合同的顺利履行而要求承包人提供的担保。施工合同履约保证金多为提供第三人的信用担保（保证），一般是由银行或者担保公司向招标人出具履约保函或者保证书。

6. 建设工程质量保证金是指发包人与承包人在建设工程承包合同中约定，从应付的工程款中预留，用以保证承包人在缺陷责任期内对建设工程出现的缺陷进行维修的资金。

7. 发包人工程款支付担保是指为保证发包人履行工程合同约定的工程款支付义务，由担保人为发包人向承包人提供的，保证支付工程款的担保。支付担保有四种形式：银行保函、履约保证金、担保公司担保、抵押或者质押。当发包人不按约定支付工程款时，担保人将无条件地履行付款义务。

8. 预付款担保是指承包人与发包人签订合同后，承包人正确、合理使用发包人支付的预付款的担保。

模块八　国际建设工程承包合同管理

学习目标

掌握国际建设工程承包合同的类型；了解国际建设工程承包合同条件概述；掌握国际建设工程承包合同条件的适用范围和特点。

8.1　国际建设工程承包合同类型

导入案例

招标人标书里写得很清楚，要承包人修800m的篱笆围墙，你就会以为篱笆围墙防不了小偷，而脱离标书的要求去建成砖墙。当你要求按砖墙付钱时，招标人会怎么办？

8.1.1　国际建设工程的概念

国际建设工程通常是指一项允许由外国公司来承包建造的工程项目，即面向国际进行招标的工程。在许多发展中国家，根据项目建设资金的来源（如外国政府贷款、国际金融机构贷款等）和技术复杂程度以及本国工程公司的能力局限等情况，允许外国公司承包某些工程，国际建设工程包含咨询和承包两大行业。

1. 国际建设工程咨询

国际建设工程咨询包括对工程项目前期的投资机会研究、预可行性研究、可行性研究、项目评估、勘察、设计、招标文件编制、监理、管理、后评价等，是以高水平的智力劳动为主的行业，一般都是为建设单位（发包人）提供服务的，也可应承包人聘请为其进行施工管理、成本管理等。

2. 国际建设工程承包

国际建设工程承包包括对工程项目进行投标、施工、设备采购及安装调试、分包、提供劳务等。按照发包人的要求，有时也作施工详图设计和部分永久工程的设计。

8.1.2 国际建设工程承包合同

国际建设工程承包合同即指国际建设工程的参与主体之间为了实现特定的目的而签订的明确彼此权利义务关系的协议。

世界各国和国际金融组织针对工程建设的各自特点，同时结合工程项目管理理论的发展，制订和推荐了众多的标准承包合同。虽然国际工程具体特点千差万别，但绝大多数国际工程承包管理仍然采用传统模式。在传统模式中，发包人与设计机构（建筑师/工程师）签订专业服务合同，发包人与承包人签订工程承包合同，工程建设按设计、招标投标、建造等顺序进行。传统模式历史悠久、管理方法成熟，在国际工程和各国国内工程中得到广泛应用。相应地，适用于传统模式的标准承包合同数量最多。为克服传统模式中的一些缺点，如项目建设总工期较长、发包人可能过多直接管理项目、发包人班子庞大、工程变更和索赔增加等，新的项目管理模式不断出现，如设计—建造模式、CM 模式、项目管理（PM）模式、合作伙伴（Partner）模式、PFI 模式等。这些不同的项目管理模式也有各自不同的优点和局限性，针对具体工程，发包人和承包人可以根据自身特点和工程规模以及管理水平，选择合适的管理模式和相应的合同条款，紧密合作，圆满完成工程建设。

按照不同的划分标准，这些标准合同大体可以划分为以下几类：

1. 按承包业务范围分类

1）工程咨询合同。这是指咨询机构与业主签订的合同，工程咨询业务包括投资前的研究、项目的准备活动、工程实施服务和技术服务四种。

2）施工合同。施工合同及建筑合同是业主与承包商签订的工程实施合同。

3）工程服务合同。工程服务合同与工程咨询合同的内容基本相同，但工程服务合同的范围更广。

4）设备供应与安装合同。该合同的形式因承包商责任的不同而有所不同，主要包括单纯的设备供应合同、单纯的设备安装合同、设备的供应与安装合同和监督安装合同。监督安装合同是指设备的供应商提供设备，并负责指导业主自行安装而签订的合同。

5）“交钥匙”合同。“交钥匙”合同规定承包公司负责从工程方案的选择，可行性研究，设计，施工，设备和材料的供应、安装，人员培训，直到能批量生产出合格产品后移交给业主正式投产为止的全部工作。

6）交产品合同。这种合同规定，在工程项目竣工投产后，承包人在一定时期（1~2年）内要继续负责指导生产、维修设备、培训技术人员，以保证生产出预定产量的合格产品。

2. 按发包人的地位分类

1）工程总承包合同。这是业主和总承包商之间签订的就某一项工程项目的建设、设备材料的供应、养护等全部工作所签订的合同。

2）分包合同。这种合同是由业主将一项工程分为若干部分，然后分别与各分项工程承包人所签订的互为独立的承包合同。

3）总分包合同。这种合同是由业主将工程项目全过程或其中某个阶段的全部工作发包给一家资质条件符合要求的承包单位，由该承包单位再将若干专业性较强的部分工程任务发包给不同的专业承包单位去完成，并统一协调和监督各分包单位的工作。这样，业主只与总包单位发生直接关系，而不与各专业分包单位发生关系。

小知识

EPC（Engineering Procurement Construction）是指公司受业主委托，按照合同约定对工程建设项目的设计、采购、施工、试运行等实行全过程或若干阶段的承包。通常可以称为设计采购施工总承包。在实践中，总承包商往往会根据其丰富的项目管理经验，工程项目的不同规模、类型和业主要求，将设备采购（制造）、施工及安装等工作采用分包的形式分包给专业分包商。所以，在EPC总承包模式下，其合同结构形式通常表现为以下几种形式：

1）交钥匙总承包。

2）设计—采购总承包（E-P）。

3）采购—施工总承包（P-C）。

4）设计—施工总承包（D-B）。

5）建设—转让总承包（BT）等相关模式。

其中最为常见的是第1）、4）、5）这三种形式。

交钥匙总承包是指设计、采购、施工总承包，总承包商最终是向业主提交一个满足使用功能、具备使用条件的工程项目。该种模式是典型的EPC总承包模式。

设计—施工总承包是指工程总承包企业按照合同约定，承担工程项目设计和施工，并对承包工程的质量、安全、工期等全面负责。在该种模式下，建设工程涉及的建筑材料、建筑设备等采购工作，由发包人（业主）来完成。

建设—转让总承包是指有投融资能力的工程总承包商受业主委托，按照合同约定对工程项目的勘查、设计、采购、施工、试运行实现全过程总承包；同时工程总承包商自行承担工程的全部投资，在工程竣工验收合格并交付使用后，业主向工程总承包商支付总承包价。

3. 按承包价格的计算方法分类

1）工程总价合同。在这种合同中，业主付给承包商的款项是一个规定的、包括所有项目价款的总额。总价合同又分为固定总价合同和可调整总价合同两种。前者一经签订价格即固定不变，以后不论遇到什么意外情况，如基础地质差，气候恶劣，工资、材料和运输费用上涨，工程量增加等，承包商均不得向业主要求补偿，风险完全由承包公司承担。业主一般都比较愿意采用这种合同。后者则是双方预先约定，如发生某些成本变动因素，合同总价可做相应调整。总价合同一般适用于总工程量比较清楚、规模不大、结构不甚复杂、技术指标明确的工程项目。

2）工程单价合同。工程单价合同是指整个合同期间执行同一个合同单价，而工程量则按实际完成的数量计算，这种合同在国际上被广泛采用。单价合同的优点是：招标人无须对工程范围做出准确的测算和规定，节约了招标准备工作的时间；业主在支付工程款时，只按实际的工程量计算工程价款，结算程序和方法较为简单。而承包商也可减少因工程变动而带来的风险。

3）成本加酬金合同。成本加酬金合同又称为成本加补偿合同。这种合同的工程价款不是固定不变的，它随成本大小的不同而有所变化，业主向承包商支付建造工程实际开支的工程成本费用（如人工费、材料费、设备费等直接费），再另外加付一定数额的管理费（如办公支出、差旅费、税金等）和利润。采用这种合同形式时，承包商要保存工程费用的记录和单据资料，业主有权监督承包商的费用开支，包括服务费用的开支。

由于建设管理实践和理论的不断发展，标准合同随之不断发展和完善，新型合同也不断产生。

8.1.3 国际惯例

所谓国际惯例，是指在国际经济交往实践中逐渐形成的习惯做法。它们最初为某些国家所反复使用，而后又渐被各国所接受、沿用，成为国际经济交往过程中公认的行为规范。我国的法律明确规定："凡是我国法律未作明确规定的，可以适用国际惯例"。

国际惯例具备下面四个方面的特点：

1）普遍性。国际惯例是人们在国际经济交往中遵循的通常的习惯做法，是一个客观存在的事实。

2）确定性。国际惯例所规定的内容明确，可以作为当事人双方或多方的行为准则。

3）合理性。由于国际惯例的形成是长期实践的产物，对当事人权利义务的规定是经过反复研究和实践之后逐渐形成的，从而能使当事人双方或对方的权利义务对等。

4）任意适用性。国际惯例不是法律，不能自动适用，只有在合同中予以规定采用何种国际惯例时，该惯例才对当事人具有约束力。此外，当事人在约定采用何种国际惯例的同时，还可根据具体任务的需要，进行适当修改和补充。

案例回顾

想一想在本节导入案例中发包人会按砖墙付钱吗？

答：发包人只会按篱笆墙付钱，因为这是按照合同的规定办理的。

小知识

BOT、BT、TOT、PPP

BOT是英文Build-Operate-Transfer（建设—运营—移交）的缩写，BOT作为一种适合基础设施建设的新型融资方式，对亟待发展的我国基础设施建设而言，具有特殊的意义。BOT作为一种向私人融资进行基础设施建设的模式，较其他传统模式而言具有以下几个方面的优势：

① BOT项目建设资金来源于外资或民间的闲置资本，可在一定程度上弥补政府在基础设施投资方面的不足，减轻基础设施建设项目对国家财政的压力和外债的负担，并且拓宽了直接利用外资的渠道，有利于加强国际的联系，加快基础设施建设与国际的接轨。

② BOT项目强调政府在基础设施建设中扮演组织者和促进者的重要角色。政府通过制定有效政策及具体措施，促进国内外私人资本参与我国基础设施的投资，形成风险共担、利益共享的政府与商业性资本的合作模式，并使得基础设施业的服务更有效率。

③ BOT融资方式打破了国家在基础设施领域中的绝对垄断，在公共产品的供给中引入市场机制，起到了合理配置资源的效应。

④ BOT项目的贷款方在决定是否贷款时，通常主要考虑项目本身的收益前景，而不是项目公司当时的信用能力。故BOT融资方式不受项目公司现有资产规模的限制，比其他融资方式更加灵活。在该方式下银行贷款通常没有追索权，或者即使有有限的追索权，也只适用于项目本身的资产和收益、本身的资产负债表。因此，不影响该项目实体从其他方面进一步借款的能力。随着我国专业银行的转变及市场经济体制的进一步健全，BOT融资方式的“资产负债表外融资”的优点将逐步显现出来。

⑤ 政府为鼓励投资者投资基础设施建设，一般对BOT项目提供行政、法律、经济上的支持，这就减少了项目承办方的风险。另外，项目的境外投资者会向跨国保险公司投保，有了这种复杂的相互担保、保险和抵押关系，项目风险就会被有效地分散。

⑥ 通过BOT项目招标，中标者成为项目发包人，承包人一般必须带资承包。这同政府直接投资相比，从两个方面减少了不正当竞争的可能性：一是没有既得利益可维持或分配，政府提供的只有业主投资的特许权，承包人的利益必须通过特许经营期内的有效运营才能实现。二是当业主是合伙人时，由于业主的目标是运营期利润的最大化，故承包人很难在业主身上打开缺口。

练一练

8.1-1 国际工程通常是指________，国际工程包含________和________。

8.1-2 国际工程承包合同即指________________________________协议。

8.1-3 按承包价格的计算方法不同，国际建设工程承包合同大致可以分为________、________和________。

8.1-4 国际惯例是指________________________。国际惯例具备四个方面的特点，分别为__________、________、__________和________。

8.2 常用国际建设工程承包合同条件的特点

导入案例

在国际建设工程施工中，发包人没有足够能力支付工程款，承包人为了避免遭遇工程款支付没有保证的风险，有权暂停施工，甚至有权终止合同吗?

在国际工程承包项目中，普遍常用的合同有以下几种：FIDIC土木工程施工合同条件、英国NEC合同条件、美国AIA合同条件。

8.2.1 FIDIC合同条件的适用范围和特点

1. FIDIC简介

FIDIC即国际咨询工程师联合会（Fédération International Des Ingénieurs-Conseils）的法文缩写。它于1913年在欧洲成立，该联合会是被世界银行和其他国际金融组织认可的国际咨询服务机构。总部设在瑞士洛桑，下设四个地区成员协会：亚洲及太平洋地区成员协会（ASPAC）、欧洲共同体成员协会（CEDIC）、非洲成员协会集团（CAMA）、北欧成员协会集团（RINORD），是全世界最有权威的工程师组织。FIDIC 下设许多专业委员会，各专业委员会编制了用于国际工程承包合同的许多规范性文件，被 FIDIC 成员广泛采用，并被 FIDIC 成员的雇主、工程师和承包人所熟悉，现已发展成为国际公认的标准范本，在国际上被广泛采用。

FIDIC 是世界上多数独立的咨询工程师的代表，是最具权威的咨询工程师组织。FIDIC 专业委员会编制了一系列规范性合同条件，构成了 FIDIC 合同条件体系。

FIDIC 系列合同包括：《FIDIC 土木工程施工合同条件》《FIDIC 业主/咨询工程师标准服务协议书》《FIDIC 电气与机械工程合同条件》《设计—建造和交钥匙工程合同条件》和《土木工程分包合同条件》。其中《土木工程分包合同条件》适用于国际工程项目中的工程分包，与《FIDIC 土木工程施工合同条件》配套使用。

《FIDIC 土木工程施工合同条件》（红皮书）是基本的合同条件，适用于进行国际性公开招标的一切土木建筑工程的施工管理。FIDIC 合同条款适用于单价合同。在项目管理模式方面，适用于传统模式。FIDIC 合同条款确定了发包人和承包人之间的合同关系，同时要求发包人任命工程师对工程项目施工进行合同管理。在传统模式的项目管理中，发包人与设计机构（建筑师/工程师）直接签订设计服务合同。在设计机构的协助下，通过竞争性招标将工程施工交由总承包人来完成。

《设计—建造和交钥匙工程合同条件》（橘皮书）是为了适应国际工程项目管理方法的发展而提出的，适用于设计—建造和交钥匙工程。合同条款明确了发包人和承包人的合同关系，承包人一般应在竣工时间内设计、实施和完成工程以及在合同期内修补任何缺陷，同时为工程提供所需的全部工程监督、劳工、工程设备、材料、承包人的设备、临时工程以及所有其他物品。该合同条件适用于总价合同。

2. FIDIC 合同条件适用范围

1999 年，FIDIC 在 1987 年版的原合同条件基础上又出版了 4 份新的合同条件，这就是我们所熟悉的 1999 年新彩虹版合同条件。2017 年 12 月，FIDIC 在伦敦正式发布了 2017 年第 2 版 FIDIC 合同条件系列文件，这是迄今为止 FIDIC 合同条件的最新版本。

1）施工合同条件（Condition of Contract for Construction，简称“新红皮书”）。新红皮书与原红皮书相对应，但其名称改变后合同的适用范围更大。该合同主要用于由发包人设计的或由咨询工程师设计的房屋建筑工程（Building Works）和土木工程（Engineering Works）。施工合同条件的主要特点表现为，以竞争性招标投标方式选择承包人，合同履行过程中采用以工程师为核心的工程项目管理模式，适用于整个土木工程。

2）永久设备与设计—建造合同（Conditions of Contract for Plant and Design-build，简称“新黄皮书”）。新黄皮书与原黄皮书相对应，其名称的改变便于与新红皮书相区别。在新黄皮书条件下，承包人的基本义务是完成永久设备的设计、制造和安装。

3）EPC 交钥匙项目合同条件（Conditions of Contract for EPC Turnkey Projects，简称“银皮书”）。银皮书又可译为“设计—采购—施工交钥匙项目合同条件”。它适用于工厂建设之类的开发项目，是包含了项目策划、可行性研究、具体设计、采购、建造、安装、试运行等在内的全过程承包方式。承包人“交钥匙”时，提供的是一套配套完整的可以运行的设施。

4）合同的简明格式（Short Form of Contract），又称绿皮书。该合同条件主要适用于价值较低（50万美金以下）的或形式简单的，或重复性的，或工期短的房屋建筑和土木工程。

FIDIC合同条件在国际工程承包中得到广泛应用，尤其是“红皮书”，被誉为“土木工程合同的圣经”。

3. FIDIC合同条件特点

FIDIC合同条件具有国际性、通用性和权威性。其合同条款公正合理，职责分明，程序严谨，易于操作。考虑到工程项目的一次性、唯一性等特点，FIDIC合同条件分成了“通用条件”（General Conditions）和“专用条件”（Conditions of Particular Application）两部分。通用条件适用于某一类工程。如红皮书适用于整个土木工程（包括工业厂房、公路、桥梁、水利、港口、铁路、房屋建筑等）。专用条件则针对一个具体的工程项目，是在考虑项目所在国法律法规不同、项目特点和发包人要求不同的基础上，对通用条件进行的具体化的修改和补充。

为了对FIDIC合同最新版本中4份合同条件的条款结构的具体名称进行对比，以了解其共性和个性，特编制表8-1。

表8-1　FIDIC（2017）4份合同条件的主题条款

序号	红皮书	黄皮书	银皮书	绿皮书
1	一般规定	一般规定	一般规定	一般规定
2	业主	业主	业主	业主
3	工程师	工程师	业主的管理	业主代表
4	承包商	承包商	承包商	承包商
5	指定分包商	设计	设计	承包商的设计
6	职员和劳工	职员和劳工	职员和劳工	业主的责任
7	施工机械、材料和工艺	施工机械、材料和工艺	施工机械、材料和工艺	竣工时间
8	开始、延迟和暂停	开始、延迟和暂停	开始、延迟和暂停	接受
9	竣工验收	竣工验收	竣工验收	修复缺陷
10	业主接收	业主接收	业主接收	变更与索赔
11	接收的缺陷	接收的缺陷	接收的缺陷	
12	计量和计价	完工后的测试	完工后的测试	违约
13	变更和调整	变更和调整	变更和调整	风险与责任
14	合同价格和支付	合同价格和支付	合同价格和支付	保险
15	由业主终止合同	由业主终止合同	由业主终止合同	争端的解决
16	承包商暂停和终止合同	承包商暂停和终止合同	承包商暂停和终止合同	
17	工程照管与保障	工程照管与保障	工程照管与保障	
18	例外事件	例外事件	例外事件	
19	保险	保险	保险	
20	业主和承包商的索赔	业主和承包商的索赔	业主和承包商的索赔	
21	争端和索赔	争端和索赔	争端和索赔	

从表8-1对比中，可以看出银皮书和绿皮书的合同有关人员中均不设置工程师，而由业主或业主代表自己进行管理。

8.2.2 英国NEC合同条件的特点

1. 英国NEC合同条件

NEC是由英国土木工程师协会ICE编制的工程合同体系。该体系包括6种工程款的支付方式（发包人可以从中选择适合自己的方式）；9项核心条款；15项细节条款。

6种工程款的支付方式为：固定总价、固定单价、目标总价、目标单价、成本加酬金、工程管理。

9项核心条款：总则，承包人的主要职责，工期，检验与缺陷，支付，补偿，权利，风险与保险，争端与终止。

15项细节条款包括：完工保证，总公司担保（母公司担保），支付承包人预付款，多种货币（仅适用于主要选项A及B），区段竣工，承包人对其设计所承担的责任（只限于运用合理的技术和精心设计），通货膨胀引起的价格调整（仅适用于主要选项A、B、C及D），保留金（仅适用于主要选项A、B、C、D和E），提前竣工奖金，工期延误罚款，功能欠佳罚款，法律的变化，1994年施工（设计和管理）法规（仅适用于英国本土的合同），信托基金，合同附加条件。

NEC合同条件灵活，且主要条款通俗易懂，设计责任也不是固定由发包人或承包人承担，可根据具体情况由发包人或承包人按一定比例承担。就我国的工程承包现状来看，具有一定的借鉴意义。

2. NEC的主要特征

与现有的其他标准合同条件相比，NEC合同条件具有如下特性：

1）适用范围广。

2）NEC合同立足于工程实践，主要条款都用非技术语言编写，避免特殊的专业术语和法律术语；设计责任不是固定由发包人或者承包人承担，可根据项目的具体情况由发包人或承包人按一定的比例承担责任；6种工程款支付方式和15种细节条款可以根据需要自行选择。在这个意义上讲，NEC的灵活性体现了自助餐式的合同条件，适用范围广泛，并且可以减少争端。

3）为项目管理提供动力。随着新的项目采购方式的应用和项目管理模式的发展和变化，现有的合同条件不能为项目的参与各方提供令人满意的内容。NEC强调沟通、合作与协调，通过对合同条款和各种信息清晰的定义，旨在促进对项目目标进行有效的控制。

4）简明清晰。NEC的合同语言简明清晰，避免使用法律的和专业的技术语言，合同语句言简意赅。

8.2.3 美国AIA合同条件的特点

1. 美国AIA合同条件

AIA是美国建筑师学会（American Institute of Architects）的简称。美国建筑师学会（AIA）制定并发布的合同主要用于私营的房屋建筑工程，针对不同的工程管理模式出版了多种形式的合同条件，因此在美国得到广泛应用。AIA合同条件包括以下几种：

A 系列，用于发包人和承包人的标准合同文件；

B 系列，用于发包人与建筑师之间的标准合同文件，包括建筑设计、室内装修工程等特定情况下的标准合同条件；

C 系列，用于建筑师与专业咨询人员之间的标准合同文件；

D 系列，建筑师行业内部使用的文件；

F 系列，财务管理报表；

G 系列，建筑师企业及项目管理中使用的文件。

小知识

A 系列文件包括：发包人—承包人合约、该合约的通用条款和附加条款、发包人—设计/建筑商合约、总承包人—分包商合约、投标程序说明、其他文件（如投标和洽商文件、承包人资格预审文件等）。其中，工程承包合同通用条款（A201）包括 14 章的内容，分别是一般条款、发包人、承包人、合同的管理、分包商、发包人或独立承包人负责的施工、工程变更、期限、付款与完工、人员与财产的保护、保险与保函、剥露工程及其返修、混合条款、合同终止或停止。

AIA 合同文件的核心是“一般条件”（A201）。采用不同的工程项目管理模式及不同的计价方式时，只需选用不同的“协议书格式”与“一般条件”即可。如 AIA 文件 A101 与 A201 一同使用，可构成完整的法律性文件，适用于大部分以固定总价方式支付的工程项目。再如 AIA 文件 A111 和 A201 一同使用，构成完整的法律性文件，适用于大部分以成本补偿方式支付的工程项目。

AIA 文件 A201 作为施工合同的实质内容，规定了发包人、承包人之间的权利、义务及建筑师的职责和权限，该文件通常与其他 AIA 文件共同使用，因此被称为“基本文件”。

1987 年版的 AIA 文件 A201《施工合同通用条件》共计 14 条 68 款，主要内容包括：发包人、承包人的权利与义务；建筑师与建筑师的合同管理；索赔与争议的解决；工程变更；工期；工程款的支付；保险与保函；工程检查与更正其他条款。

2. AIA 合同的特点

1）AIA 合同条件主要用于私营的房屋建筑工程，并专门编制用于小型项目的合同条件。

2）美国建筑师学会作为建筑师的专业社团，成员遍布美国及全世界。AIA 出版的系列合同文件在美国建筑业界及国际工程承包界，特别在美洲地区具有较高的权威性，应用广泛。

3）AIA 合同条件的核心是“通用条件”。采用不同的工程项目管理、不同的计价方式时，只需选用不同的“协议书格式”与“通用条件”结合。AIA 合同文件的计价方式主要有总价、成本补偿合同及最高限定价格法。

［思政引导］ 通过对国际通用的 FIDIC 合同条款和英美发达国家常用的合同条件的学习，利用他山之石来引导我国工程合同领域的快速发展，鼓励学生放眼全球，博采众长，为大国崛起和构建人类命运共同体而奋斗。

8.2.4　国际合同实施阶段的管理工作

国际工程承包合同订立后，即进入合同的履行阶段，对于国际工程承包人来说，实施阶段的工作内容包括如下几个方面的管理工作：

1. 合同管理

合同管理的中心任务就是利用合同的正当手段防范风险、维护自身的正当利益，并获取尽可能多的利润。

2. 计划管理

计划管理是工程实施阶段的中心，也是项目经营目标的具体化。

3. 成本管理

成本管理是国际工程承包人在获得合同后所面临的极为重要的工作。

4. 财务管理

财务管理包括资金的筹集、运用和回收，银行保函和信用证的开出，工程付款的办理，银行往来，成本会计等工作。

5. 物资采购管理

物资采购管理是实施工程管理并取得利润的重要手段，包括各种建筑材料、施工机械设备、永久（生产）设备、模板、工器具的采购。

案例回顾

想一想在本节导入案例中承包人有权暂停施工，甚至有权终止合同吗？

答：新红皮书第24条明确规定，承包人有权要求发包人通报工程资金落实的情况。而“发包人应在收到承包人的任何要求28天内，提出其已做并将维持的资金安排的合理说明……能够按照第14条的规定支付合同价格。”这样的规定，在红皮书第4版中是没有的。当合同双方中的任何一方有违约行为，非违约方有权提出终止合同。在新红皮书第16条中专门提出了“由承包人暂停和终止”的专项条款。如果发包人延误支付工程款，承包人有权暂停施工，甚至有权终止合同。

练一练

8.2-1　下列不属于NEC合同条件体系的合同形式是（　　）。

A. 总价合同　　B. 总目标总价合同

C. 单价合同　　D. 工程管理合同

8.2-2　NEC的主要特征不包括（　　）。

A. 适用范围广　　B. 为项目提供动力

C. 简明清晰　　D. 速度快

8.2-3　下列不属于NEC的核心条款内容的是（　　）。

A. 总则　　B. 单价　　C. 工期　　D. 权利

8.2-4　下列不属于国际工程承包合同的实施阶段内容的是（　　）。

A. 合同管理　　B. 计划管理　　C. 成本管理　　D. 工程进度管理

8.2-5 下列属于 FIDIC 合同条件（纠纷的解决）规定的程序的是（ ）。
A. 早期预警程序　　B. 补偿事件程序
C. 友好协商　　D. 裁决人程序

8.2-6 国际工程承包合同订立的最主要形式是（ ）。
A. 招标　　B. 投标　　C. 公开招标　　D. 邀请招标

8.2-7 国际工程合同包括（ ）。
A. 国际工程招标　　B. 国际工程承包
C. 国际工程投标　　D. 国际工程开标

8.2-8 国际工程的概念为（ ）。
A. 国际工程咨询包括对工程项目前期的投资机会研究、预可行性研究、可行性研究、项目评估、勘察、设计、招标文件编制、监理管理和后评价等，是以高水平的智力劳动为主的行业
B. 国际工程通常是指一项允许由外国公司来承包建造的工程项目，即面向国际进行招标的工程
C. 国际工程承包包括对工程项目进行投标、施工、设备采购及安装调试、分包、提供劳务等
D. 国际工程承包合同即指国际工程的参与主体之间为了实现特定的目的而签订的明确彼此权利义务关系的协议

8.2-9 国际工程承包合同订立后，即进入合同的履行阶段，对于国际工程承包人来说，实施阶段的工作内容包括（ ）。
A. 合同管理、计划管理　　B. 成本管理、财务管理
C. 物资采购管理，质量管理　　D. 分包商管理、移交和竣工验收管理
E. 资金管理

8.2-10 NEC 合同条件体系下的 6 种主要选项条款包括（ ）。
A. 总价合同及单价合同　　B. 目标总价合同及目标单价合同
C. 成本加酬金合同　　D. 工程管理合同
E. 承包合同及分包合同

8.2-11 FIDIC 施工合同条件规定，合同文件由（ ）组成。
A. 通用条件　　B. 专用条件
C. 投标函及附件　　D. 协议书
E. 合同条件

8.2-12 在 FIDIC 合同条件中，合同工期是指（ ）。
A. 合同内注明工期
B. 合同内注明工期与经工程师批准顺延工期之和
C. 发布开工令之日起至颁发移交证书之日止的日历天数
D. 发布开工令之日起至颁发解除缺陷责任证书止的日历天数

8.2-13 按 FIDIC 合同条件规定，在（ ）之后，发包人应将剩余的保留金退还给承包人。
A. 颁发工程移交证书　　B. 签发结清单
C. 颁发履约证书　　D. 签发最终支付证书

综合案例 国际建设工程承包合同案例分析

【案例1】

知识要点：工程变更费超过15%怎么办

背景：

1. 工程概貌

非洲的一项灌溉工程，进行国际性招标建设。灌溉工程包括拦河堰、渠首闸、渠道建筑物等一系列建筑设施，其中包括总干渠上的一些主要建筑物，如：桥梁62座，倒虹吸2座，渡槽1座等。总干渠长83km，支渠长254km，还有田间灌水小渠等大量小型建筑物。渠首进水量为28m³/s。工程项目对发包人国家的农业生产具有重大影响，是该国的一项重点工程。建设资金系非洲开发银行贷款。经过国际性投标报价竞争，中国一家专业工程承包公司成功中标，合同额3 584万美元，工期3年。

2. 合同实施过程中的问题

开工后，总承包人发现两个重大的有关设计和施工的难题。一是渠系建筑物量大且分散，仅支渠以下的建筑物就达300多座，散布在数十平方公里的地面上。而且在灌水小渠和小建筑物的施工中要触及千万户当地农民的利益，在施工中会遇到许多难以处理的社会和语言等问题。对于这一难题，总承包公司向发包人提出了将支渠及其以下的工程全部进行分包，由当地承包人来分包施工。发包人和咨询工程师最终同意了这一要求。

另一个难题，是设计上的问题。灌溉干渠要通过城市郊区，沿山坡而绕行。郊区人口稠密，需拆迁颇多民房，施工时交通干扰严重。更令人担心的是，山体一旦滑动，会毁坏渠道，淹没居民。而山坡在洪水暴雨季节滑坡的可能性甚大。对此，总承包人向咨询工程师和发包人提出了干渠段改线的建议，即将绕山坡而行的钢筋混凝土矩形渠道改为穿山而过的一段隧洞，将2 580m的矩形槽改为长约1 820m的隧洞。经过反复地讨论和对设计方案的比较，发包人终于决定改线修建隧洞。这是一项重大的设计变更，也是合同实施过程中的一个重大的工程变更。这一变更，不仅避免了城郊施工的干扰，更为重要的是为日后的渠道运行管理创造了安全有利的条件。

这一重大的工程变更，打乱了总承包人的施工组织计划和施工机械采购工作，迫使承包人重新购买隧洞开挖和衬砌设备，给承包人带来了大量的计划外开支。

3. 工程款支付情况

在工程将近建成时，通过月结算单支付、物价上涨引起的价格调整及索赔补偿等项目，总承包人从发包人方面得到以下诸项付款：

(1) 施工进度款 2 893万美元

(2) 隧洞施工款 1 087万美元

(3) 价格调整款 135万美元

(4) 计日施工款 38万美元

(5) 施工索赔款 186万美元

以上共计 4 339万美元

总承包人在实施合同中实际收入为 4 339 万美元，较中标合同价 3 584 万美元多了 755 万美元。承包人的此项增收，除价格调整和施工索赔以外，主要由于工程变更。

根据 FIDIC 合同条件，在发出整个工程的接收证书时……合同价增加或减少量合在一起的数额超过了有效合同价的 15%，工程师应和发包人及承包人协商确定应在合同价上增加或减少的金额……

所谓有效合同价，系指从原合同价中减去暂定金额以及按日计工费。鉴于本合同中未列暂定金额，而计日施工费为 38 万元，故本合同的有效合同价 =(3 584 -38) 万美元 =3 546 万美元，而有效合同价的 15% 为：3 546 万美元 ×0.15 =531.9 万美元。

承包人超越有效合同 15% 的收款为：(755 -531.9) 万美元 =223.1 万美元。

因此，需要协商确定一个金额，并从承包人应收的工程款中扣除。这项金额是根据承包人的实际收入较原定合同额的差额幅度而确定的。总承包人得知咨询工程师要扣其工程款时，很不理解，便向工程师致函表示反对。

4. 协商解决

在协商过程中，工程师参照合同条件的论述，给承包人做了详细的解释，主要内容是：

合同实施过程中发生工程变更，或者工程量清单的工程量在实施时发生变化，都将形成承包人工程款收入数量的变化。假如工程变更是削减了某些工作，则承包人实际完成的工程量比合同上写明的工程量减少了。因此承包人的工程款实际收入减少了，比原定的合同额减少了许多。在这种情况下，承包人吃亏了，其原来准备的施工资源没有发挥原定的效用。假如少收入的款额占原来合同额的 15% 以上，则应由发包人增加支付款额，以弥补承包人在管理费（工地管理费及总部管理费之和）方面的损失。反之，假如由于工程变更承包人的实际收入增加了很多，甚至超过原合同额的 15% 以上，那么表示承包人在管理费上的实际收入大大地增加了，形成某种程度的重复收费现象。因此，按合同条件要扣减一个款额。这个要扣减的款额并不大，仅仅是超过有效合同价 15% 的那一部分管理费。计算如下：

$$(4\ 339\text{ 万美元} - 3\ 546\text{ 万美元})/3\ 546\text{ 万美元} = 0.22$$

即实际收入较有效合同价增加 22%，超出合同条件规定的 15%，需要扣减超过 15% 的那部分款项。

即

$$0.22 - 0.15 = 0.07$$

需要仅对这超收的 7% 扣除其中所包含的工地管理费 16% 和总部管理费 4%，即

$$(4\ 339 - 3\ 546)\text{ 万美元} \times 0.07 \times (0.16 + 0.04) = 793\text{ 万美元} \times 0.07 \times 0.2 = 11.1\text{ 万美元}$$

这个款额，对承包人实际超过原合同额实际收入的 755（4 339 -3 584）万美元而言，是一个很小的数字。

经过咨询工程师的解释，总承包人同意了他的决定，也熟悉了这一条款的全部含义。

【案例 2】

知识要点：自然力作用产生的风险

背景：一地区扶贫工程公路网建设，系世行贷款项目，按 FID1C 合同条件进行合同管理。公路网全长 39km，于 1999 年 10 月建成。但是，在项目缺陷责任期期间，2000 年 6 月 17 日该地区遭遇暴雨袭击，3 次倾盆暴雨，降雨量分别为 417mm、467mm、493mm，暴雨持续时间均为 5 ~6 小时。导致整个地区全部公路网约 81% 的公路路段被洪水淹没，水深达

2m，浸泡时间超过200小时，路基、路面遭受严重水毁。据水文及气象部门统计资料证明，实际洪水频率已大大超过百年一遇。世行监督团通过现场考察向项目发包人建议：依据FIDIC合同条件相关条款，写出专题报告。由发包人承担风险，向世行申请增拨水毁修复贷款：世行根据实际水毁损失，批准增拨水毁修复贷款441万美元。被毁工程于2001年6月全部修复。

【案例3】

知识要点： 学会使用“指定分包商”

背景： 在我国黄河小浪底水利枢纽工程的施工过程中曾引起激烈的争论。二标承包联合体牵头公司德国旭普林公司，在同中国的4个水电工程局签订劳务分包合同以后两个星期，忽然来函致咨询（监理）工程师，要求发包人承认这个劳务分包合同的中方签约者（水电一局、三局、四局和十四局)，即OTFF一方是“指定分包商”。与此同时，作为发包人技术顾问的加拿大国际工程管理公司（CIPM）的专家亦致函发包人和工程师，支持承包人的意见，要求发包人正式同意这4个工程局是发包人指定的分包商。这些要求的目的，是将劳务分包合同的4个“普通分包商”改变为“指定分包商”。

小知识

“指定分包商”是国际工程承包施工实践中经常采用的方式。发包人在工程项目的设计阶段及编写招标文件时，考虑到该工程项目某一部位的特殊要求，如施工技术特别复杂、涉及技术专利或具有保密价值时，往往要选择一个专业承包人来完成这一部位的工程施工，并将这一要求写入招标文件，即指定某一专业公司为这一特定工程部位的“指定分包商”。

在合同关系和合同责任方面，“指定分包商”同“普通分包商”有所不同，主要表现在：

1）“指定承包人”是发包人提名指定的，总承包人虽然对被指定的具体人选可以提出反对意见，此时发包人可能变更具体人选，但原定的工程部位仍需由另一位“指定分包商”来完成。

2）由于特定的工程部位由发包人指定的分包商来完成，当这个“指定分包商”没有完成合同义务时，发包人要承担一定的责任。如果是一般的分包商（或称为“普通分包商”)，则其未完成的合同义务则完全由总承包人向发包人负责。

3）如果总承包人不按时按量地向“指定分包商”支付其已从发包人方面领到的工程款时，发包人可以直接向“指定分包商”支付工程款，在下次向总承包人支付施工进度款时将这部分已支款额扣除。

4）“指定分包商”所负责实施的工程部位，其报价列入总承包人的报价书。但此项款额由“暂定金额”项目支付。

案例分析：

由上述“指定分包商”的特点看，发包人在指定某一承包人为“指定分包商”时，必须十分慎重，因为这样做使发包人承担了明示的和默示的合同责任。如果“指定分包商”

违约，无论是施工质量不符合合同要求，或者施工期限落后于合同进度，发包人负有推不开的责任，总承包人可以摆脱合同责任。正如权威的总价合同标准条件——英国“合同审定联合会”（简称 JCT）所制定的《JCT 合同条件》中的明确规定：总承包人对“指定分包商”造成的工期延误不承担责任。旭普林公司的强烈要求和发包人技术顾问专家组的明确支持态度，在发包人和工程师中引起了强烈反响。一部分管理人员认为，可以接受这一要求，承认这 4 个工程局为“指定分包商”，因为这些工程局是在发包人的推荐下由二标牵头公司（旭普林）接受的。许多人不了解劳务分包和指定分包间的差别，莫衷一是。少数人员感到旭普林公司的要求突然，不愿接受。

得悉总承包人的这一强烈要求以后，感到在旭普林公司内有熟悉国际工程合同的行家在出谋划策，企图把已经签字成立的一般分包合同改成指定分包合同，其目的是把万一不能在原定的 1997 年 10 月 31 日截流的合同责任推到发包人身上，其手段是相当“高明的”。果然，事后发现，在旭普林公司中确有这样一位“精明的”雇员，他意识到了劳务分包合同如果实现不了按原定日期截流，旭普林公司责无旁贷，这将是一个十分严重的合同责任。发包人的合同专家，坚决反对承认旭普林公司的这一强烈要求，理由如下：第一，劳务分包合同已正式签订，这是一种普通分包合同。在商讨劳务分包过程中，总承包人并没有提出这 4 个分包商是“指定分包商”。其只是在发包人的推荐下，从数个水电工程局中挑选出来的。第二，在小浪底工程项目的招标文件中，并没有指明在导流洞施工中要指定这 4 个水电工程局作为“指定分包商”。第三，更为重要的是，如果发包人轻易地承认了这 4 个工程局是“指定分包商”，则使旭普林公司减轻了按期截流的合同责任的巨大压力，它可能不会拼命地加速导流洞的施工，夺回已延误的 11 个月工期，从而使原定的截流日期落空，后果不堪设想。

发包人采纳了上述意见，咨询（监理）工程师正式函回复旭普林公司不同意“指定分包商”的提法，并要求二标承包联合体认真贯彻劳务分包合同，加速施工进度，实现在计划日期截流。这个答复促使旭普林公司下定决心，同 4 个水电工程局紧密协作，并于 1996 年 8 月 28 日在工地上挂出了醒目的红幅大标语：“中德意联合体 1997 年 10 月 31 日，就是这一天”。用这一倒计时的号召标语动员自己的施工队伍，努力实现按计划日期在黄河干流进行大坝合龙。实际上，大坝截流提前于 1997 年 10 月 28 日完成，夺回了 11 个月的延误，在小浪底工程建设史上奏响了一曲凯歌。

【案例 4】

背景：N 国 NI 运营商的 CDMA 项目一期合同总金额约 6 000 万美元，一期工程交付后启动二期工程。该项目的一期工程于 2006 年 3 月自预付款到位后正式启动，分中心区和东南区两个阶段实施，首先实施中心区的工程，包括多个旧站、多个新站和中心机房扩建工程（含建造工程）。共有 3 家分包商参与中心区的土建工程实施，M 分包商独立承担中心机房工程，L 和 V 两家分包商承担站点的土建工程施工。在工程实施过程中，中心机房工程进度缓慢，严重滞后，施工人员素质极差，甚至连基本的施工程序和方法都不了解，基本的施工工具都不齐全，使中心机房的扩建工程未能按时交付。站点建设方面由 L 分包商承担 70% 固定份额，V 分包商承担 30% 固定份额，由于分包份额的固定，造成站点的工程进度实际上几乎全部依赖 L 分包商，V 分包商几乎没有发挥作用。一旦 L 分包商资源失效的话，将对项目整体的进度造成严重影响。

案例分析：

在中心区的工程实施过程中，项目组通过总结经验教训，归纳出以下几点问题并分析出产生的原因和可采取的措施以避免其在东南区发生。

问题1：中心机房的M分包商资源几乎失效，施工人员素质极差，连简单的施工程序和方法都没掌握，施工工具不具备，严重影响项目进度和质量。公司项目管理人员无论采取什么措施，怎么通过高层施压都收效甚微。

1）产生原因：由于该分包商为该国总统夫人关系介绍，CEG在资源认证阶段把关不严，在问题产生后公司面临该分包资源失效，又无后备分包资源可供替换，从而导致即使工程进度和质量出现严重问题还不得不依赖该分包商的尴尬局面。

2）解决措施：在分包资源认证和选择阶段要严格把关，项目经理最大限度地参与和控制，准备后备分包商资源紧急应对方案。

问题2：在站点建设方面由L分包商承担70%固定份额，V分包商承担30%固定份额，由于分包份额的固定，造成站点的工程进度实际上几乎全部依赖L分包商，V分包商几乎没有发挥作用。一旦L分包商资源失效的话，将对项目整体的进度造成严重的后果。

1）产生原因：在中心区的招投标过程中，由于CEG采用的分包策略和评标办法为选择两家分包商承担该项目中心区的站点土建工程，最低价和次低价两家中标（技术标评分几乎不起作用，完全由价格起主导作用），最低价分包份额为70%，次低价分包份额为30%，且份额固定，不能灵活调配。所以造成事实上几乎只有一家分包商，站点的工程进度实际上几乎全部依赖L分包商。

2）解决措施：改变招标投标评标办法和分包策略，项目经理和项目组成人员全程参与和控制招标投标过程及制订评标办法和分包策略，以使其结果符合项目实施的实际需要，保证分包商资源适度冗余，分包份额不固定，让分包商充分竞争，加快工程进度。

问题3：在工程实施过程中分包商发现公司提供的工程量清单不准确，与实际不符，有些项目漏项等问题，分包商往往就此提出索赔或变更，索赔或变更经公司批准停止施工。这不仅造成成本增加，而且由于索赔或变更的签发流程长而拖延了项目的进度。

1）产生原因：公司CEG在招标投标办法中规定投标者以工程量清单和图纸为依据投标，分包合同为量价分离的单价合同，最后的分包合同总价是以实际发生的工程量乘以合同单价得出来的总价。这样的话一旦招标工程量清单不准确或不全甚至错误的话，就会造成在实施过程中索赔或变更增多，分包合同总价难以控制，甚至由于索赔或变更的签发权不在项目经理，流程较长，而对项目进度造成一定的影响。

2）解决措施：改变招标策略和分包合同模式，在招标文件中规定招标文件中提供的工程量清单仅供投标者参考，投标者应该在投标前实地踏勘，以图纸为投标报价的依据，投标者自行承担工程量计算不准确和漏项的风险，分包合同改为固定总价合同，除非设计图纸有改变，否则分包商不能索赔。将风险大部分转嫁给分包商，以控制项目工程成本，最大限度地保护公司的利益，也利于分包商的工程实施管理。

练一练

8.3-1　FIDIC合同条件规定，合同的有效期是指从合同签字之日起到（　　）日止。

A. 颁发工程移交证书
B. 颁发解除缺陷责任证书
C. 承包人提交给发包人的“结清单”生效
D. 工程移交证书注明的竣工之日

8.3-2 FIDIC 合同条件规定的“暂列金额”特点之一是（　　）。
A. 该笔费用的金额包括在中标的合同价内
B. 发包人有权根据施工的实际需要控制使用
C. 此项费用的支出只能用于中标承包人的施工
D. 工程竣工前该笔费用必须全部到位

8.3-3 在 FIDIC 合同条件中，（　　）属于承包人应承担的风险。
A. 施工遇到图纸上未标明的地下构筑物
B. 社会动乱导致施工暂停
C. 专用条款内约定为固定汇率
D. 施工过程中当地税费的增长

8.3-4 FIDIC 合同条件规定：当颁发部分工程移交证书时，（　　）。
A. 不应返还保留金
B. 应退还一半保留金
C. 应退还该部分工程占合同工程相应比例保留金的一半
D. 应全部退还保留金

8.3-5 FIDIC 合同条件规定，（　　）之后，工程师就无权再指示承包人进行任何施工工作。
A. 颁发工程移交证书　　B. 颁发解除履约证书
C. 签发最终支付证书　　D. 承包人提交结清单

8.3-6 FIDIC 合同条件规定，工程师视工程进展情况，有权发布暂停施工指令。属于（　　）的暂停施工，承包人可能得到补偿。
A. 合同中有规定
B. 由于不利的现场气候条件影响
C. 为工程施工安全
D. 现场气候条件以外的外界条件或者障碍导致

8.3-7 FIDIC 合同条件规定，在颁发整个合同工程的移交证书后 7 天内，承包人应向工程（　　）。
A. 最终报表　　B. 竣工报表
C. 结清单　　D. 临时支付报表

8.3-8 FIDIC 施工合同条件规定的合同文件组成部分包括（　　）。
A. 规范　　B. 图纸
C. 资料表　　D. 投标保函
E. 中标函

8.3-9 FIDIC 施工合同条件规定的“不可预见物质条件”范围包括（　　）。
A. 不利于施工的自然条件　　B. 投标文件未说明的污染物影响

C. 不利的气候条件　　　　　　　　D. 投标文件未提供的地质条件
E. 战争或外敌入侵

8.3-10 FIDIC施工合同条件规定的“指定分包商”，其特点为（　　）。
A. 由发包人选定并管理
B. 与承包人签订合同
C. 其工程款从工程量清单中的工作内容项目内开支
D. 承担不属于承包人应完成工作的施工任务
E. 由承包人负责协调管理

8.3-11 在FIDIC合同条件中，工程接收证书的主要作用有（　　）。
A. 指明竣工日期
B. 转移工程照管责任
C. 作为办理竣工结算的依据
D. 意味着承包人与合同有关的实际义务已经完成

8.3-12 在FIDIC合同条件中，对于颁发工程移交证书的程序，下列提法正确的有（　　）。
A. 工程达到基本竣工要求后，承包人以书面形式向工程师申请颁发移交证书
B. 工程师接到申请后的28天内，如认为已满足基本竣工条件，即可颁发证书
C. 如工程师认为没有达到基本竣工条件则指出还应完成哪些工作
D. 承包人按工程师指示完成相应工作并得到其认可后，需再次提出申请
E. 承包人按工程师指示完成相应工作并得到其认可后，不一定需要再次提出申请

模块回顾

1. 国际建设工程通常是指一项允许由外国公司来承包建造的工程项目，即面向国际进行招标的工程。国际建设工程包含咨询和承包两大行业。

2. 国际建设工程承包合同即指国际建设工程的参与主体之间为了实现特定的目的而签订的明确彼此权利义务关系的协议。按工程项目管理模式和计价方式，这些标准合同大致可以分为：①总价合同；②单价合同；③成本补偿合同；④设计—建造及交钥匙合同；⑤CM合同（风险型），即英国的管理承包合同。

3. 所谓国际惯例，是指在国际经济交往实践中逐渐形成的习惯做法。它们最初为某些国家所反复使用，而后又渐被各国所接受、沿用，成为国际经济交往过程中公认的行为规范。我国的法律明确规定：“凡是我国法律未作明确规定的，可以适用国际惯例。”

4. FIDIC即国际咨询工程师联合会（Fédération International Des Ingénieurs-Conseils）的法文缩写。FIDIC专业委员会编制了一系列规范性合同条件，构成了FIDIC合同条件体系。FIDIC系列合同条件具有国际性、通用性和权威性。

5. NEC是由英国土木工程师协会ICE编制的工程合同体系。NEC合同条件具有如下特性：①适用范围广；②灵活性体现了自助餐式的合同条件；③为项目管理提供动力；④简明清晰。

6. AIA是美国建筑师学会（American Institute of Architects）的简称。AIA合同比较复杂，包括了建设项目中的各类合同。

AIA 系列合同的特点如下：

1）AIA 合同条件主要用于私营的房屋建筑工程，并专门编制用于小型项目的合同条件。

2）AIA 出版的系列合同文件在美国建筑业界及国际工程承包界，特别在美洲地区具有较高的权威性，应用广泛。

3）AIA 系列合同条件的核心是“通用条件”。AIA 合同文件的计价方式主要有总价、成本补偿合同及最高限定价格法。

利用所学知识分析下面案例：

甲乙公司为外国公司丙公司所投资之两子公司，乙公司以自己名义进行招标投标工作，并收取招标押金，为甲公司采购原料，丁公司得标，乙公司以丙公司的名义向丁公司发出得标通知书。整个过程并没有甲公司书面授权。后丁公司与甲公司联系，由甲公司以向丁公司发订单的形式，分批订货，丁公司发货，双方未签订合同。后因原料价格下降，甲公司向丁公司不再下订单，现在丁公司欲起诉甲乙丙三家公司，要求继续履行。请问其有几成把握，甲乙丙三家公司分别应承担什么责任？他们如何应诉比较有利？

附　　录

附录一　电子招标投标概述

一、电子招标投标系统

电子招标投标是指招标投标主体按照国家有关法律法规的规定，以数据电文为主要载体，运用电子化手段完成的全部或者部分招标投标活动，主要包括电子招标、电子投标及电子开评标三大板块。电子招标投标系统由电子招标投标交易平台、公共服务平台和行政监督平台三大平台构成。

招标投标制度发展至今已经是我国工程建设行业中的重要内容，并已经有了较好的成果。随着我国经济的深化和改革，各行各业的改革是非常有必要的。电子化招标投标就是传统招标投标制度的改革及发展趋势，也是促进招标投标制度可持续发展的基础。

1. 工程建设电子化招标投标的意义

从国内外电子招标投标的大量实践来看，推行电子招标投标是招标投标的必然趋势。电子招标投标采用信息技术开展招标投标活动，其相对于传统的纸质招标投标而言，具有高效、低碳、节约、透明等优点。电子招标投标系统有利于建立市场信息一体化共享体系，有利于充分发挥社会监督和主体自律作用，有助于转变行政监督方式，有利于规范招标投标秩序，促进公开、公平、公正交易。

推行电子招标投标有助于转变和规范行政监督方式，加强社会监督，弱化审批管理，建立招标投标主体在信息公开透明的阳光下自主决策、自我运营、自觉守法的自我约束机制为建设社会诚信和防腐体系提供强有力的技术支撑。

市场的开放度取决于社会的诚信度，社会的诚信度取决于社会的道德水准和法制化程度，而社会的道德水准和法制化程度又依赖于社会信息的透明度。所以，招标投标市场的一体化取决于招标投标信息的一体化。这是推行电子招标投标的根本理由和最重要的意义。

1）实行电子招标投标使招标投标信息更加公开、透明。招标投标活动中涉及的所有环节均可在网上进行，投标人可以登录电子平台匿名下载资格预审文件、招标文件等相关资料，免除了以前传统的纸质报名环节，既可起到保密作用，也可以防止招标人及代理机构在报名环节排斥或偏袒某些投标人的行为，增加了招标投标的公正性，客观上提高了竞争性，增加了透明度，提升了公信力，有利于构建公开、公平、公正的交易市场。

2）投标人使用计算机来制作和修改投标文件，可以节约时间、降低成本、提高效率。招标人使用电子平台招标，系统可以如实记载并保存整个招标投标的各个环节，更加方便保存和调阅招标投标资料。实行电子化招标投标，投标人从网上报名下载招标文件开始到制作投标文件等各个环节均可留痕，且不可更改，这对监管部门查处围标串标行为提供极大便利，极大地提高了招标的规范性。

3）电子招标投标是全程电子化，能够缩短招标项目采购周期，节约采购活动的时间，提高采购效率。目前招标投标活动中要求提交资格预审文件和投标文件的数量可达1正本6副本，而在实际过程中投标人往往要准备10份文件以防不时之需。以每份文件2kg计算，如果一个项目有十家投标人，则会使用纸张约200kg。电子招标投标系统使招标投标项目审批全程网络化、无纸化，招标人只需通过互联网上传相关审批文件。投标人全天24小时都可在互联网上报名、下载相关文件并及时做好投标书上传工作，不仅节省了车马费，还节约了制作纸制标书的大量纸张。《中华人民共和国电子签名法》中明确规定了电子签名具有和纸质签字一样的法律效力，也为电子招标投标的推广创造了有利的法律依据和外部环境。

4）加强监督。使用计算机程序化操作，减少了人为因素，有利于招标投标中的公平竞争，预防腐败现象的发生。招标投标信息在公共平台上发布，所有的投标人都能实时看到招标文件、补充修改、中标公示等信息，最大限度发挥招标投标各方的相互监督和社会监督作用。

电子招标投标因具有低成本、高效率、透明化的优点，正在逐步引领国际公共采购发展的潮流，也必将为我国招标采购事业的发展注入新的活力。

2. 电子招标投标的模式及发展趋势

（1）我国电子招标投标的模式　我国对电子招标投标主要分为3种模式。

1）政府主导模式：以北京等地为代表，由政府招标投标综合职能部门牵头，会同有关部门直接主导，交易场所、技术支持单位协同工作。综合职能部门牵头制定相关政策和管理办法，选择建设和运行维护技术支持单位，组织实施方案并全程指导、协调、管理，将全部依法招标项目统一在一个平台上实施。

2）交易场所主导模式：以深圳、南京等地为代表，由交易场所牵头，政府部门指导，制定运行规则，自主选择建设和运行维护的技术支持单位，实施电子化招标，并提供相应的服务，将本交易场所覆盖的项目纳入实施范围。

3）招标代理机构主导模式：以上海宝华国际招标有限公司等单位为代表，由招标代理机构作为建设单位，自主决策、自行管理、自定运行规则和技术标准，提供电子化招标平台，为本代理机构所代理的项目提供服务。

3种模式的共同点是政府部门、技术支持单位和交易场所各方分工协作，区别在于决策管理和推进实施的范围、标准、力度有所差异。从政府部门对招标投标活动的职能分工及监管方式的创新、各种模式实际应用效果以及电子招标投标的发展趋势看，逐步形成全国统一电子招标投标体系是电子招标投标发展的必然要求。

（2）我国电子招标投标存在的问题

1）电子招标投标建设标准不够统一。目前，我国电子招标投标在技术、管理和业务上存在较大差异，系统建设、安全认证、流程操作甚至文本格式等都缺乏统一的技术标准和规范。电子招标投标文件制作工具及数据电文文件格式迥异，没有统一的建设标准，平台之间互不兼容，难以实现资源共享，这就造成各地区、各行业间各自为政，甚至重复建设。同时缺乏统一协调机制，势必形成新的区域屏障、市场封锁和技术壁垒。

2）电子招标投标推行方式认识不一。由于电子招标投标在我国是一项新型业务形态，还没有固定统一的发展模式，加上各地行政主管部门的条块分割和职责分工，全国各地大多是在招标投标主管部门指导下，依托本地交易资源、监管力量的实际情况推行电子招标投标。

3）电子招标投标现有系统设计待调。有待对现有系统中的招标投标交易功能模块、公共服务功能模块和行政监督功能模块进行拆分、剥离，建设形成相互独立但又互联互通、信息共享的工作平台。尤其是电子招标投标交易平台应当独立于行政监督部门，且交易平台的建设、运营应交由市场来进行调节。

合理的电子招标投标平台，应根据各地招标投标实际情况创新建设具有地域、行业特色的电子招标投标，且体现开放性，以解决资源共享的问题。这一做法可促进全国各地电子招标投标百花齐放、百家争鸣的局面；有效避免了不同城市建设、运行多个交易平台带来的投资增加、资源分散和效率低下的问题；也避免由全国或全省统一建设带来的系统庞大、操作冗繁、运营复杂等问题。(《电子招标投标系统技术规范》)

（3）工程建设电子化招标投标的发展趋势

1）制定有效的电子化招标投标制度和规范。依据法律规定规范电子化招标投标的过程，将其能够真实、可靠地反映出来，使电子化招标投标过程中的各个程序都能够相互整合、兼容协调地运行。电子化招标投标系统使用的是电子信息技术，能够有效地使招标人规范、便捷地进行招标采购任务和满足招标项目之后的信息管理需求，系统保障了招标信息的开放性和及时性，所以就要使用法律来保障投标、评标等方面的安全性和保密性；保障电子化的招标文件和操作流程只能由指定的人员在指定的时间阅读和修改，不可对其进行任意修改或者销复。

2）创建电子化招标投标交易平台。创建电子化招标投标交易平台可使不同的电子化招标项目与服务管理系统相互连通，使招标信息及公共性的交易实时共享且具有开放性。同时，需要创建科学、有效的招标投标管理和监督机制，规范管理方式，使其成为全面、实时性的信息网络服务平台。只要是与招标投标相关的管理部门、人员，都要进行身份加密；在互联网上进行招标投标时，相关人员也应进行身份加密，保障招标投标的安全性及保密性。

二、“互联网+”招标采购

对招标投标长期困惑的基本原因是市场没有建立一体化信息共享体系，以至于无法建立一体化的市场公平竞争机制及其诚信自律体系。受传统体制分割和传统纸质媒介传播信息的局限，招标市场信息长期处于分割、分散、静态、单向、独享的传播状态，这种状态导致无法实现立体流通、双向互动、动态跟踪、聚合共享和对称公开，因此就难以满足市场统一开放、公平竞争、主体自律以及公众监督的基本要求。在招标投标交易和合同履行中，各个部门、各个环节都处于相互分制独立的状态，但是它们之间又必须相互对接交合。由于信息割裂、静态、封闭，各自无法联通交互、核实印证、比较分析和动态跟踪其项目实施全过程及其市场交易信息，以致市场中存在许多漏洞、黑色通道和壁垒障碍。这些障碍大大地增加了市场主体获取真实信息和公平竞争的难度，使市场虚假和黑色信息、暗箱操作不但大有可乘之机，还限制了行政和公众公开聚合监督、客观判断及有效惩防的实施，削弱了市场主体诚信自律的外部约束，使得违法失信行为能够轻易逃避惩戒。

公开、公平、公正和诚实信用是招标投标市场的核心价值，开放、互联、透明、共享是互联网的优势特征，这两者的“先天”优势决定两者需要相互融合。只有这样才能建立一体化开放共享的市场信息体系；才能够真正实现招标投标市场信息互联互通、动态跟踪、透明高效、开放共享、永久追溯、立体监督的优势；才能突破市场信息条块分割、静态、封闭单向传播的困境，逐步消除真伪难辨、暗箱操作、弄虚作假、违法失信等市场扭曲现象。

同时，“互联网 +”和电子招标投标的深度融合，会改变传统纸质招标投标的业务运行和组织的管理模式，改变独立分散、隔离、单向、独享、静态、简单、粗放的运行和管理状态；改造、完善电子招标投标系统及其交易平台，大力推进交易平台市场化、专业化和集约化发展，改变和消除各种技术壁垒、独立孤岛、简单流程和“人机重复”的低水平、低效率运营状态。

因此，应当使市场化与专业化、标准化与个性化相互结合，按照开放、互联、共享、透明、高效、融合的要求，努力推进互联网技术、招标采购业务和组织监管体系三者之间的深度融合，使其协同一体、高效运行。

三、建设工程电子招标投标流程简介

1）发布招标公告，流程如图 F-1 所示。

2）在线投标报名，流程如图 F-2 所示。

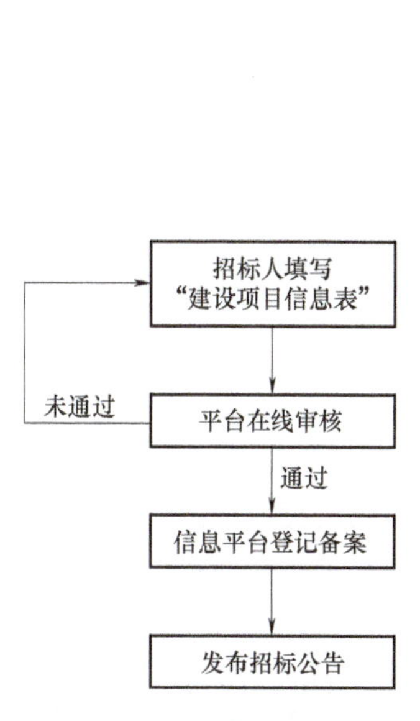

图 F-1　发布招标公告的流程

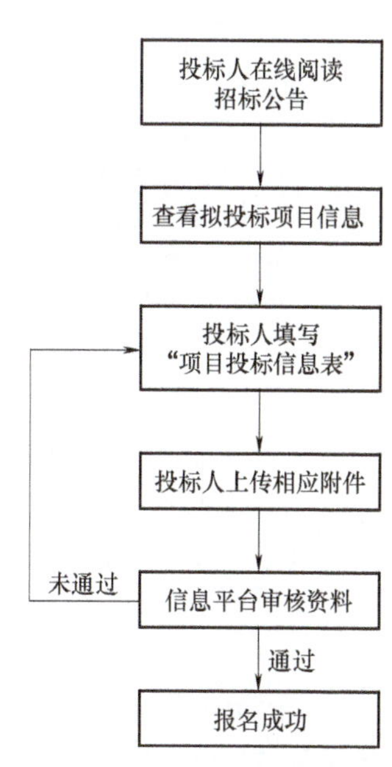

图 F-2　在线投标报名的流程

3）在线提交投标文件，流程如图 F-3 所示。

4）在线抽取专家，流程如图 F-4 所示。

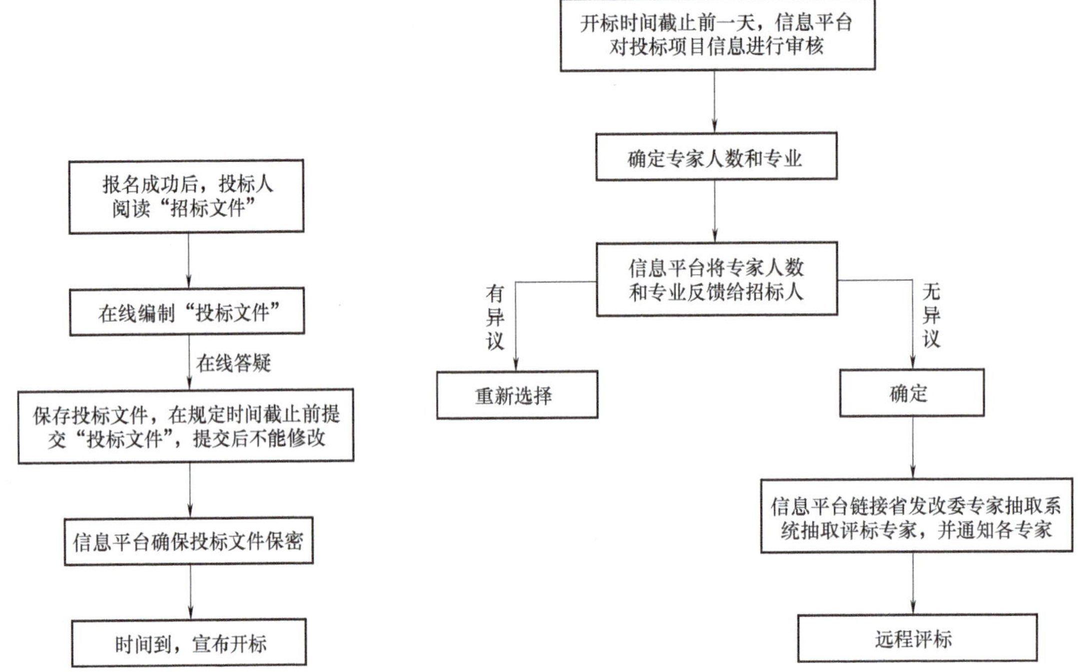

图 F-3　在线提交投标文件的流程

图 F-4　在线抽取专家的流程

5）在线评标，流程如图 F-5 所示。

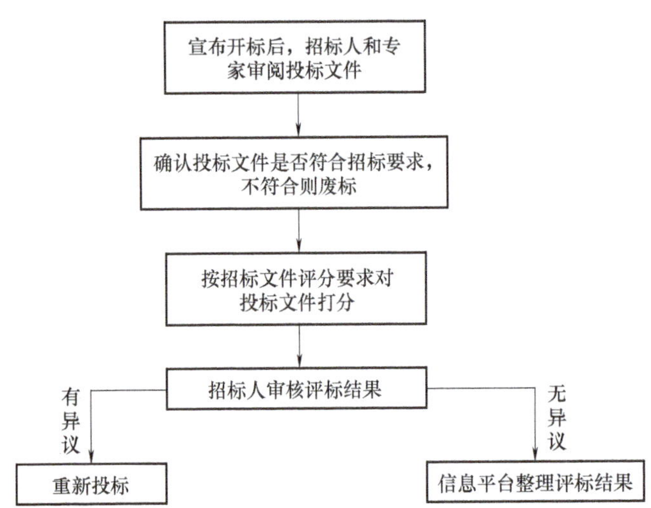

图 F-5　在线评标的流程

6）在线公示，流程如图 F-6 所示。

7）在线签订合同，流程如图 F-7 所示。

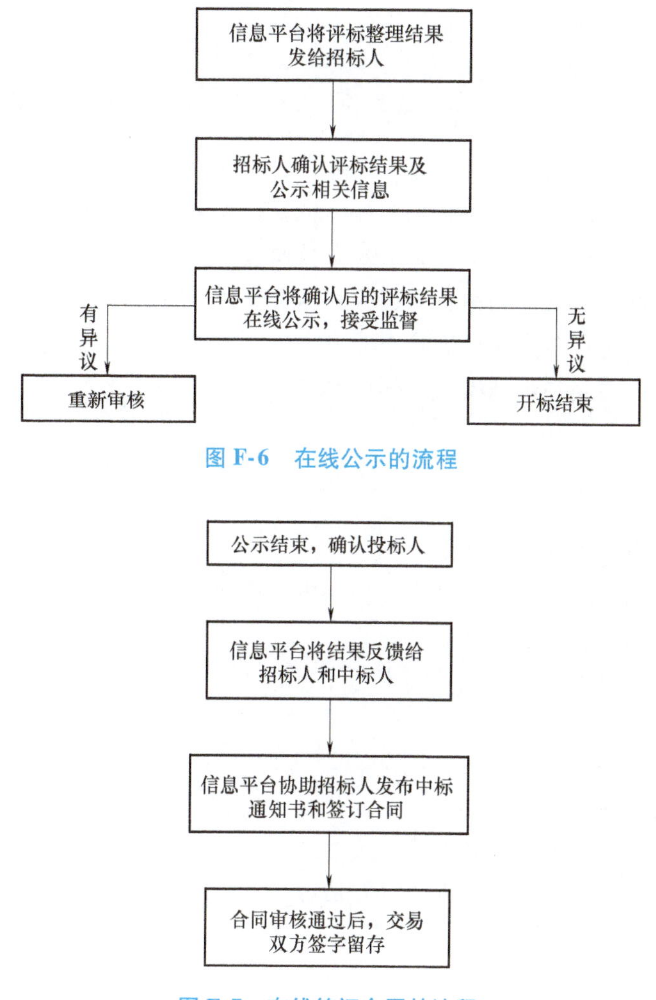

图 F-6 在线公示的流程

图 F-7 在线签订合同的流程

附录二 电子招标投标综合实训

电子招标投标综合实训是“建筑工程招投标与合同管理”课程实践环节的重要组成部分，是建筑工程造价、工程（项目）管理、建筑施工技术专业的一门专业技能课程。该课程以建筑工程招标投标理论为架构，以建筑工程招标投标流程构件、功能构件的相关信息数据为基础，进行工程招标投标管理行为模型的建立，通过一系列实训辅件，以仿真方式模拟工程招标投标过程管理所具有的真实信息。电子招标投标管理行为模型可以集结工程招标投标与合同管理利益相关各方团队，通过一系列招标投标工作任务，全面再现工程招标投标管理全过程。目前，该课程教学过程采用任务驱动式教学方法，将招标投标各阶段的工作任务化，学生组建招标投标项目团队研究、分析任务点，形成招标投标决策方案，通过电子招标投标相关软件工具，实现电子招标投标线上业务模拟 + 线下技能实操的功能，全面强化学生就业岗位的业务与技能锻炼。

一、课程教学目标

专业能力目标

1）熟悉电子招标投标的业务流程、各阶段主要工作及时间把控。
2）掌握电子招标投标业务中招标文件、投标文件的编制方法和编制技巧。
3）熟悉电子招标投标工作岗位分工及岗位职责。
4）了解并熟悉招标投标相关企业、人员各类证件资料内容。
5）具备编制和制订工程合同条款的能力。
6）具备进行工程招标投标风险管理的能力。

社会能力目标

1）能初步适应建筑行业的环境。
2）具有较强的招标投标项目组织能力和团队协作能力。
3）具有较强的与人沟通和交流的能力。

情感目标

1）培养学生细致、耐心、一丝不苟的工作作风。
2）培养学生语言表达能力及社交能力。
3）锻炼学生逻辑思维能力及动手操作能力。

二、课前准备

1）投影仪、教师用计算机和授课PPT。
2）学生用实训计算机配置及软件要求如下：
① IE浏览器8及以上。
② 安装Office2007办公软件及以上版本。
③ 计算机操作系统：Windows7、Windows8或Windows10。
④ 广联达电子招投标沙盘执行评测系统V3.0。
⑤ 广联达电子投标文件编制工具V6.0。
⑥ 广联达电子招标文件编制工具V6.0。
3）机房内网或校园网内网环境。
4）工程招标投标实训教材、签字笔、广联达软件加密锁。

三、实践任务

（一）实训目的

1）通过案例，结合基础知识点，让学生掌握项目招标投标应具备的条件，学会分析如何选择招标方式。

2）通过招标计划的编制，让学生熟悉完整的招标投标业务流程及时间控制。

（二）实训任务

任务一　确定招标组织方式；进行招标条件、招标方式的界定。

任务二　编制招标计划

任务三　编制一份电子版招标文件

任务四　编制一份电子版投标文件

（三）角色扮演

招　标　人

1）招标人即建设单位，由老师临时客串。

2）负责对招标代理公司提出的招标条件相关问题进行解答、出具相关证明资料。

招 标 代 理

1）每个学生团队组建一个招标代理公司。

2）承接招标人（或建设单位）的工程招标委托任务。

3）确认是否满足工程招标项目的招标条件。

行政监管人员

由每个学生团队中的项目经理指定一名成员，担任本团队的行政监管人员。

小贴士

如项目招标由招标人自行完成，则不设招标代理角色，由学生团队担当招标人。

（四）时间控制

建议学时为 2 ~3 学时。

任务一　确定招标组织方式；进行招标条件、招标方式的界定

备注：本任务适用于由招标代理完成招标工作的实训。

1. 确定招标组织形式

1）项目经理带领团队成员讨论，在熟悉招标工程案例背景信息的基础上，根据自己公司的企业性质、人力资源能力、招标工程建设信息等，对照项目招标条件、招标方式分析表，确定本次招标的组织形式。

2）市场经理负责将确定的招标组织形式结论记录到项目招标条件、招标方式分析表中。

2. 判断本工程是否满足招标条件

1）项目经理带领团队成员讨论，查看招标工程的案例背景资料，与项目招标条件、招标方式分析表里的招标条件进行对比，将满足招标条件的选项勾选出来；对不满足招标条件的，与招标人（或建设单位）沟通。

2）如果对招标人（或建设单位）提供的某些招标条件证明资料有疑问，可以随时和招标人（或建设单位）进行沟通解决。

3. 将确认后的结果录入到广联达电子招标投标沙盘执行评测系统

打开新建的案例工程，在“招标策划”模块中的“招标条件与招标方式”中录入项目

招标条件、招标方式分析表中确定的内容，如图F-8所示。

图F-8　录入广联达电子招标投标沙盘执行评测系统

任务二　编制招标计划

1. 熟悉招标计划的工作项内容及时间要求

1）项目经理组织团队成员，仔细研究招标计划工作项的内容，包括每一个工作项的备注说明含义，并熟悉每一个工作项的时间要求：开始日期、截止日期、与其他工作项的时间关联关系等。

2）打开已建好的案例工程，选择“招标计划”编制页面，如图F-9所示。

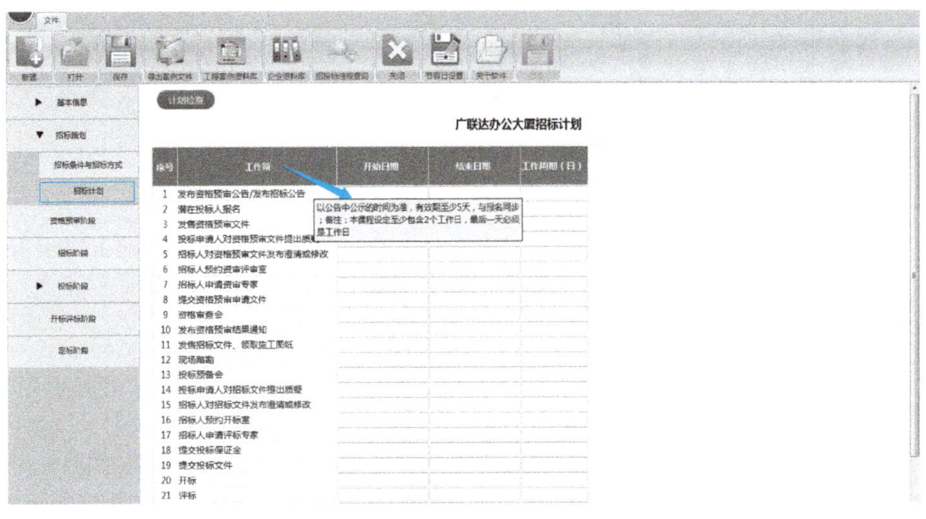

图F-9　打开已建好的案例工程

小贴士

了解招标计划编制的关键工作项及时间要求，其中软件已做注解，如鼠标指针放置在第一项“发布资格预审公告/发布招标公告”处，软件则出现“以公告中公示的时间为准，有效期至少5天，与报名同步；备注：本课程设定至少包含2个工作日，最后一天必须是工作日”，在“开始日期”与“结束日期”中按照工作项的要求录入合理的开始时间与结束时间，如图F-10所示。

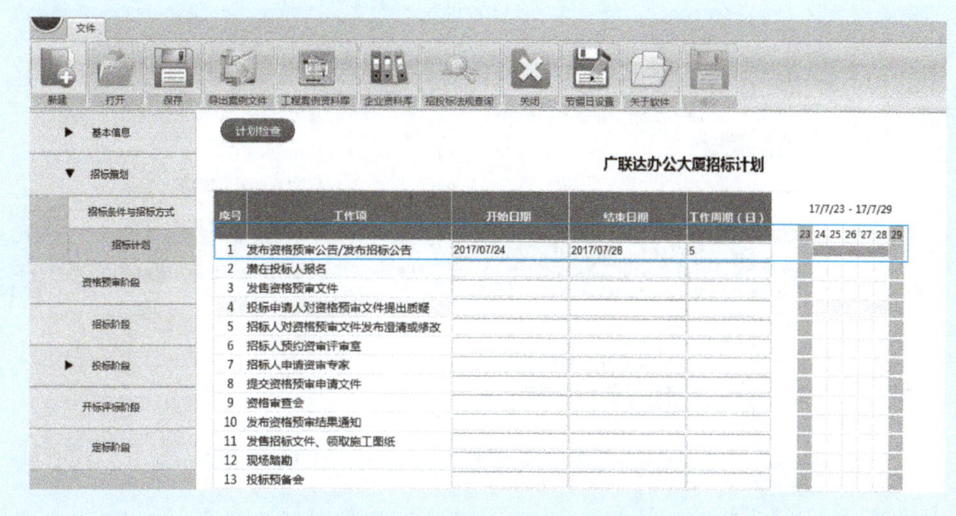

图 F-10　录入开始与结束日期

2. 完成本工程招标计划方案

1）每个团队的项目经理组织团队成员，共同完成一份招标计划。

2）招标计划编制操作说明如下。（以资格预审第1～10项为例）

① 打开广联达电子招投标沙盘执行评测系统V3.0中的招标计划编制页面，如图F-11所示。

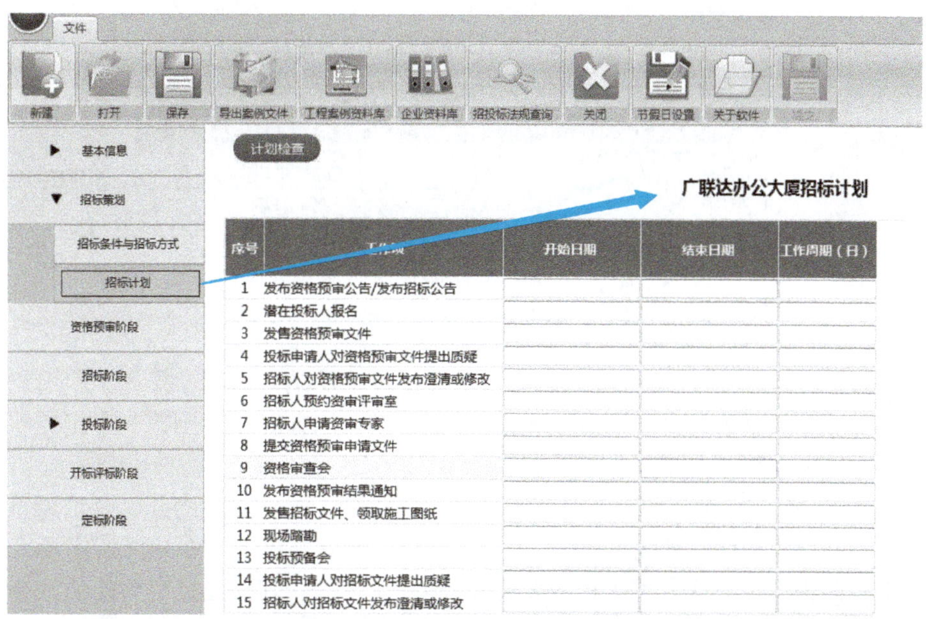

图 F-11　打开招标计划编制页面

② 确定第一个工作项"发布资格预审公告/招标公告"的开始及结束日期。开始日期来源于案例背景资料或授课老师的设定；如假设开始日期为 2017/07/24，按照工作项的有效期至少 5 天，且至少包含两个工作日，最后一天必须是工作日的要求，确定此工作的结束日期为 2017/07/28，结束日期如遇非工作日则需顺延，如图 F-12 所示。

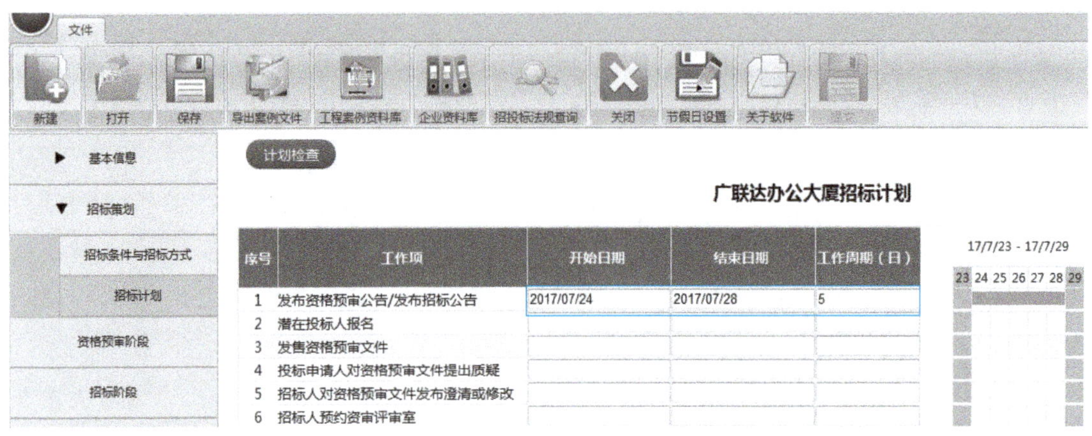

图 F-12 确定"发布资格预审公告/招标公告"的开始及结束日期

③ 确定第二个工作项"潜在投标人报名"的开始及结束日期。根据工作项的时间要求说明"以公告中公示的时间为准，公告期内进行，公告发布日期结束即截止报名"，则第二个工作项的开始与结束日期与第一个工作项相同，如图 F-13 所示。

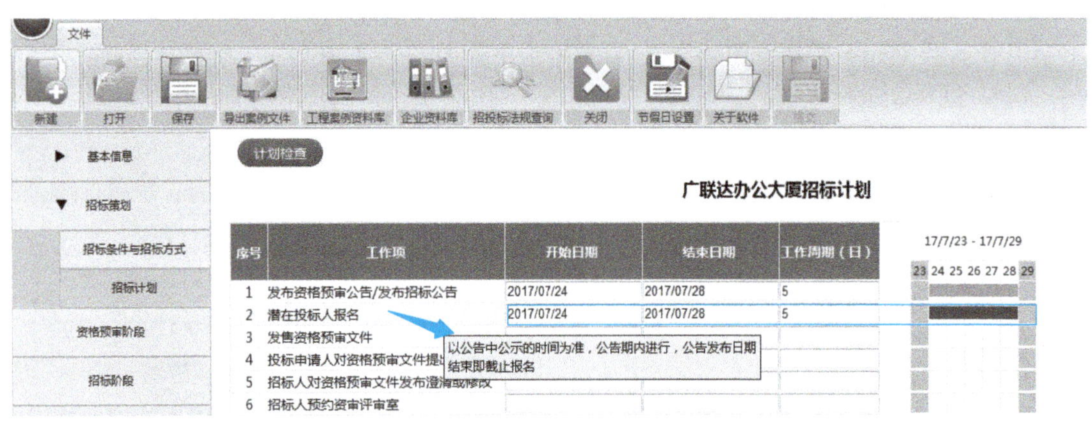

图 F-13 确定"潜在投标人报名"的开始及结束日期

④ 确定第三个工作项"发售资格预审文件"的开始及结束日期。根据工作项的时间要求说明"资格预审文件发售期不得少于 5 日，与公告、报名同步"，则第三个工作项的开始与结束日期同第一、第二工作项，如图 F-14 所示。

⑤ 确定第四个工作项"投标申请人对资格预审文件提出质疑"的开始及结束日期。根据工作项的时间要求说明"投标申请人对资格预审文件有异议的，在提交资格预审申请文件截止日 2 日前提出；备注：本工程假设投标人提出质疑"，则要先确定第八项工作"提交资格预审申请文件"的截止日期，因此该工作项的时间先空置，待确定第八项后再确定。

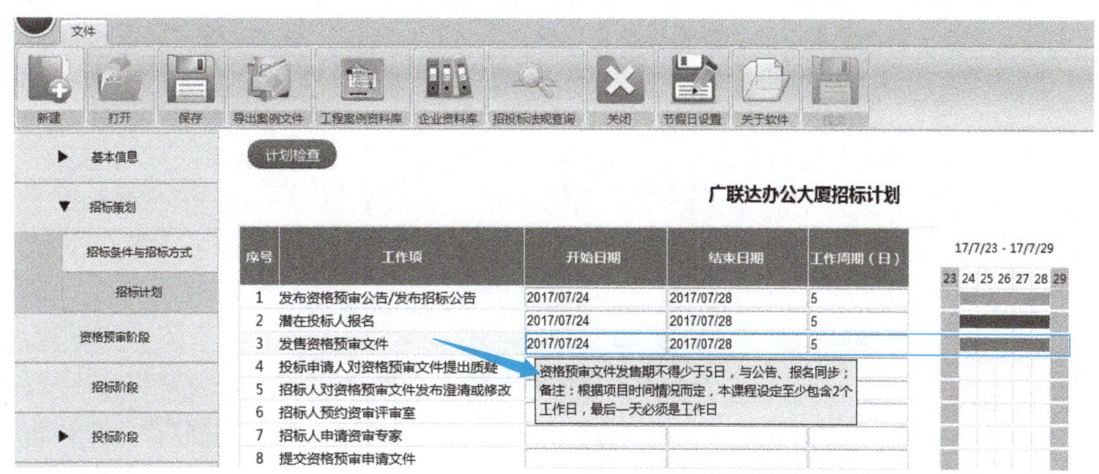

图 F-14　确定“发售资格预审文件”的开始及结束日期

⑥ 第五项工作的开始及结束日期与第四项工作同理，先空置，待确定第八项工作的开始及结束日期后再确定。

⑦ 确定第八项“提交资格预审申请文件”的开始及结束日期。按照工作项时间要求提示“提交资格预审申请文件的时间，自资格预审文件停止发售之日起不得少于 5 日；备注：即提交资格预审申请文件的截止时间，本课程设定至少包含 2 个工作日，最后一天必须是工作日”，则确定该项工作的结束日期为 2017/08/02，开始日期为 2017/07/24（因招标人一旦开始发售资格预审文件，潜在投标人最快可在领取资格预审文件同一天完成文件编制并可提交资格预审申请文件，则第八项的最早开始时间为 2017/07/24，与发售资格预审文件同一天），如图 F-15 所示。

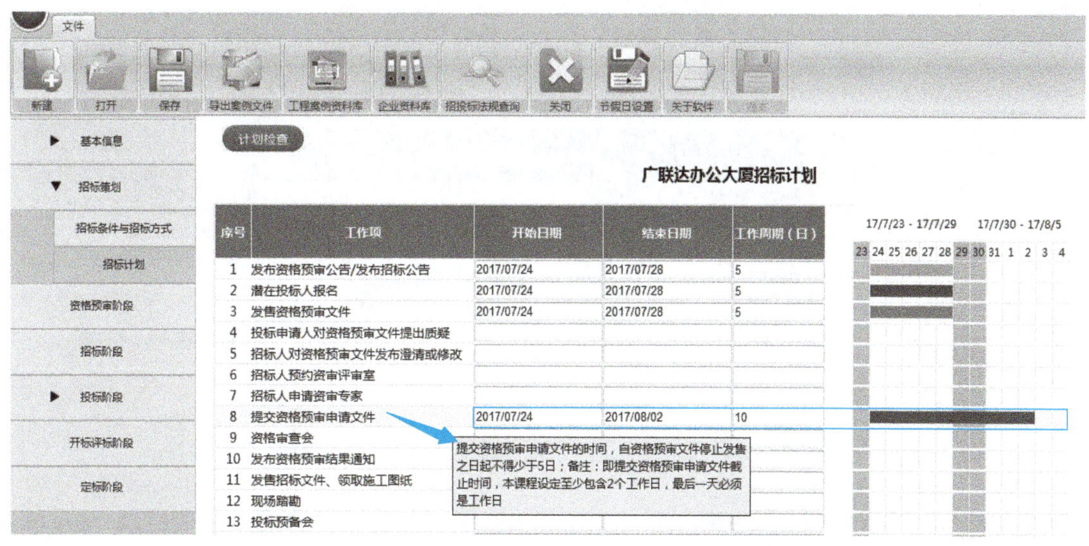

图 F-15　确定“提交资格预审申请文件”的开始及结束日期

⑧ 确定第九项“资格审查会”的开始及结束日期。根据工作项的时间要求说明“1天或更长，一般在资格预审申请文件递交截止后第二天进行；备注：本课程设定评审时间为1天”，则开始与结束日期均可选为2017/08/03，如图F-16所示。

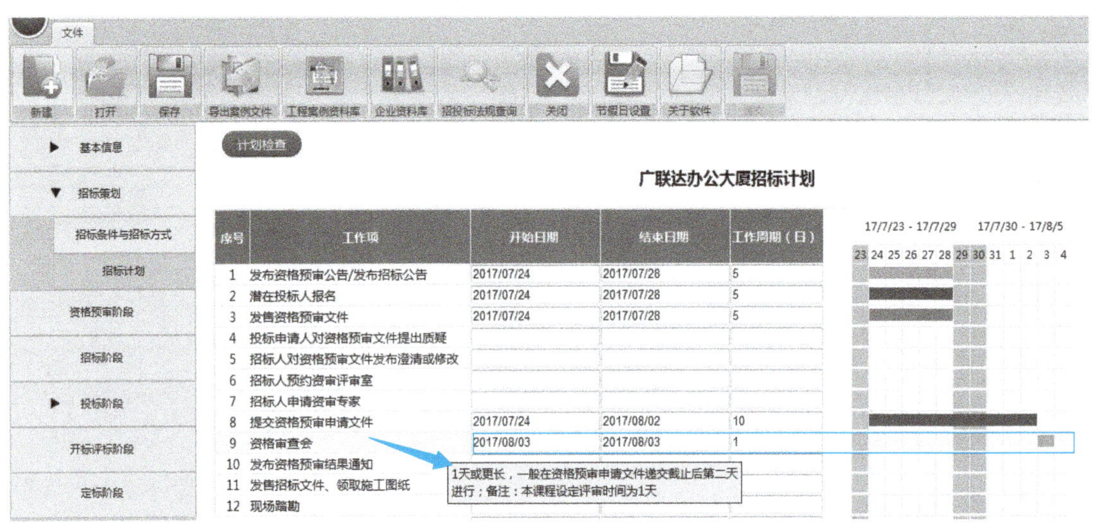

图F-16 确定“资格审查会”的开始及结束日期

⑨ 确定第四项“投标申请人对资格预审文件提出质疑”的开始及结束日期。根据第八项工作的结束日期，投标申请人最早可在拿到资格预审文件当天提出质疑，则确定第四项工作的开始日期为2017/07/24，结束日期为2017/07/31，如图F-17所示。

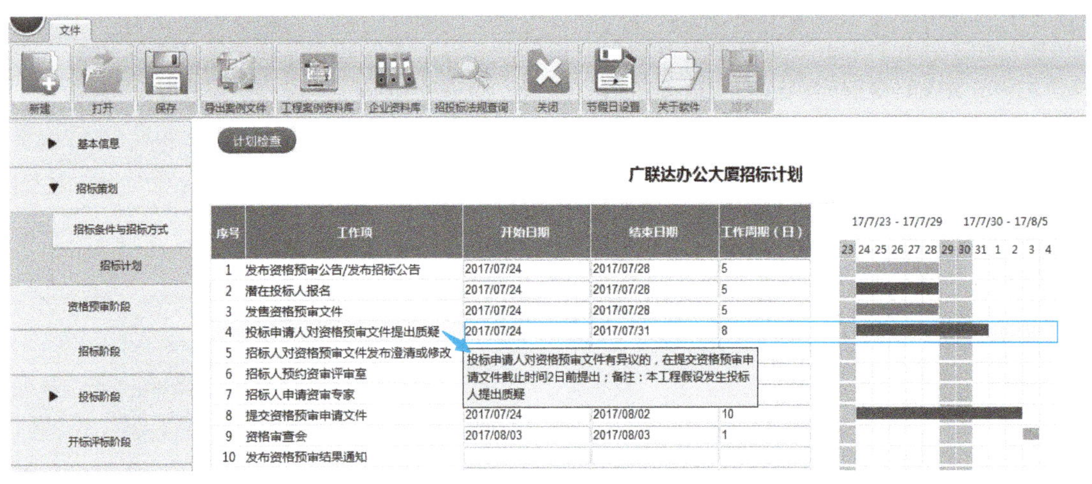

图F-17 确定“投标申请人对资格预审文件提出质疑”的开始及结束日期

⑩ 确定第五项“招标人对资格预审文件发布澄清或修改”的开始及结束日期。根据第八项工作的结束日期，则确定第五项工作的开始日期为2017/07/24，结束日期为2017/07/30，如图F-18所示。

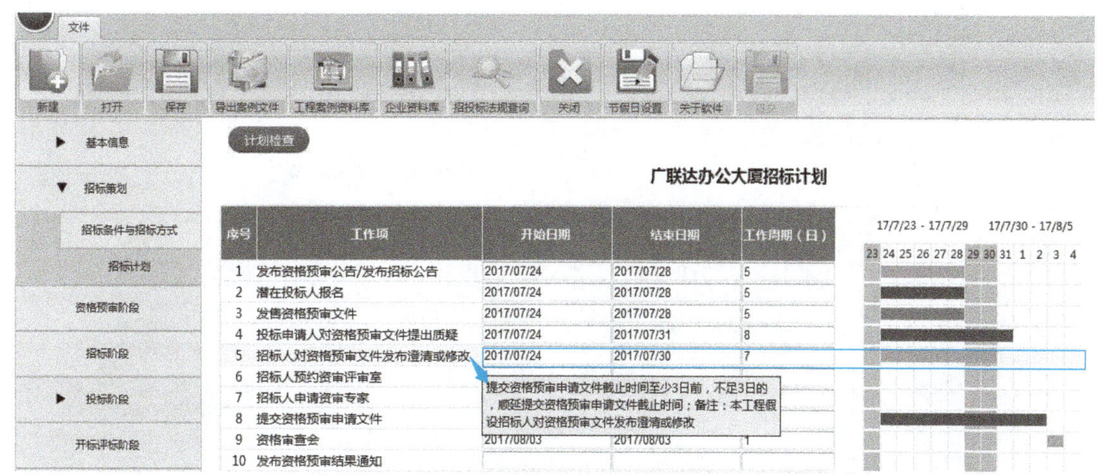

图 F-18　确定“招标人对资格预审文件发布澄清或修改”的开始及结束日期

⑪ 确定第六项“招标人预约资审评审室”的开始及结束日期。综合考虑第九项工作的开始及结束日期与该项工作的时间要求，确定第六项工作的开始日期为 2017/07/31，结束日期为 2017/07/31，如图 F-19 所示。

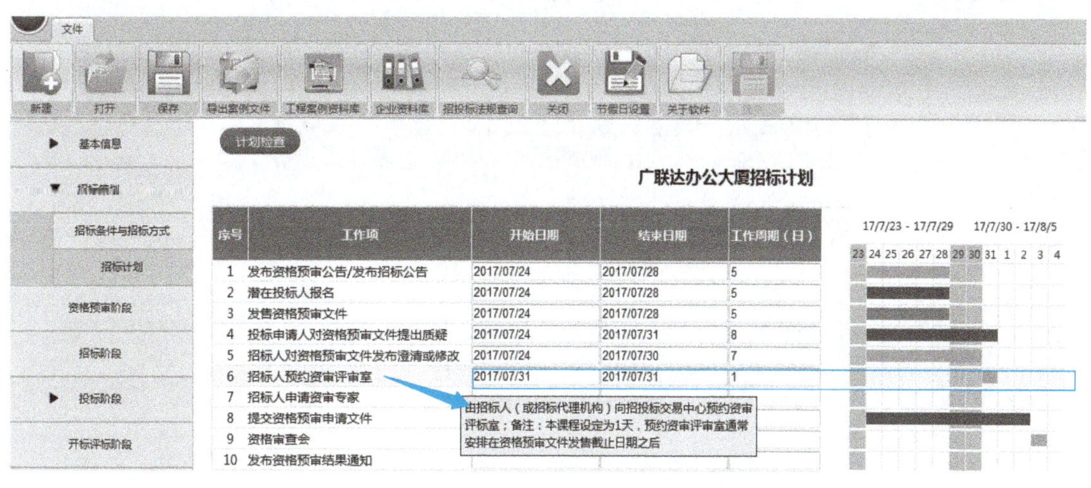

图 F-19　确定“招标人预约资审评审室”的开始及结束日期

⑫ 确定第七项“招标人申请资审专家”的开始及结束日期。综合考虑第九项工作的开始及结束日期与该项工作的时间要求，确定第七项工作的开始日期为 2017/08/02，结束日期为 2017/08/02，如图 F-20 所示。

⑬ 确定第十项“发布资格预审结果通知”的开始及结束日期。综合考虑第九项工作的开始及结束日期与该项工作的时间要求，确定第十项工作的开始日期为 2017/08/04，结束日期为 2017/08/04，如图 F-21 所示。

⑭ 按照相同思路确定剩余工作项的开始与结束日期，最终完成一份合理的招标计划。

注：招标计划的编制，没有唯一的标准答案，在满足招标投标相关法律法规及工作项提示内容的基础上，合理即可。

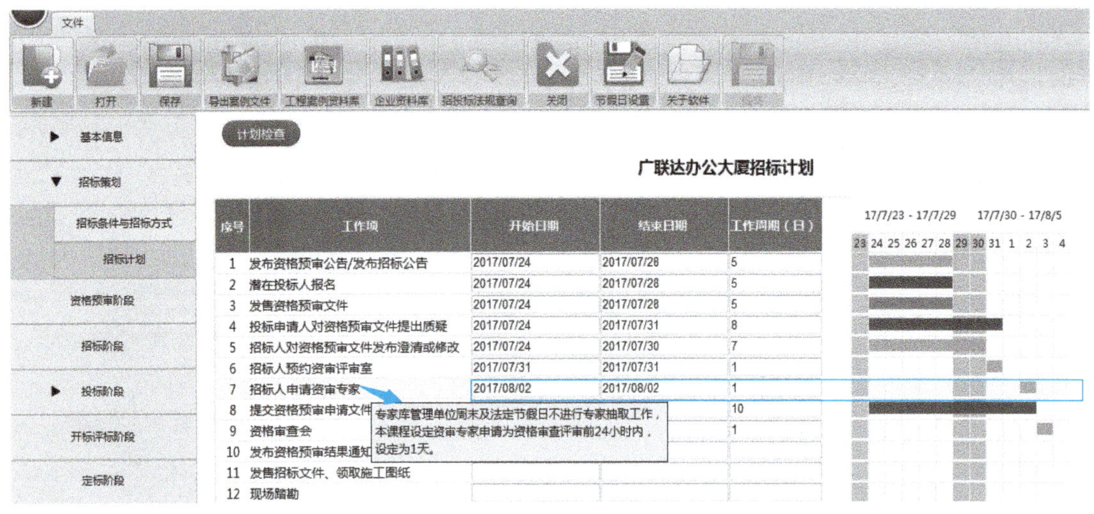

图 F-20　确定“招标人申请资审专家”的开始及结束日期

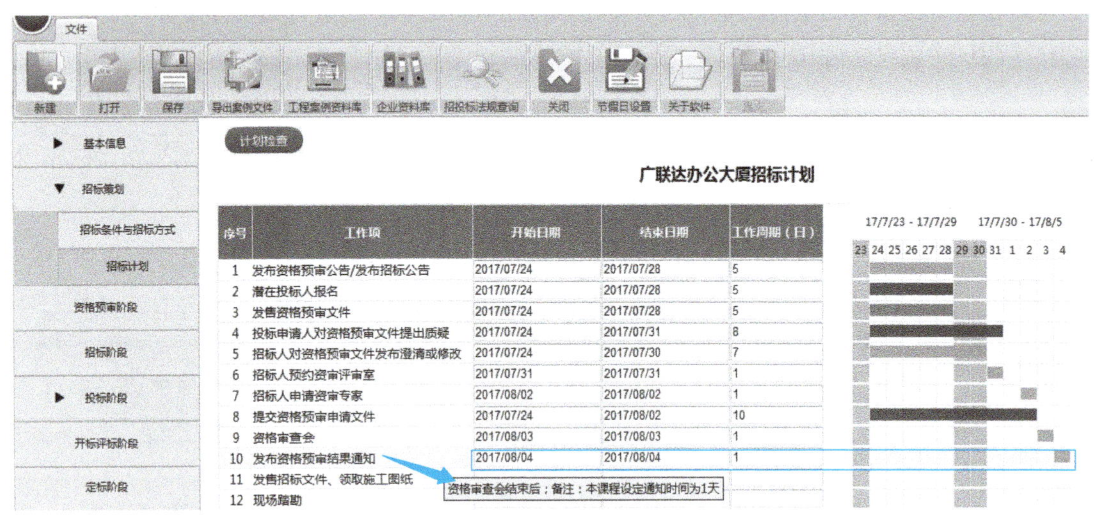

图 F-21　确定“发布资格预审结果通知”的开始及结束日期

3. 成果提交

每个团队生成一份招标策划成果文件，由项目经理将招标策划成果文件提交给老师。

1）练习模式。

① 在练习模式下，确定所有工作项的开始与结束日期后，先对小组的招标计划进行“计划检查”，检查出有误的工作项按照提示进行调整，直至无误，如图 F-22 所示。

② 检查无误后，保存招标计划，如图 F-23 所示。

2）比赛模式。

招标计划编制完成，自行检查确认无误后，单击“提交”按钮。一旦单击“提交”按钮，将无法再对文件内容进行修改。

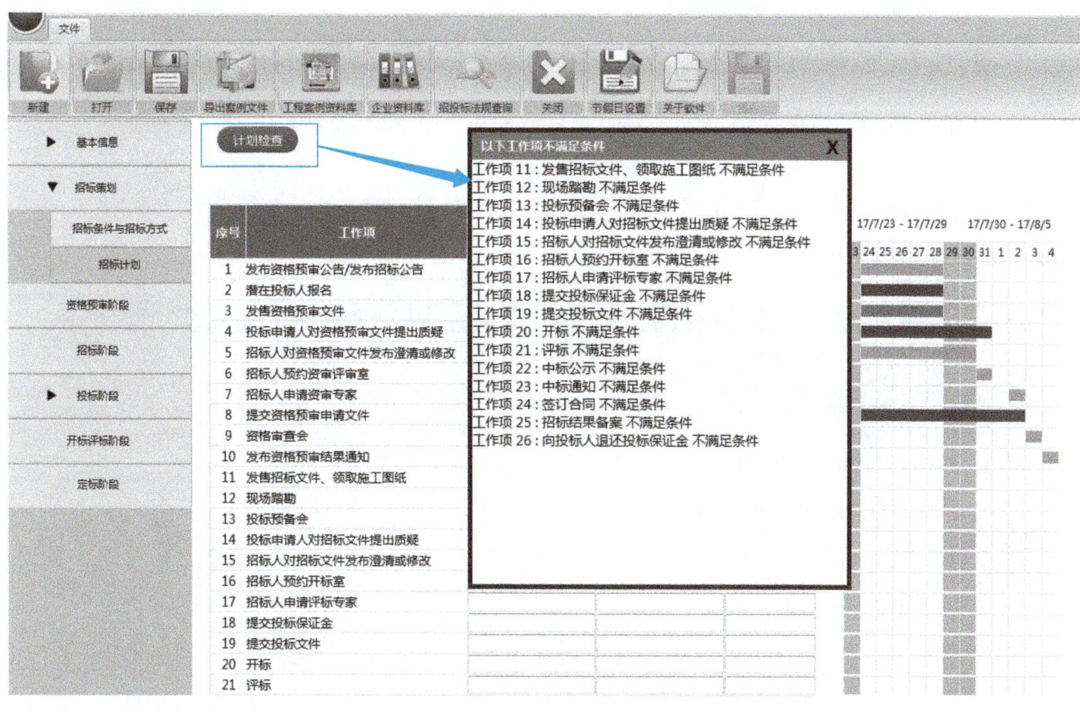

图 F-22　进行“计划检查”

图 F-23　保存招标计划

任务三 编制一份电子版招标文件

由项目经理组织团队成员，共同完成一份电子版招标文件，操作说明如下：

1）打开广联达电子招标文件编制工具V6.0，如图F-24所示。

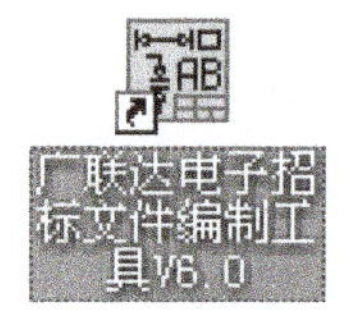

图F-24 广联达电子招标文件编制工具V6.0

2）单击“新建项目”，选择“房屋建筑和市政工程标准施工招标文件2017年版”，如图F-25所示。

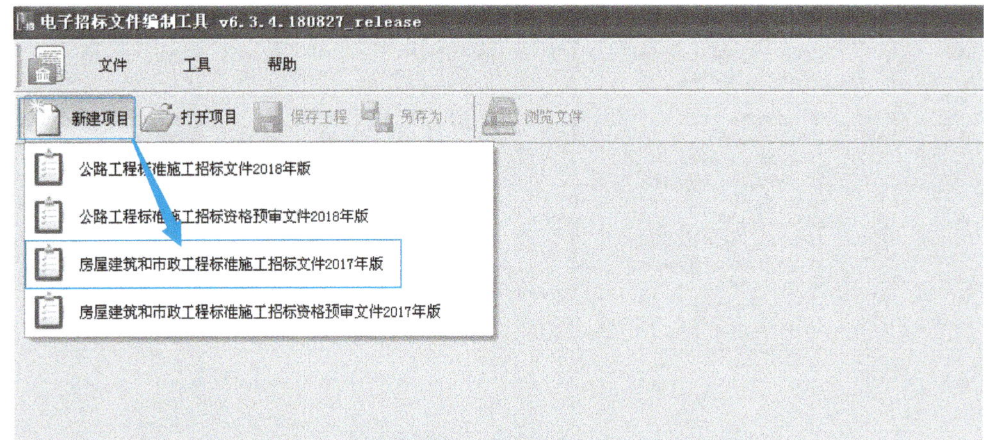

图F-25 打开“房屋建筑和市政工程标准施工招标文件2017年版”

3）选择招标文件的保存位置，保存后即可进入招标文件的编制界面，如图F-26所示。

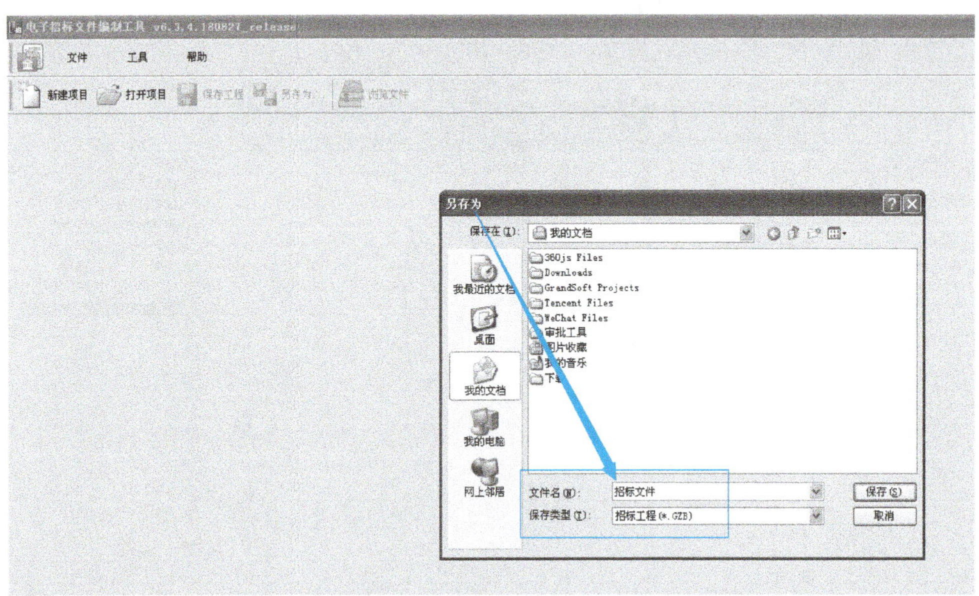

图F-26 选择招标文件的保存位置

4）首先进入“填写基本信息”标签页，根据案例工程背景资料及小组信息进行填写，图 F-27 中“检查”列打叉的为必填项，其他可选择性填写。

电子招标文件编制工具 v6.3.4.180827_release — C:\Documents and Settings\Administrator\My Documents\招标文件.GZB

文件　工具　帮助

新建项目　打开项目　保存工程　另存为…　制作答疑文件　制作最高限价文件　浏览文件　检查示范文本

填写基本信息　设置评标办法　制作招标书　导入工程量清单　导入电子图纸　生成招标文件

名称	内容	检查
1、项目信息		
项目编号		×
项目名称		×
标段名称		×
标段编号		×
招标方式		×
资格审查方式		×
工程类型	房屋建筑工程	✓
2、招标人信息		
招标人名称		×
招标人地址		×
招标人邮编		×
招标人联系人		×
招标人电话		×
3、招标代理机构信息		
招标代理机构名称		
招标代理机构地址		
招标代理机构邮编		
招标代理机构联系人		
4、其他		
招标文件费用		×
资审通过数量		×

图 F-27　填写基本信息

5）完成“填写基本信息”标签页后，进入“设置评标办法”标签页，首先对“参数设置”项的内容进行填写，如图 F-28 所示。

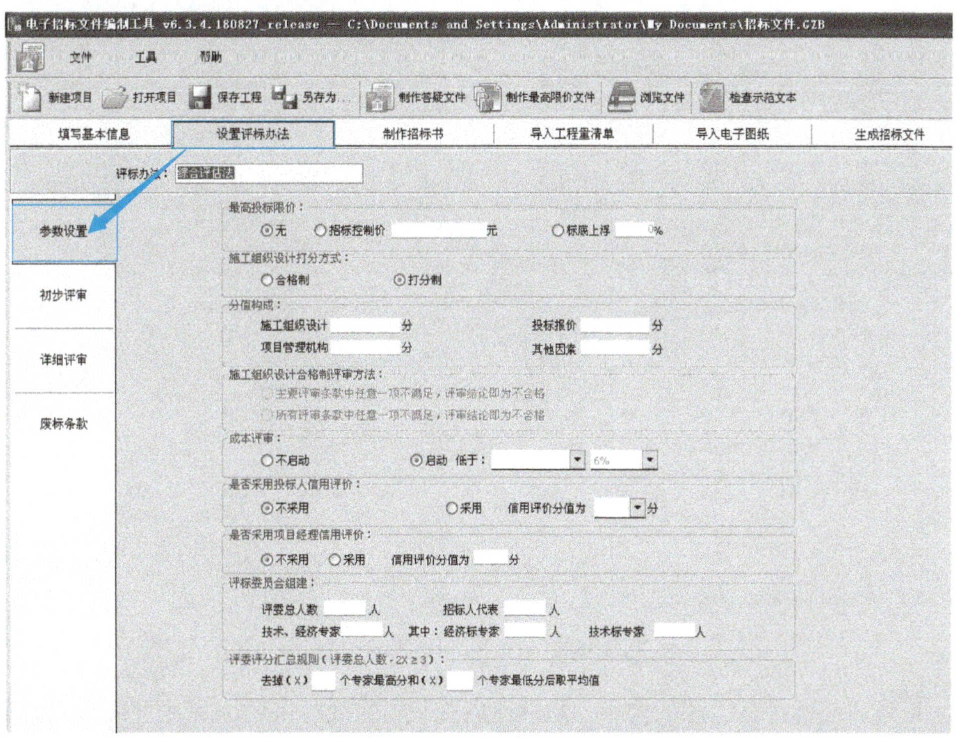

图 F-28　填写“参数设置”项

6）填写“初步评审”项的内容。软件已内置基本的初步评审因素，可根据案例工程具体情况进行“添加项”与“删除项”操作，如图F-29所示。

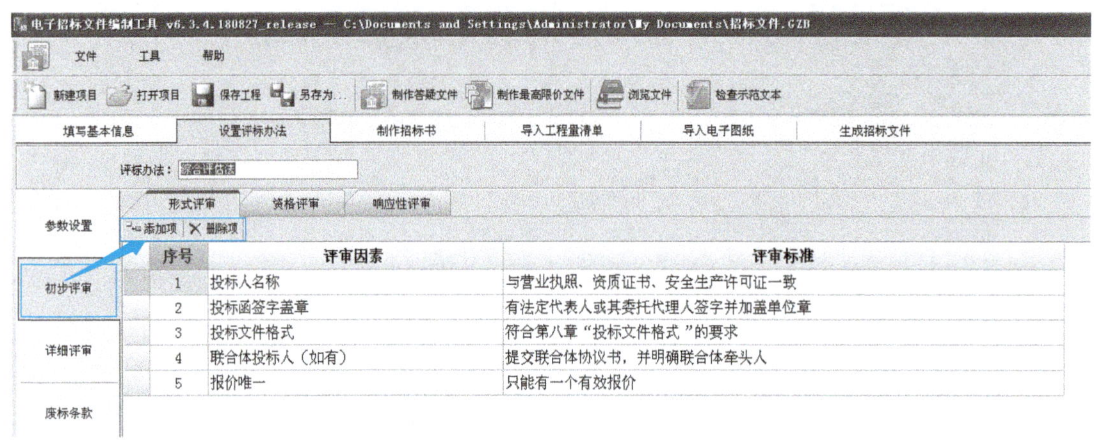

图F-29　填写“初步评审”项

7）填写“详细评审”项的内容。“详细评审”又分四大项，分别是“施工组织设计”“项目管理机构评审”“经济标评审”和“其他因素评审”，软件对每项已内置基本的详细评审因素，首先可根据案例工程具体情况进行“添加项”“删除项”及“添加子项”等操作，然后对每项评审因素进行“标准分值”的设置，最后依据情况对每个评审因素的“评分标准”进行设置，如图F-30所示。

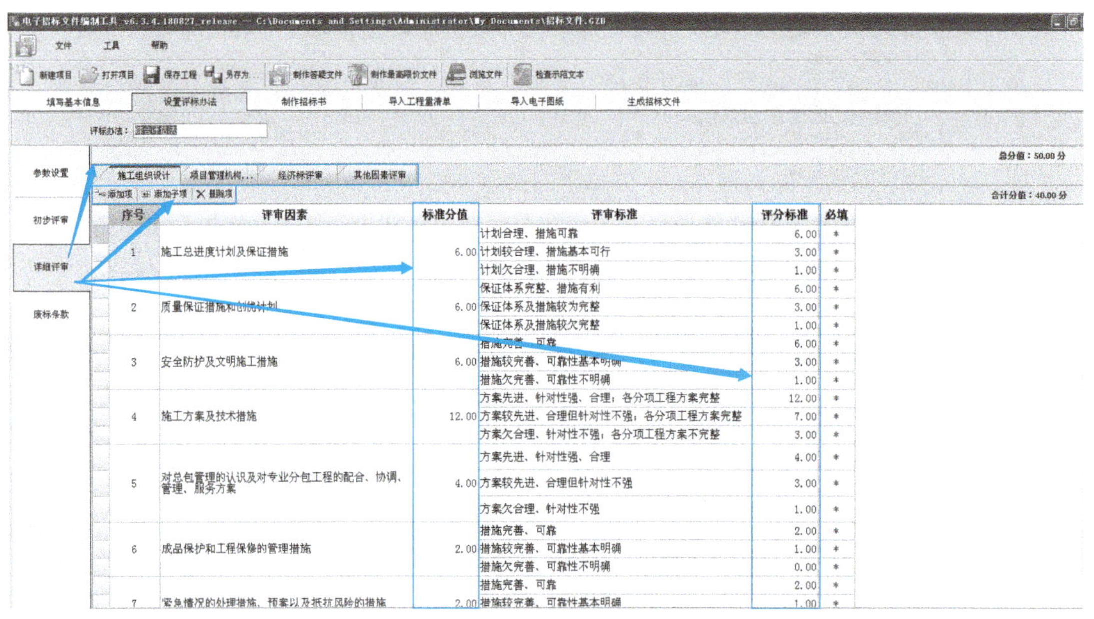

图F-30　填写“详细评审”项

8）填写“废标条款”项的内容。软件已内置基本的废标条款内容，可根据案例工程情况对条款内容进行“添加项”与“删除项”操作，如图F-31所示。

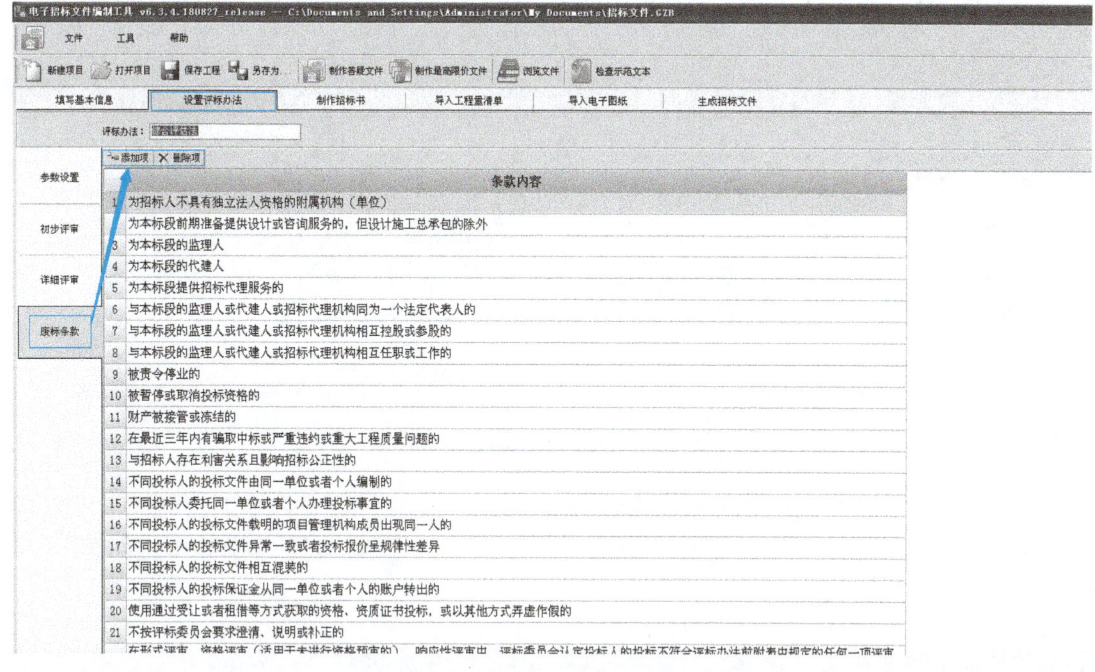

图 F-31　“添加项”与“删除项”位置

9）接着进入“制作招标书”标签页，对招标文件的文本内容进行编辑、填写，主要依据前期决策中的各项条款内容进行填写，如图 F-32 所示。

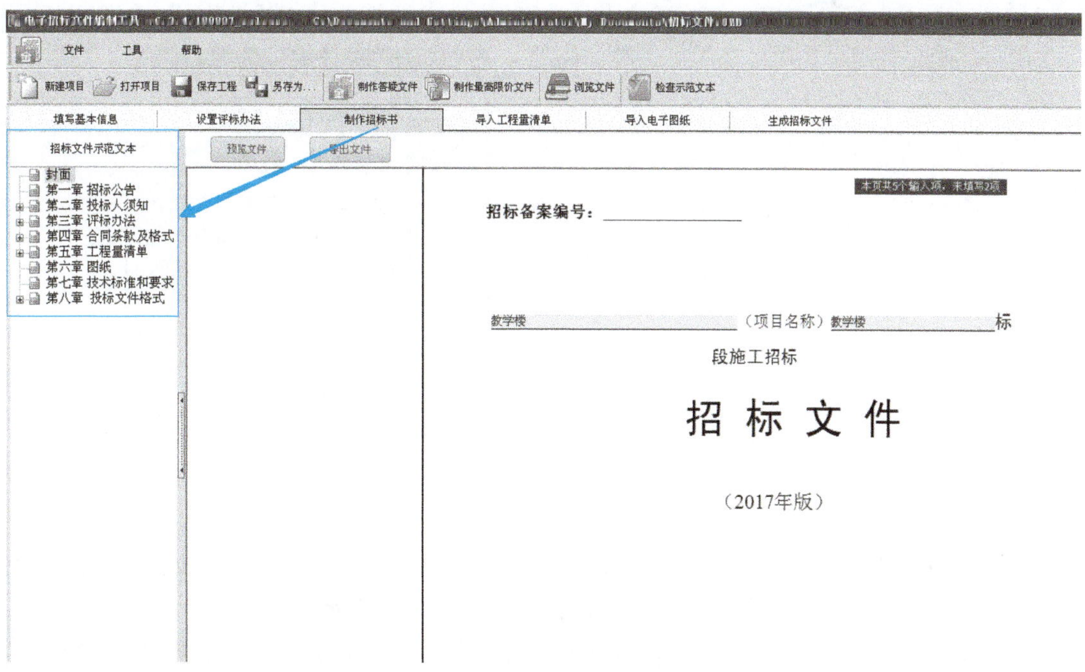

图 F-32　填写“制作招标书”标签页

10）进入“导入工程量清单”标签页，对“工程量清单”进行导入操作，如图 F-33 所示。

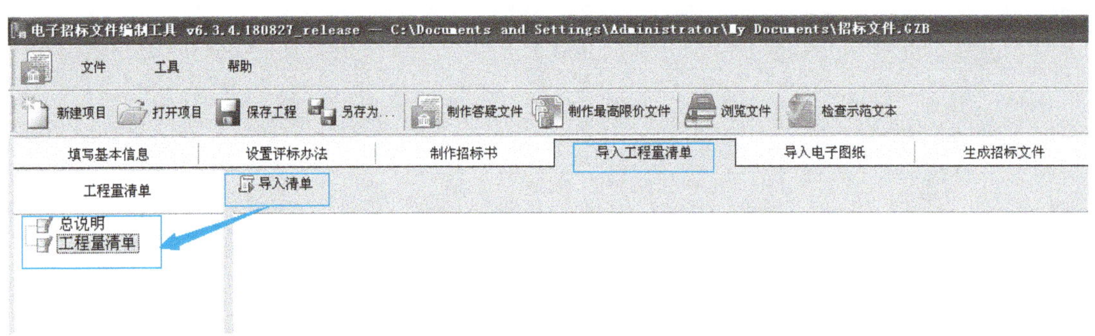

图 F-33　导入“工程量清单”

11）接着进入“导入电子图纸”标签页，通过“添加”功能将本工程的电子图纸进行导入，同时可对导入的图纸进行“编辑”“删除”“浏览图纸”等操作，如图 F-34 所示。

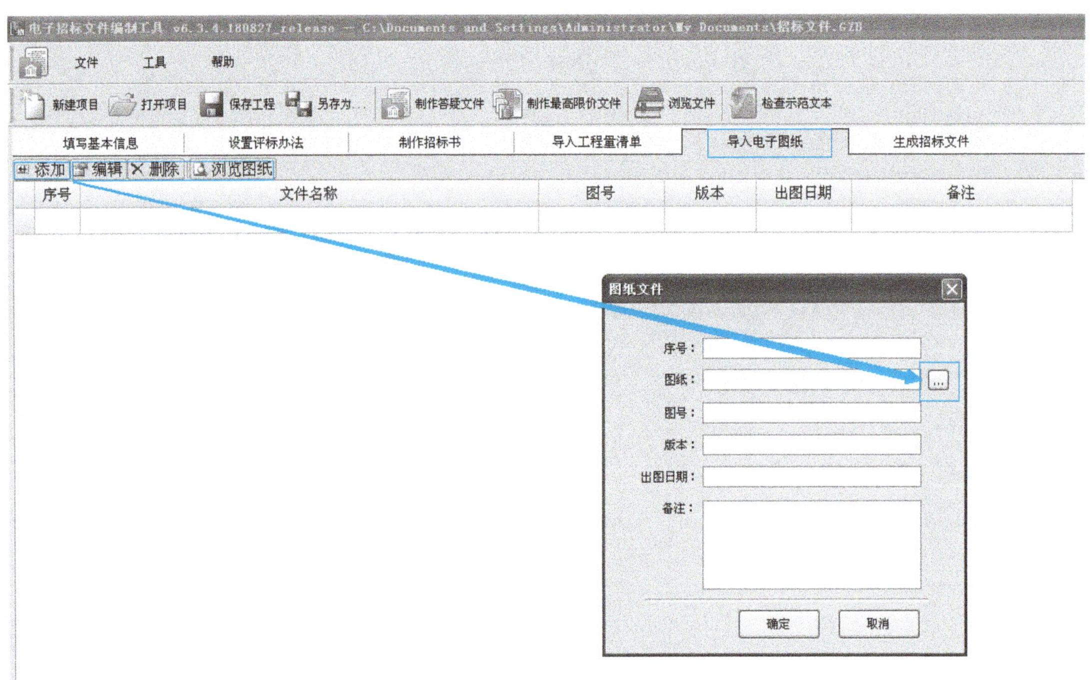

图 F-34　导入电子图纸

12）先通过“检查示范文本”功能检查标书有无错误，并根据提示修改，直至无误则可“生成招标文件”，生成招标文件时先进行“转换”或“批量转换”操作，转换成功后，单击“签章”，对文件进行电子签章，签章成功后，再通过“生成招标文件”功能生成一份后缀名为“.BJZ”的电子版招标文件。如图 F-35～图 F-38 所示。

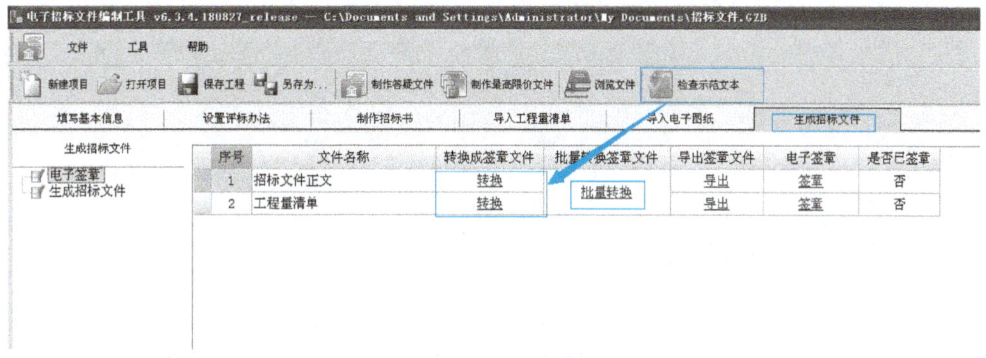

图 F-35　检查示范文本

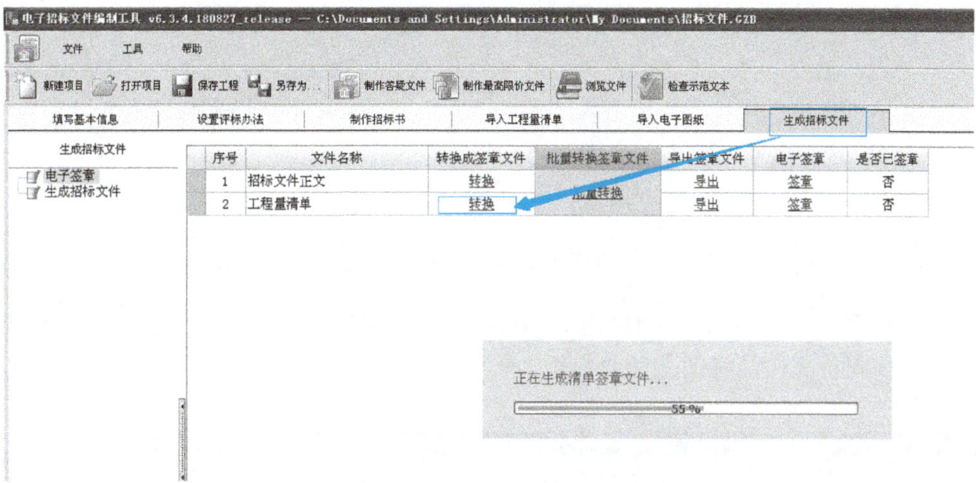

图 F-36　“转换”和“批量转换”操作

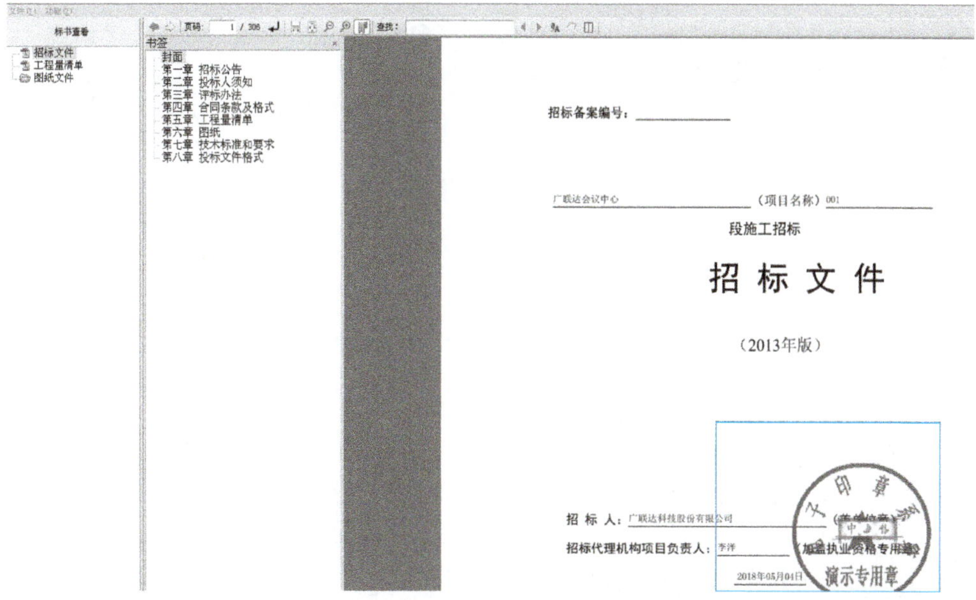

图 F-37　签章

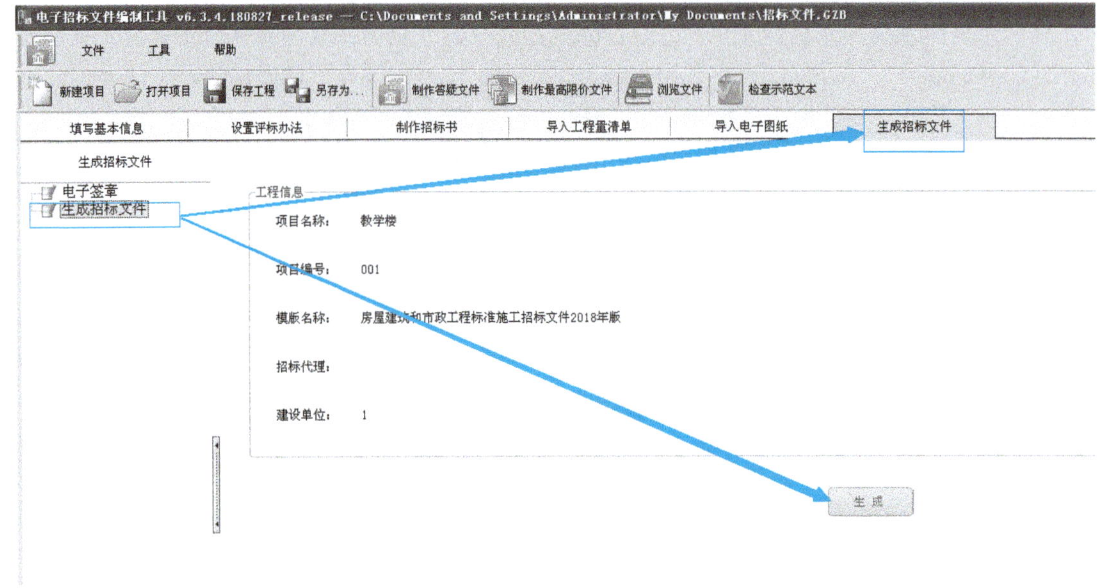

图 F-38　生成招标文件

13）在广联达电子招标文件编制工具 V6.0 中，除制作招标文件外，也可根据案例工程情况进行最高限价文件及答疑文件的制作，软件操作同上，如图 F-39 所示。

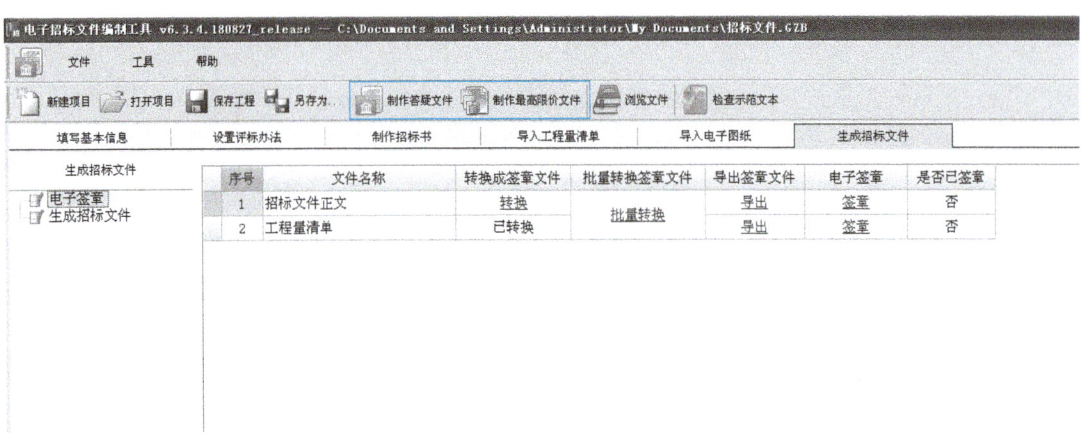

图 F-39　最高限价文件及答疑文件的制作

14）招标文件的正文部分可导出 word 格式，便于使用者灵活编辑或与其他文档内容进行整合、排版，具体操作为：单击“制作招标书”，可看到“导出文件”按钮，选择要导出的章节，单击“导出文件”，此时进行生成文件的过程，之后便生成 word 文档，如图 F-40 所示。

最后由项目经理组织团队成员进行自检。

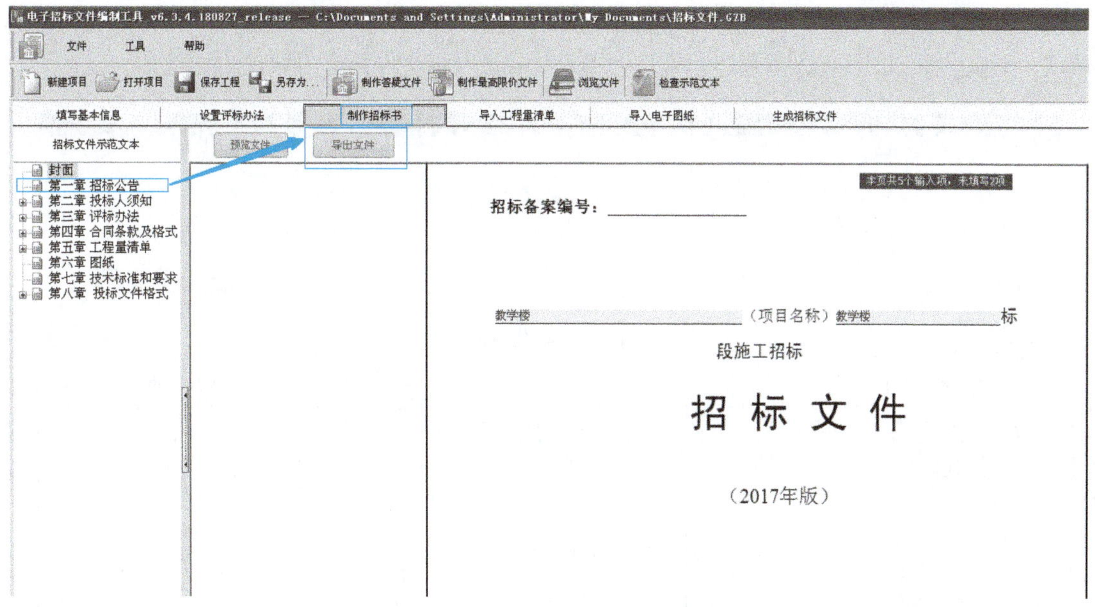

图 F-40　导出 word 格式操作

任务四　编制一份电子版投标文件

由项目经理组织团队成员，共同完成一份电子版投标文件，操作说明如下：

1. 标书制作

1）电子版招标文件的导入。打开广联达电子投标文件编制工具 V6.0，浏览完招标文件之后，开始编辑投标文件。进入“新建项目”界面，单击“导入文件”，将之前的电子招标文件导入进来，如图 F-41 所示。

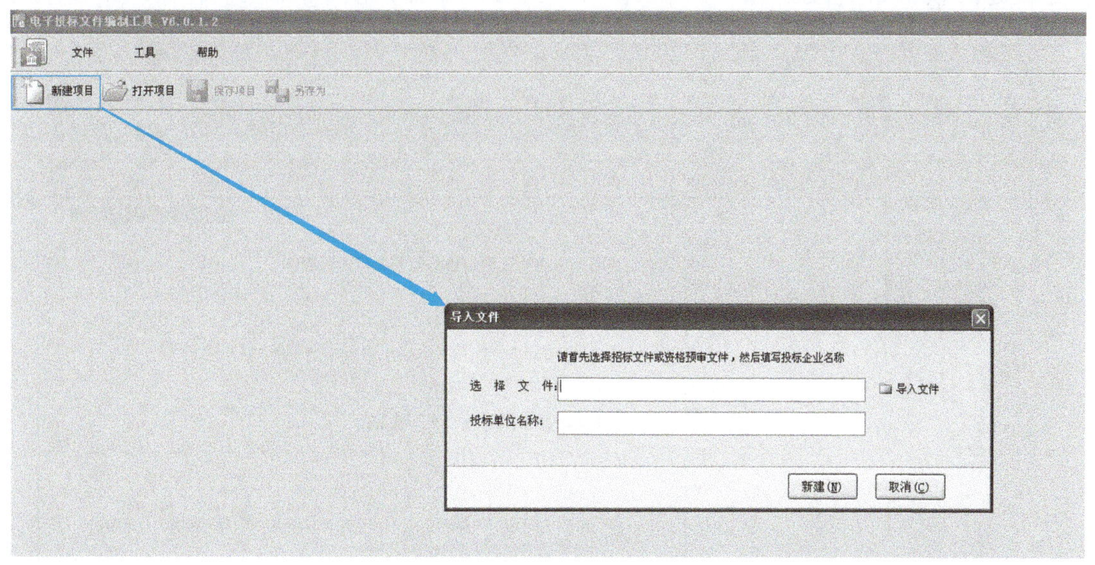

图 F-41　导入招标文件

2）商务标制作。招标文件导入进来之后，切换到“商务标”界面，根据软件左侧标书目录的提示，依次录入商务标的必填信息（遇到空格处填写信息，遇到“编辑”字样则单击“编辑”

切换到编辑界面），如图F-42所示。全部信息录入完成后，单击“检查示范文本”，即可检查漏填项，但应注意，即使此文本通过检查也并不意味着该投标文件符合招标文件的要求。

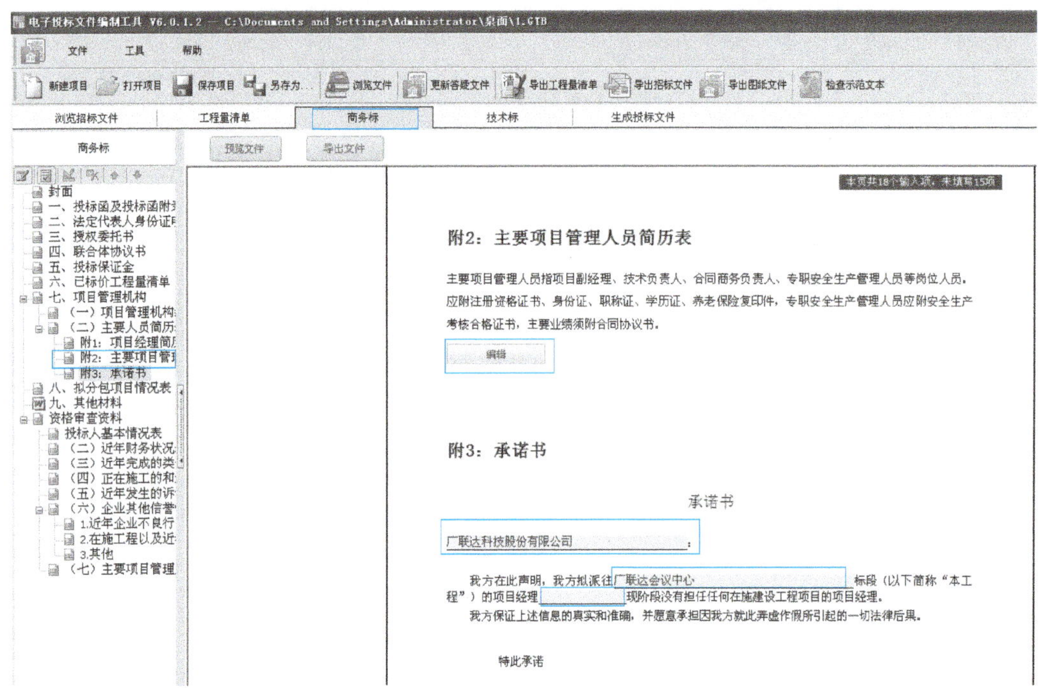

图F-42　录入商务标信息

“资格审查资料”部分根据招标文件的规定进行填写，如果需要上传附件，在需要上传的目录处，单击鼠标右键，选择“添加附件”或者“添加子附件”即可，如图F-43所示。

图F-43　添加附件

小贴士

此处可查阅相关素材，素材内置在“广联达电子招标投标沙盘执行评测系统 V3.0 中的“企业资料库”，如图 F-44 所示。

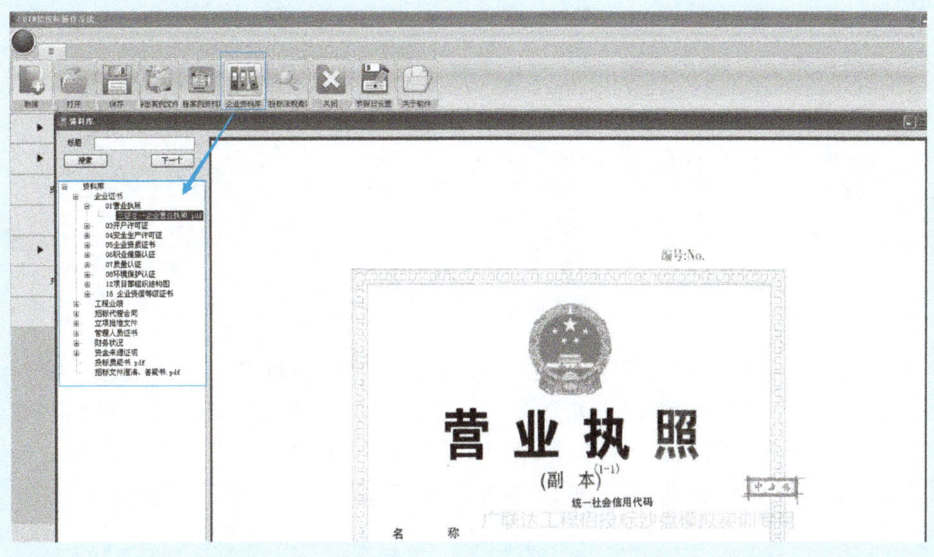

图 F-44　查阅素材

3）技术标制作。商务标制作完成之后，切换到“技术标”界面，如图 F-45 所示。单击界面左侧添加附件的相应图标，可以添加施工方案文档。在某个模块（如施工总进度计划及保证措施）单击鼠标右键，通过“添加子附件”功能，可以对该模块添加多个方案文件，添加好之后，单击“导入文件”，可以把在广联达施工组织设计软件、广联达梦龙网络进度计划编制系统等软件里制作好的技术标添加到投标文件里，如图 F-46 所示。

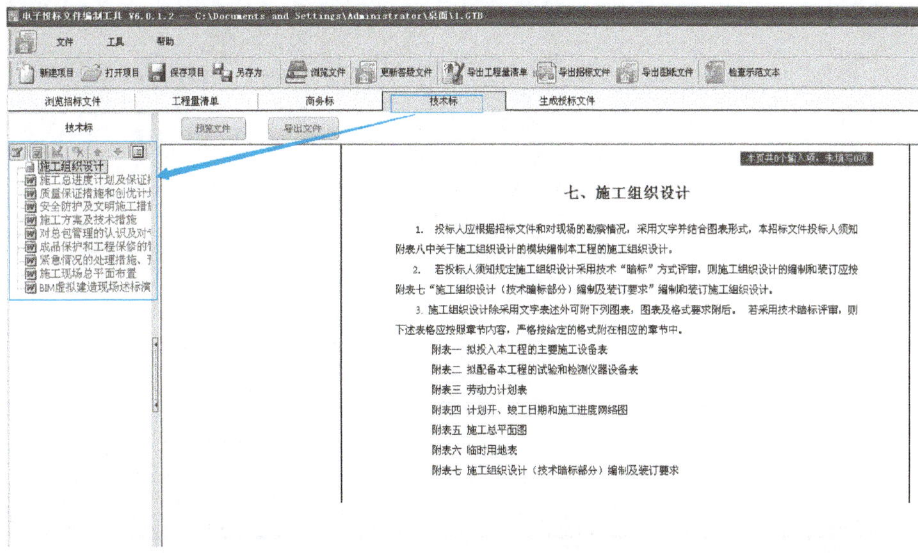

图 F-45　“技术标”界面

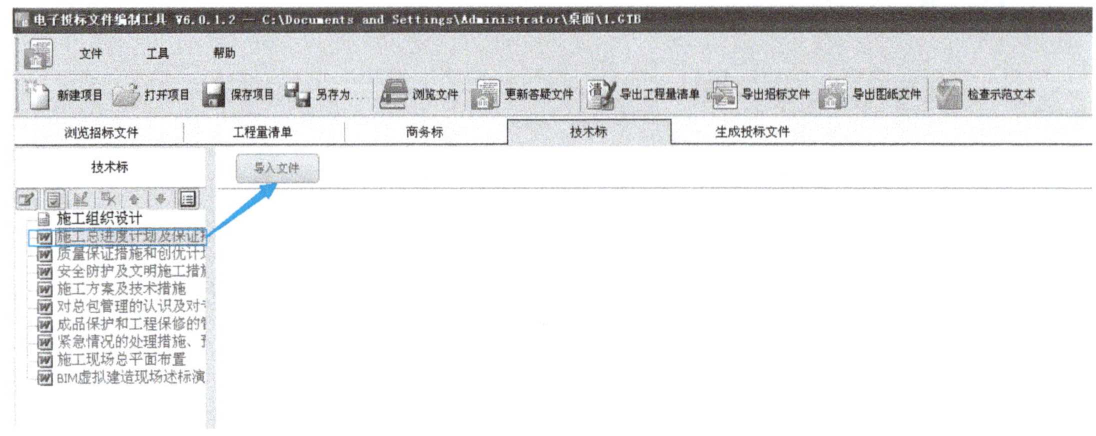

图 F-46　导入相关文件

4）标书检查。当商务标、技术标都做完之后，需要检查标书的错漏信息。单击“检查示范文本”，检查标书的制作情况，如有错误信息软件会自动跳转到错误信息提示界面，如图 F-47 所示。了解错误信息后，可以返回相应界面进行再次编辑和完善，直到“检查示范文本”显示“示范文本检查通过”，此时单击“确定”即可，如图 F-48 所示。

	章节	错误名称	查看
1	封面	投标人法定代表人姓名　内容为空	查看
2	一、投标函及投标函附录	投标报价总额小写　内容为空	查看
3		投标保证金金额小写　内容为空	查看
4		投标报价专业工程暂估价合计金额　内容为空	查看
5		投标报价材料暂估价　内容为空	查看
6		投标报价暂列金额　内容为空	查看
7		工期　内容为空	查看
8		质量标准　内容为空	查看
9		投标报价安全文明施工费　内容为空	查看
10		项目经理姓名　内容为空	查看
11	技术标	施工总进度计划及保证措施　文件不存在！	查看
12		质量保证措施和创优计划　文件不存在！	查看
13		安全防护及文明施工措施　文件不存在！	查看
14		施工方案及技术措施　文件不存在！	查看
15		对总包管理的认识及对专业分包工程的配合、协调、管理、服务方案　文件不存在！	查看
16		成品保护和工程保修的管理措施　文件不存在！	查看

图 F-47　检查示范文本

图 F-48 示范文本检查通过界面

2. 生成投标文件

1）转化成签章文件。投标书检查通过后，切换至“生成投标文件”界面，如图 F-49 所示，在此界面要完成“电子签章”才能“生成投标文件”。首先单击“电子签章”，然后单击“转换”或“批量转换”将所有标书转换完成，如图 F-50 所示。

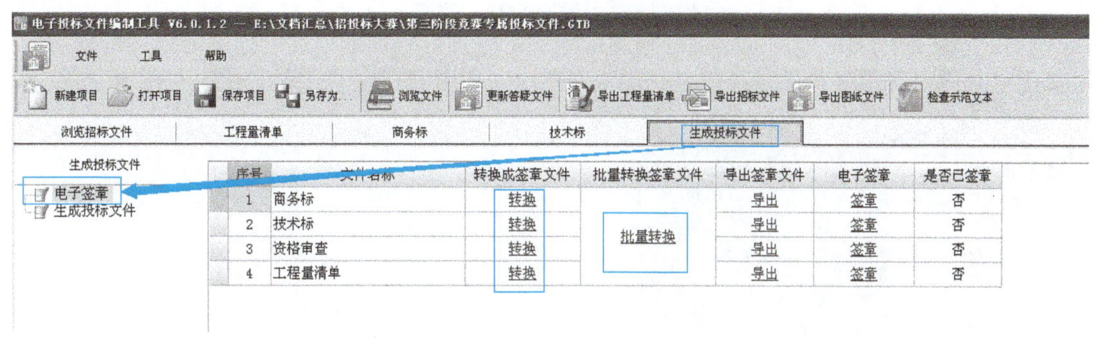

图 F-49 “生成投标文件”界面

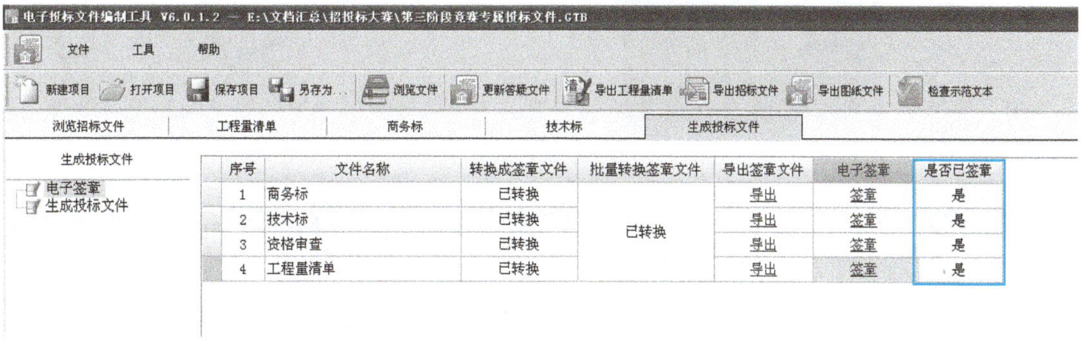

序号	文件名称	转换成签章文件	批量转换签章文件	导出签章文件	电子签章	是否已签章
1	商务标	已转换	已转换	导出	签章	是
2	技术标	已转换		导出	签章	是
3	资格审查	已转换		导出	签章	是
4	工程量清单	已转换		导出	签章	是

图 F-50 转换成签章文件

2）电子签章。转化完成后进行电子签章，单击“签章”，此时弹出“浏览 PDF”界面，如图 F-51 所示。单击“批量签章”（技术标、资格审查、工程量清单等的签章方法参考商务标签章操作），在页面相应位置进行签章，如图 F-52 所示。签章完成后，在“是否已签章”处会全部显示“是”，如图 F-53 所示。

图 F-51　“浏览 PDF”界面

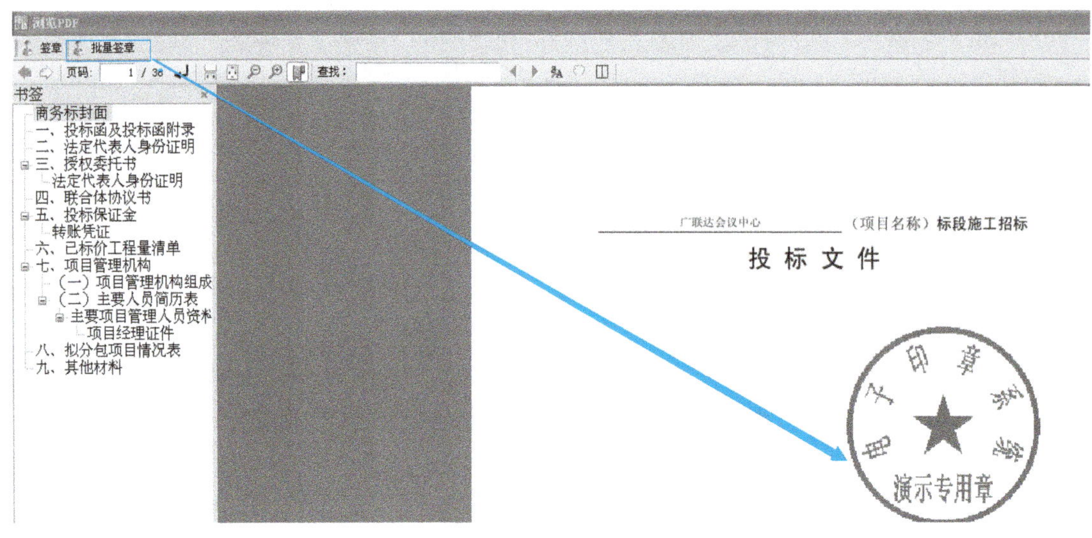

电子投标文件编制工具 V6.0.1.2 — E:\文档汇总\招投标大赛\第三阶段竞赛专属投标文件.GTB

文件　工具　帮助

新建项目　打开项目　保存项目　另存为...　浏览文件　更新答疑文件　导出工程量清单　导出招标文件　导出图纸文件　检查示范文本

浏览招标文件　工程量清单　商务标　技术标　生成投标文件

生成投标文件
- 电子签章
- 生成投标文件

序号	文件名称	转换成签章文件	批量转换签章文件	导出签章文件	电子签章	是否已签章
1	商务标	已转换	已转换	导出	签章	是
2	技术标	已转换		导出	签章	是
3	资格审查	已转换		导出	签章	是
4	工程量清单	已转换		导出	签章	是

图 F-53　已签章界面

3）导出签章文件。签章完成后，单击“导出”，弹出“另存为”对话框，保存格式为PDF，单击“保存”，即把商务标导出，以便之后浏览、打印、制作纸质版投标书，如图F-54所示。

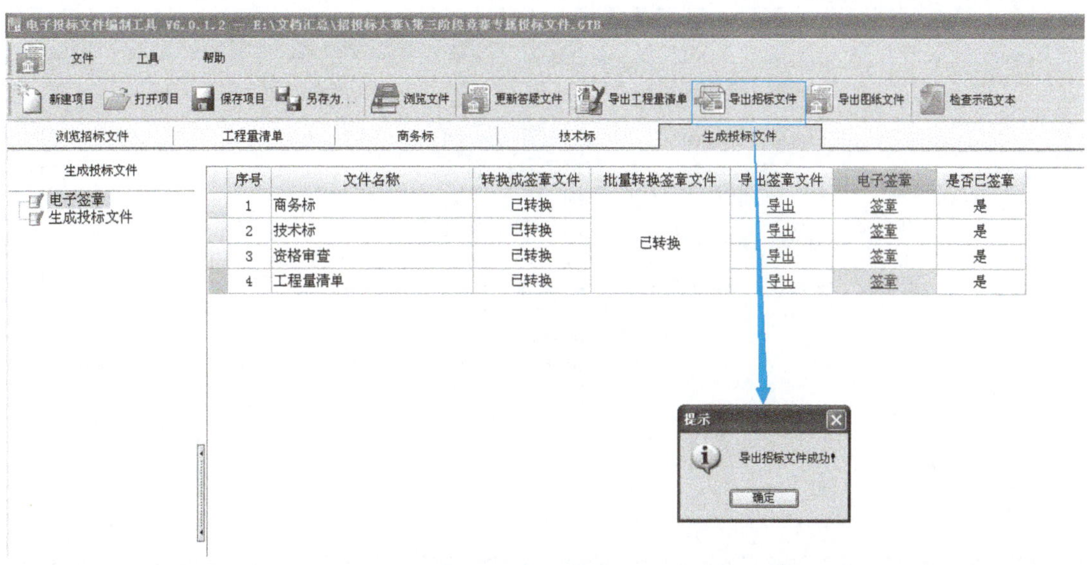

图 F-54　导出签章文件

技术标、资格审查、工程量清单的导出方法参考商务标导出的操作。

4）生成投标文件。签章完成后，切换到“生成投标文件”界面，单击“生成”，如图F-55所示。此时弹出“另存为”对话框，单击“保存”，如图F-56所示。之后显示“生成标书文件成功!”，单击“确定”，完成标书的生成，如图F-57所示。

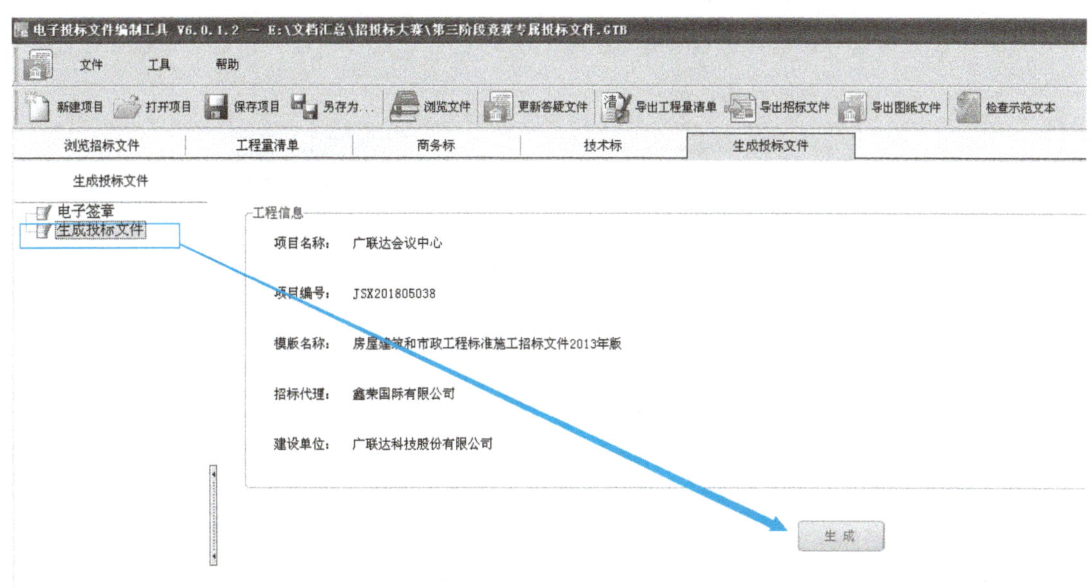

图 F-55　生成投标文件

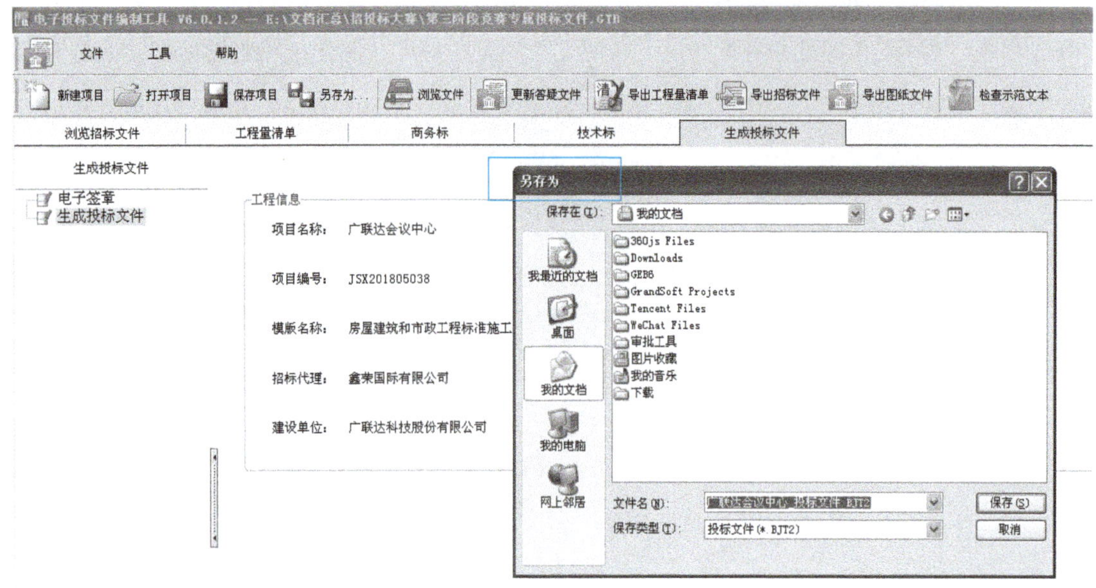

图 F-56 保存投标文件

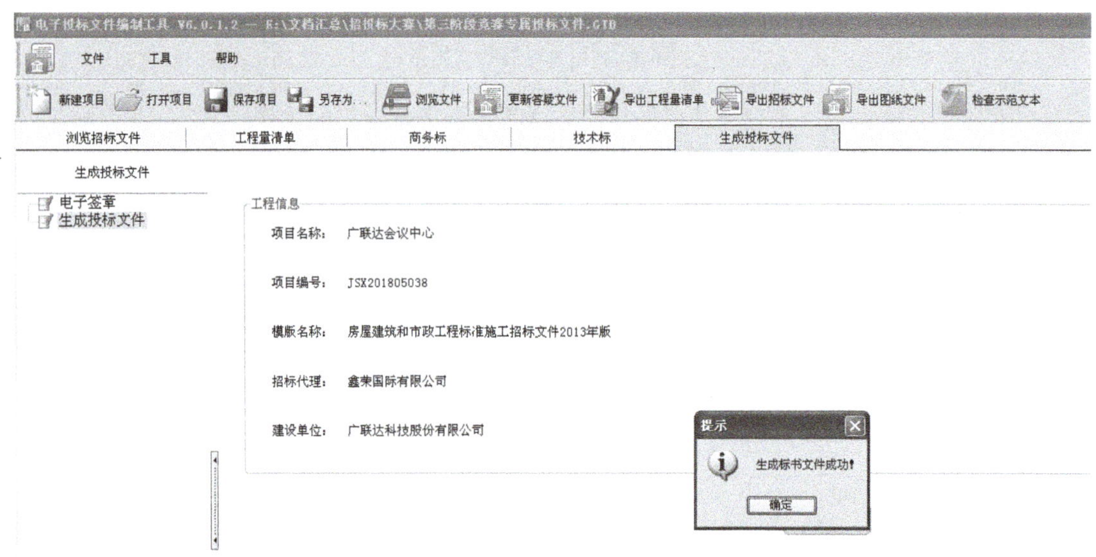

图 F-57 完成标书的生成

投标文件中的商务标与技术标也可导出 word 文档格式，软件操作方法同招标文件 word 文档格式的导出。

小贴士

投标文件保存后，可以看到同时生成了两个文件，分别是以“.GTB”和“.BJT2”

为后缀的文件，如图 F-58 所示。其中以“. GTB”为后缀的文件为可编辑、可修改文件，可以反复打开进行编辑；以“. BJT2”为后缀的文件为非加密文件，用于教学过程中的开评标工作的学习，但需安装广联达开评标系统软件。

图 F-58　以“. GTB”和“. BJT2”为后缀的文件

3. 团队自检

投标文件电子版完成后，项目经理组织团队成员进行自检。

4. 签字确认

市场经理负责将结论记录到投标文件审查表中，经团队其他成员和项目经理签字确认后，可打印封装并递交。

参 考 文 献

[1] 杜月秋，孙政．民法典条文对照与重点解读［M］．北京：法律出版社，2020.
[2] 法律出版社法律应用中心．民法典热点问题1200问［M］．北京：法律出版社，2020.
[3] 成虎．建筑工程合同管理与索赔［M］．南京：东南大学出版社，2000.
[4] 何伯森．国际工程承包［M］．北京：中国建筑工业出版社，2000.
[5] 陈正，涂群岚．建筑工程招投标与合同管理务实［M］．北京：电子工业出版社，2007.
[6] 宋宗宇．建筑工程合同管理［M］．上海：同济大学出版社，2007.
[7] 金国辉．建设法规概论与案例［M］．北京：北京交通大学出版社，2006.
[8] 徐占发．建设法规与合同管理［M］．北京：人民交通出版社，2005.
[9] 黄安永．建设法规［M］．重庆：重庆大学出版社，2005.
[10] 何红锋．建设工程合同签订与风险控制［M］．北京：人民法院出版社，2007.
[11] 何佰洲．工程建设法规与案例［M］．2版．北京：中国建筑工业出版社，2004.
[12] 全国一级建造执业资格考试辅导编委会．房屋建筑工程管理与实务复习题集［M］．北京：中国建筑工业出版社，2004.
[13] 孙加宝，董海涛．工程招投标与合同管理［M］．北京：化学工业出版社，2006.
[14] 全国招标师职业水平考试辅导教材指导委员会．招标采购专业实务［M］．北京：中国计划出版社，2009.
[15]《标准文件》编制组．中华人民共和国标准施工招标文件（2007年版）［M］．北京：中国计划出版社，2007.
[16]《房屋建筑和市政工程标准施工招标文件》编制组．中华人民共和国房屋建筑和市政工程标准施工招标文件（2010年版）［M］．北京：中国建筑工业出版社，2010.
[17] 国家发展和改革委员会法规司，国务院法制办公室财金司，监察部执法监察司．中华人民共和国招标投标法实施条例释义［M］．北京：中国计划出版社，2012.
[18] 冯伟，张俊玲，李娟．BIM招投标与合同管理［M］．北京：化学工业出版社，2018.